项目资助：
公益性行业（农业）科研专项“西甜瓜种传细菌性果斑病综合防控技术研究与示范”201003066
国家西甜瓜产业技术体系 CARS-26
北京市自然科学基金项目“寄主对西瓜噬酸菌不同亚组菌株响应机制的研究”6162023
中国农业科学院创新工程项目作物细菌病害流行与控制团队

西瓜甜瓜细菌性果斑病流行与防治研究

■ 赵廷昌　等 / 著

中国农业科学技术出版社

图书在版编目（CIP）数据

西瓜甜瓜细菌性果斑病流行与防治研究／赵廷昌等著．—北京：中国农业科学技术出版社，2016.12

ISBN 978－7－5116－2836－7

Ⅰ.①西…　Ⅱ.①赵…　Ⅲ.①西瓜－斑点病－防治②甜瓜－斑点病－防治　Ⅳ.①S436.5

中国版本图书馆 CIP 数据核字（2016）第 275578 号

责任编辑　姚　欢
责任校对　马广洋

出 版 者　中国农业科学技术出版社
　　　　　北京市中关村南大街 12 号　邮编：100081
电　　话　（010）82106636（编辑室）（010）82109702（发行部）
　　　　　（010）82109709（读者服务部）
传　　真　（010）82106631
网　　址　http://www.castp.cn
经 销 者　各地新华书店
印 刷 者　北京富泰印刷有限责任公司
开　　本　787mm×1 092mm　1/16
印　　张　14.25
字　　数　400 千字
版　　次　2016 年 12 月第 1 版　2016 年 12 月第 1 次印刷
定　　价　50.00 元

《西瓜甜瓜细菌性果斑病流行与防治研究》

著者委员会

赵廷昌　中国农业科学院植物保护研究所
李健强　中国农业大学
吴　萍　北京市农林科学院
伊鸿平　新疆农业科学院哈密瓜研究中心
别之龙　华中农业大学
胡　俊　内蒙古农业大学
陈华民　中国农业科学院植物保护研究所
杨玉文　中国农业科学院植物保护研究所
赵文军　中国检验检疫科学院
罗来鑫　中国农业大学

前　言

西瓜和甜瓜在我国果蔬生产和消费中占据重要地位，是带动农民就业增收的高效园艺作物，也是满足城乡居民生活需求的重要时令水果。我国西瓜和甜瓜的种植面积和产量都位居世界前列，全国每年种植3 000万亩（1亩≈667m^2，全书同）左右，产量达8 000万t以上，产值达2 200多亿元。中国已成为世界西瓜甜瓜生产与消费的第一大国。

瓜类细菌性果斑病（bacterial fruit blotch）是发生在葫芦科植物上的一种严重的世界性病害，其病原菌为西瓜噬酸菌 *Acidovorax citrulli* = *Acidovorax avenae* subsp. *citrulli* = *Pseudomonas pseudoalcaligenes* subsp. *citrulli*。瓜类细菌性果斑病是一种典型的种传细菌性病害，可以侵染多种葫芦科作物，如西瓜、甜瓜、南瓜、黄瓜等，也可侵染其他植物，如萎叶等。瓜类细菌性果斑病已成为葫芦科作物上严重的世界性病害，给各国的西瓜、甜瓜种植业造成了极大的威胁。

该病最早在美国发生，1965年，Webb和Goth第一次从西瓜种子上分离到这种病原菌，但是并未引起人们的重视，直到1989年该病在美国大陆严重暴发，种植商品西瓜的各州都相继报道了该病害的发生。到1995年，瓜类细菌性果斑病在美国多个州蔓延，发病严重地区80%以上的西瓜不能上市销售。目前，果斑病已在美国多个州和澳大利亚、巴西、土耳其、日本、泰国、以色列、伊朗、匈牙利、希腊等多个国家发生。1988年以来，中国也相继报道了该病害的发生。近年来瓜类细菌性果斑病也呈逐年上升的趋势，目前已在我国的海南、新疆、内蒙古、台湾、吉林、福建、山东、河北、湖北、广东等多个省（区）发生。

瓜类细菌性果斑病主要依靠种子进行传播，病菌可以附着在瓜种子表面，也可以侵入种子内部，带菌种子是该病的主要初侵染来源。病菌在土壤表面的病残体上越冬，也成为次年的初侵染来源，田间的次生瓜苗也是该病菌的寄主和初侵染来源。带菌种子萌发后病菌很快侵染子叶及真叶，引起幼苗发病。温室中，人工喷灌和移植条件下，病菌可迅速侵染邻近的幼苗，并导致病害大面积暴发。病叶和病果上的菌脓借雨水、风力、昆虫和农事操作等途径传播，成为再侵染来源。瓜类细菌性果斑病在高温高湿的环境下易发病，特别是炎热、强光及暴风雨后，病菌的繁殖和传播加速，人为传播也可促使该病流行。

瓜类细菌性果斑病是我国的检疫性病害，进口时应杜绝带菌种子进入。同时注意从无病区引种，生产的种子应进行种子带菌率测定。在种子生产方面，应使用无病菌的种子进行原种和商业种子生产，制种田必须与其他瓜类田自然隔离。发生或怀疑发生病害的田块不能采种，相邻地块发病而本身未发病的田块也不能采种。种子处理可有效降低瓜类细菌性果斑病的发生。

目前，生产上防治细菌性病害的化学药剂主要为铜制剂和农用抗生素类。但是，果斑病菌菌株具有不同程度的抗铜性，效果多不理想，且田间大量施用含铜杀菌剂，使病菌的抗药性增强，因此，生产上需要有新型的环境友好型的化学农药来更好地防治该病害。生物防治方面，目前报道的对果斑病有防治效果的生防菌大多在实验室阶段，鲜有商品化的产品推广。虽然抗病品种是防治病害最根本最有效的措施，但是瓜类细菌性果斑病菌存在比较丰富的遗传多样性，为抗病品种的筛选增加了困难，迄今并没有发现对瓜类细菌性果斑病免疫或高抗的品种，培育抗病品种依然是当前研究的难点。

针对瓜类细菌性果斑病流行与防治中存在的诸多问题，本项目分为 7 个专题进行全面深入的研究，包括病菌生物学和病害流行规律、病菌致病机制、病菌检测技术、西瓜甜瓜种子生产中病害防治关键技术、西瓜甜瓜种子采后处理技术、西瓜甜瓜嫁接苗安全生产技术、病害综合防控关键技术集成与示范等。经过 5 年的努力，本项目取得了一定成果，有效地缓解了我国西瓜和甜瓜生产中瓜类细菌性果斑病的危害，为我国乃至世界西瓜和甜瓜产业的健康可持续发展提供技术支撑。

著　者

2016 年 11 月

目　录

第一章　概　述 ………………………………………………………………………… (1)
第二章　果斑病菌生物学和病害流行规律研究 ……………………………… (11)
一、果斑病菌种群结构和遗传多样性分析 …………………………………… (11)
（一）采用多位点序列分型法（MultiLocus sequence typing，MLST） ………… (11)
（二）*hrp* 基因簇上的基因序列差异 ……………………………………… (13)
二、果斑病菌寄主范围和寄主抗性研究 ……………………………………… (14)
（一）果斑病菌寄主范围 ………………………………………………… (14)
（二）寄主抗性研究 ………………………………………………………… (15)
三、果斑病菌侵染规律及病害发生流行条件研究 …………………………… (16)
（一）证实 *hrcR* 基因功能的缺失不影响果斑病菌在寄主体内的定殖和扩展 ……………………………………………………………… (16)
（二）初步证实 *A. citrulli* 可以造成寄主系统性侵染 ………………………… (18)
（三）明确了高温有利于病原菌在甜瓜植株体内的定殖和扩展 ………… (20)
四、田间病害初侵染来源及病菌传播扩散动态研究 ………………………… (23)
（一）明确来源于杂草及水稻上的噬酸菌可能成为田间初侵染来源 ………… (23)
（二）明确 T4SS 及 T6SS 的相关基因分别影响果斑病菌从种子到种苗的传播 …………………………………………………………………… (24)
（三）明确了 T2SS 对果斑病菌侵染定殖的影响 ………………………… (32)
（四）明确了果斑病菌侵染对西瓜子叶蛋白表达的影响 …………………… (36)
（五）甜瓜细菌性果斑病病原菌花粉管传播途径研究 ……………………… (37)
五、西瓜根部和叶部的侵染定殖及定殖动态 ………………………………… (38)
（一）福建省果斑病病原菌的分离鉴定 …………………………………… (38)
（二）绿色荧光蛋白基因标记果斑病菌 …………………………………… (38)
（三）红色蛋白基因标记果斑病菌 ………………………………………… (40)
（四）标记菌株在西瓜体内的侵染过程 …………………………………… (41)
（五）标记菌株在西瓜体内的定殖动态研究 ……………………………… (43)
六、不同管理模式对果斑病田间病害发生的影响研究 ………………………… (45)
（一）不同肥水管理对病害发生的影响 …………………………………… (45)
（二）不同灌水模式对果斑病发生的影响 ………………………………… (46)
七、病菌在新疆昌吉和甘肃金塔两个地区的土壤中越冬研究 ……………… (47)
（一）模拟土壤郑州越冬后西瓜噬酸菌的存活和致病性检测 ……………… (47)

（二）两个制种基地带菌土壤越冬后的存活和致病性检测 ……………………（48）
八、西瓜甜瓜生物胁迫下用于基因表达分析的内参基因筛选 …………………（49）

第三章　果斑病菌致病机制解析 ………………………………………………（51）
一、果斑病菌群体感应基因的功能研究 ……………………………………（51）
（一）群体感应基因 *luxR*、*luxI* 缺失突变体的构件及表型测定 ……………（51）
（二）*luxR*/*luxI* 群体感应系统对相关毒性基因表达量的影响 ………………（60）
（三）群体感应信号物质的鉴定及功能研究 …………………………………（61）
二、果斑病菌突变体库的构件及致病相关基因功能研究 ……………………（64）
（一）果斑病菌 Tn5 突变体库的构建及相关基因的功能研究 …………………（64）
（二）果斑病菌果胶裂解酶 AcPel 蛋白结构和致病性研究 ……………………（70）
（三）果斑病菌 III 型分泌系统及 *tatB* 基因的克隆与功能研究 ………………（71）
（四）一株西瓜果斑病菌的全基因组测序 ……………………………………（96）

第四章　瓜类细菌性果斑病菌检测技术 ………………………………………（98）
一、生物学特性 ……………………………………………………………（98）
二、理化特性 ……………………………………………………………（101）
三、温室试种检测法 ………………………………………………………（102）
四、免疫学检测技术 ………………………………………………………（103）
五、分子检测技术 …………………………………………………………（104）
（一）PCR 及实时荧光 PCR 检测 ………………………………………（104）
（二）果斑病 LAMP 检测方法 ……………………………………………（108）
（三）果斑病菌交叉引物扩增技术 …………………………………………（111）
六、果斑病菌活体检测方法 …………………………………………………（114）
（一）PMA 对活菌影响研究 ………………………………………………（114）
（二）PMA 对死菌扩增的抑制作用研究 ……………………………………（115）

第五章　西瓜甜瓜种子生产中细菌性果斑病防治关键技术研究与应用 …………（117）
一、带菌亲本种子对后代种子带菌的影响研究 ………………………………（117）
（一）材料与方法 …………………………………………………………（117）
（二）带菌亲本种子对制种地种子细菌性果斑病发生的关系 …………………（118）
二、种田不同栽培密度、灌溉方式及采种技术、采种工具下西瓜甜瓜细菌性果斑病发生情况及种子带菌率研究 ……………………………………………（119）
（一）材料与方法 …………………………………………………………（119）
（二）种田不同栽培密度、不同灌溉方式及不同采种技术、采种工具下西瓜甜瓜细菌性果斑病发生情况及种子带菌率研究 ………………………………（121）
三、种子干热处理和种子化学处理效果评估 …………………………………（121）
（一）材料与方法 …………………………………………………………（121）
（二）种子干热处理 ………………………………………………………（123）
四、几种种子处理剂对瓜类细菌性果斑病防治效果的研究 ……………………（125）

（一）材料与方法……………………………………………………………………（125）
（二）结果与分析……………………………………………………………………（125）
五、果斑病化学药剂防治试验研究 ……………………………………………（128）
（一）材料与方法……………………………………………………………………（128）
（二）细菌性果斑病化学药剂防治研究……………………………………………（129）
六、示范基地建设、应用推广及技术培训 ……………………………………（130）
（一）出版发行西瓜甜瓜健康种子生产技术多媒影视专题片……………………（130）
（二）标准化示范基地建设…………………………………………………………（130）
（三）西瓜甜瓜健康种子生产技术培训……………………………………………（131）
第六章　西瓜甜瓜种子采后处理技术研究与示范 ………………………………（133）
一、建立了湖南地区瓜类细菌性果斑病种子消毒评价体系 …………………（134）
二、不同消毒处理方法对提高种子健康的效果研究 …………………………（134）
（一）通过室内培养基杀菌试验和带菌种子消毒处理得到几种有效的种子杀菌剂…………………………………………………………………………（134）
（二）干热灭菌处理提高种子健康…………………………………………………（137）
（三）辐射处理提高种子健康………………………………………………………（140）
（四）利用发芽率和发芽势评价种子处理安全性…………………………………（141）
（五）“四霉素”的筛选 ……………………………………………………………（141）
（六）自然带菌种子消毒方法筛选…………………………………………………（142）
（七）建立了一种高效节水的种子处理方法………………………………………（143）
（八）通过种子采收后发酵、快速干燥等处理提高种子健康……………………（143）
三、“1号杀菌剂”防治瓜类细菌性果斑病………………………………………（144）
（一）抑菌效果………………………………………………………………………（144）
（二）1号杀菌剂毒力分析 …………………………………………………………（145）
（三）带菌种子处理…………………………………………………………………（145）
（四）喷雾浓度试验结果……………………………………………………………（148）
（五）温室喷雾防治结果……………………………………………………………（148）
（六）应用1号杀菌剂控制西瓜甜瓜果斑病发生的研究结论和分析……………（148）
四、1号杀菌剂对三倍体西瓜种子的消毒处理研究……………………………（149）
（一）药剂处理对种子发芽势的影响………………………………………………（149）
（二）药剂处理对种子根长的影响…………………………………………………（150）
（三）带菌种子药剂处理后消毒效果………………………………………………（150）
（四）带菌西瓜种子药剂处理后成苗率及防治效果………………………………（152）
五、建立了一种三倍体西瓜种子消毒技术 ……………………………………（153）
（一）通过种子引发处理提高三倍体西瓜种子活力………………………………（153）
（二）建立了三倍体西瓜种子采后处理方法—有效杀菌剂与固体基质引发结合……………………………………………………………………………（153）
（三）三倍体西瓜种子消毒技术的形成及初步田间种植试验效果………………（156）

六、种子包衣处理提高种子健康 ……………………………………………………（156）
七、通过引发处理全面提高种子活力 ……………………………………………（156）
（一）建立了西瓜种子引发技术体系，全面提高种子活力……………………（156）
（二）西瓜种子引发效果可以保持二年以上………………………………………（157）
（三）提高西瓜生产配套砧木种子引发技术的研究与应用………………………（158）
八、种子配套技术配套设备研制与应用 …………………………………………（160）
九、小结 ………………………………………………………………………………（161）
第七章　西瓜甜瓜嫁接苗安全生产技术研究与示范 ……………………………（163）
一、砧木和接穗种子带菌与嫁接苗细菌性果斑病发生关系的研究 ……………（163）
（一）带菌接穗种子与西瓜幼苗 BFB 发生的关系分析 …………………………（163）
（二）带菌砧木种子与砧木幼苗 BFB 发生的关系分析 …………………………（164）
（三）带菌砧木幼苗与西瓜嫁接苗 BFB 发生的关系分析 ………………………（165）
（四）瓜类细菌性果斑病菌在葫芦幼苗中定殖的观察……………………………（165）
（五）用 GFP 标记菌株观察 BFB 病原菌 Ac 在砧木叶片的定殖 ………………（166）
（六）BFB 在不同病害等级葫芦砧木中侵染情况…………………………………（166）
（七）在嫁接后育苗管理中 BFB 带菌苗的传染情况 ……………………………（167）
（八）嫁接苗成活后 BFB 在接穗子叶的发生情况 ………………………………（168）
（九）BFB 在不同病害等级西瓜接穗中侵染情况…………………………………（168）
（十）在嫁接后环境管理中 BFB 带菌西瓜接穗的传染情况 ……………………（169）
（十一）再侵染途径中 BFB 病菌对西瓜嫁接苗的影响 …………………………（169）
（十二）再侵染途径中 BFB 病菌对西瓜嫁接苗发病率的影响 …………………（170）
（十三）西瓜甜瓜嫁接苗细菌性果斑病识别技术档案……………………………（170）
二、带菌嫁接用具及育苗基质与西瓜嫁接苗 BFB 发生间的关系分析 …………（171）
（一）竹签接菌浓度与西瓜嫁接苗 BFB 发生的关系 ……………………………（171）
（二）带菌竹签嫁接与西瓜嫁接苗 BFB 发生的关系 ……………………………（172）
（三）带菌育苗基质与西瓜幼苗 BFB 发生间的关系 ……………………………（173）
三、不同嫁接方法与西瓜嫁接苗 BFB 发生间的关系 ……………………………（173）
四、嫁接环境因子与西瓜甜瓜嫁接苗细菌性果斑病发生关系研究 ……………（174）
（一）不同温度环境中葫芦砧木发病情况试验……………………………………（174）
（二）不同湿度条件下葫芦砧木发病情况试验……………………………………（175）
五、不同灌溉方式与西瓜甜瓜嫁接苗细菌性果斑病的发生关系研究 …………（177）
六、西瓜甜瓜嫁接苗细菌性果斑病的防治技术研究 ……………………………（178）
（一）化学药剂的室内抑菌和杀菌试验……………………………………………（178）
（二）带菌接穗种子药剂处理技术研究……………………………………………（180）
（三）带菌竹签、带菌基质的消毒技术研究………………………………………（181）
（四）西瓜甜瓜嫁接苗化学药剂处理的田间小区试验……………………………（183）
七、HACCP 体系在嫁接苗 BFB 综合防控中的应用………………………………（183）
（一）西瓜嫁接育苗生产工艺流程…………………………………………………（183）

（二）西瓜嫁接育苗过程中 BFB 的危害识别及关键控制点的确定 ………… (184)
（三）西瓜嫁接育苗过程中 BFB 危害分析与识别 …………………………… (184)
（四）西瓜嫁接育苗过程中 BFB 防治的关键控制点 ………………………… (185)
（五）西瓜嫁接育苗过程中 BFB 防治的监管监控计划 ……………………… (186)
（六）嫁接育苗标准的制定与推广应用 ……………………………………… (187)
八、举办了两次《全国西瓜甜瓜嫁接苗集约化生产观摩与研讨会》和《国际园艺学会第一届蔬菜嫁接研讨会》 ………………………………………… (187)
九、小结 …………………………………………………………………………… (188)

第八章　西瓜甜瓜细菌性果斑病综合防控关键技术集成与示范 ……………… (189)
一、细菌性果斑病的品种抗性监测 ……………………………………………… (189)
（一）规范病情分级标准 ………………………………………………………… (189)
（二）栽培方式对病害发生的影响 ……………………………………………… (189)
（三）病害发生动态及品种抗病性调查 ………………………………………… (190)
（四）设施甜瓜环境监测数据的采集 …………………………………………… (191)
二、环境友好型药剂筛选 ………………………………………………………… (191)
三、西瓜甜瓜细菌性果斑病防治新药剂——溴硝醇 …………………………… (194)
（一）活体组织法筛选防治甜瓜细菌性果斑病药剂 …………………………… (194)
（二）甜瓜细菌性果斑病活体盆栽药剂筛选 …………………………………… (194)
（三）溴硝醇 80% 可溶性粉剂对甜瓜细菌性果斑病的防治效果 …………… (195)
（四）60% 溴硝醇可溶性粉剂对甜瓜细菌性果斑病的防治效果 ……………… (196)
（五）种子处理技术 ……………………………………………………………… (197)
（六）甜瓜细菌性果斑病种子处理剂开发 ……………………………………… (199)
（七）50% 溴硝醇湿拌种剂的示范推广 ………………………………………… (199)
四、生防菌株的筛选 ……………………………………………………………… (200)
五、药剂浸种对果斑病发生的影响 ……………………………………………… (201)
六、诱抗剂对果斑病防治试验 …………………………………………………… (201)
七、果斑病菌抑菌化合物高通量筛选体系的构建 ……………………………… (203)
八、两种新型果斑病菌抑制剂 …………………………………………………… (203)
九、黑曲霉发酵液 Y-1 对 BFB 防效评估 ………………………………………… (204)
（一）黑曲霉发酵液平板抑菌效果评估 ………………………………………… (204)
（二）发酵液处理带菌葫芦种子不同时间后幼苗发病情况 …………………… (205)
（三）黑曲霉发酵液诱导抗性研究 ……………………………………………… (206)
十、标准化综合防控技术的防控效果 …………………………………………… (206)
十一、综合防控技术的集成 ……………………………………………………… (207)
十二、综合防控技术的示范推广和专家评价 …………………………………… (207)
十三、小结 ………………………………………………………………………… (209)

主要参考文献 ……………………………………………………………………… (210)

第一章　概　述

瓜类细菌性果斑病（bacterial fruit blotch）是发生在葫芦科植物上的一种严重的世界性病害，其病原菌为西瓜噬酸菌 *Acidovorax citrulli* = *Acidovorax avenae* subsp. *citrulli* = *Pseudomonas pseudoalcaligenes* subsp. *citrulli*。瓜类细菌性果斑病是一种典型的种传细菌性病害，可以侵染多种葫芦科作物，如西瓜、甜瓜、南瓜、黄瓜等，也可侵染其他植物，如萎叶等。瓜类细菌性果斑病已成为葫芦科作物上严重的世界性病害，给各国的西瓜、甜瓜种植业造成了极大的威胁。

该病最早在美国发生，1965 年，Webb 和 Goth 第一次从西瓜种子上分离到这种病原菌，但是并未引起人们的重视，直到 1989 年该病在美国大陆严重暴发，种植商品西瓜的各州都相继报道了该病害的发生。到 1995 年，瓜类细菌性果斑病在美国多个州蔓延，发病严重地区 80% 以上的西瓜不能上市销售，此病菌还可以侵染除西瓜外的多种葫芦科作物，如甜瓜、南瓜、黄瓜等。目前，果斑病已在美国多个州和澳大利亚、巴西、土耳其、日本、泰国、以色列、伊朗、匈牙利、希腊等多个国家发生。1988 年以来，中国也相继报道了该病害的发生。近年来瓜类细菌性果斑病也呈逐年上升的趋势，目前已在我国的海南、新疆、内蒙古、台湾、吉林、福建、山东、河北、湖北、广东等多个省（区）发生。我国的西瓜、甜瓜种植面积和产量都位居世界前列，而且是西瓜、甜瓜的重要制种基地，而瓜类细菌性果斑病的发生给当地的西瓜、甜瓜种植业造成了不同程度的影响，已成为西瓜、甜瓜生产上亟待解决的重要问题。目前，瓜类细菌性果斑病已被列入我国国家禁止进境的检疫性有害生物。

瓜类细菌性果斑病菌菌体短杆状，革兰氏染色阴性，不产生荧光，严格好氧，单根极生鞭毛。能在 41℃ 下生长，不能在 4℃ 下生长。在 KB 培养基上呈现乳白色、圆形、光滑、全缘、隆起、不透明菌落，菌落直径 1 ~ 2mm；在 YDC 培养基上呈现黄褐色、凸起、边缘扩展为圆形的菌落，菌落直径 3 ~ 4mm。利用葡萄糖和蔗糖作碳源结果不一致，但可以利用 β-丙氨酸、柠檬酸盐、乙醇、乙醇胺、果糖、L-亮氨酸和 D-丝氨酸。烟草过敏反应结果不一致，不产生精氨酸水解酶，明胶液化力弱，氧化酶和 2-酮葡糖酸试验阳性。果斑病菌在种子中的存活时间长，抗逆能力强，主要存活于种皮下的胚乳表层。存活了 34 年和 40 年的西瓜种子和甜瓜种子种植发芽后，用 ELISA 检测发病叶片，从结果为阳性的病组织中富集菌体，PCR 进一步鉴定了病原菌为果斑病菌，可见果斑病菌抗干旱和衰老的能力非常强。

西瓜、甜瓜在生长期间均可受瓜类细菌性果斑病菌侵染，子叶、真叶和果实均可发病。初期在子叶下侧出现水浸状斑，子叶张开时，病斑变为暗棕色，沿叶脉发展为黑褐色坏死斑，随后侵染真叶，在真叶上形成暗棕色，有黄色晕圈的病斑，沿叶脉发展成不规则大斑。植株生长中期，叶片上病斑通常不显著，田间湿度大时，叶背面沿叶脉可见到水浸状斑点，病叶对整株影响不大，却是重要的果实感染来源。果实感病后，最初果皮上出现直径仅几毫米的水浸状凹陷斑点，随后病斑迅速扩展至几厘米，呈暗绿色或褐色，边缘不规则。病原菌可进入果肉，有时造成孔洞状伤害，有的病斑表皮龟裂，溢出透明、黏稠、琥珀色菌脓，严重时果实很快腐烂，并使种子带菌。

瓜类细菌性果斑病主要依靠种子进行传播，病菌可以附着在瓜种子表面，也可以侵入种子内部，带菌种子是该病的主要初侵染来源。病菌在土壤表面的病残体上越冬，也成为次年的初侵染来源，田间的次生瓜苗也是该病菌的寄主和初侵染来源。带菌种子萌发后病菌很快侵染子叶及真叶，引起幼苗发病。温室中，人工喷灌和移植条件下，病菌可迅速侵染邻近的幼苗，并导致病害大面积暴发。病叶和病果上的菌脓借雨水、风力、昆虫和农事操作等途径传播，成为再侵染来源。瓜类细菌性果斑病在高温高湿的环境下易发病，特别是炎热、强光及暴风雨后，病菌的繁殖和传播加速，人为传播也可促使该病流行。

瓜类细菌性果斑病的药剂防治效果多不理想，因此使用抗病品种是防治该病最根本最有效的措施，但是瓜类细菌性果斑病菌存在比较丰富的遗传多样性，为抗病品种的筛选增加了困难，迄今并没有发现对瓜类细菌性果斑病免疫或高抗的品种。

瓜类细菌性果斑病是我国的检疫性病害，进口时应杜绝带菌种子进入。同时注意从无病区引种，生产的种子应进行种子带菌率测定。种子生产方面，应使用无病菌的种子进行原种和商业种子生产，制种田必须与其他瓜类田自然隔离。发生或怀疑发生病害的田块不能采种，相邻地块发病而本身未发病的田块也不能采种。种子处理可有效降低瓜类细菌性果斑病的发生。

目前，防治瓜类细菌性果斑病的化学药剂主要为铜制剂和农用抗生素类，由于田间大量施用含铜杀菌剂，果斑病菌部分菌株有抗铜性，效果多不理想。生产上需要有新型的环境友好型的化学农药来更好地防治该病害。生物防治方面，目前报道的对果斑病有防治效果的生防菌主要有酵母菌（*Pichia anomala*）、荧光假单胞菌（*Pesudomonas fluorescens*）工程菌株（染色体整合了2，4-二乙酰基间苯三酚）、葫芦科内生细菌中的部分芽孢杆菌（*Bacillus* spp.）等，但研究大多在实验室阶段，未有商品化的产品推广。虽然使用抗病品种是防治果斑病最根本最有效的措施，但是迄今并没有发现对果斑病免疫或高抗的品种。Hopkins 等报道三倍体西瓜较二倍体抗病，且抗病性强的品种果皮坚硬，果皮颜色深，感病品种的果皮呈浅绿色。由于还没有开发出具有商业价值的抗果斑病品种，培育抗病品种依然是当前研究的难点。

针对瓜类细菌性果斑病防治中存在很多问题，项目组将项目分为 7 个专题进行全面深入的研究，包括病菌生物学和病害流行规律、病菌致病机制、病菌检测技术、西瓜甜瓜种子生产中病害防治关键技术、西瓜甜瓜种子采后处理技术、西瓜甜瓜嫁接苗安全生产技术、病害综合防控关键技术集成与示范等。

（一）果斑病菌生物学和病害流行规律研究

（1）果斑病菌种群结构和遗传多样性分析。采用多位点序列分型法对 93 株果斑病菌进行了遗传多样性分析，结果表明存在两个克隆复合体 CC1 和 CC2，其中 CC1 包含了 5 个序列分型（ST1、ST2、ST3、ST4、ST11），CC2 包含了 6 个序列分型（ST5、ST6、ST7、ST8、ST9、ST10）。对不同来源菌株的分群结果显示，中国菌株大多数归属于 CC1 种群，而全球其他地区的菌株主要归属于 CC2 种群。基于 *hrp* 基因簇可变区分析，将 101 株供试果斑病分为 A、B、C 三种基因型，A 型菌株多分离自甜瓜，而 B 型菌株多分离自西瓜，A 型菌株和 B 型菌株的同源性为 90%，中国和美国的 A、B 型菌株具有 100% 的同源性。C 型菌株变异较大，可能为 A 和 B 的进化型。

（2）果斑病菌寄主范围和寄主抗性研究。对我国主栽的 30 个西瓜品种和 18 个甜瓜品种在人工接种条件下进行了抗病性评价，结果显示，不同西瓜品种的病情指数为 3.70 ~ 81.48，甜瓜品种的病情指数为 12.50 ~ 100，显示出了不同品种病菌的不同抗性，但均未发现高抗品种。使用 10 株果斑病菌分别对葫芦、哈密瓜、南瓜、甜瓜、西瓜和香瓜进行喷雾接菌，结果表明不同类型的菌株在不同寄主上的致病力存在差异。

（3）果斑病菌侵染规律及病害发生流行条件研究。证实 *hrcR* 基因功能的缺失不影响果斑病菌在寄主体内的定殖和扩展；初步证实瓜类细菌性果斑病是系统性病害；明确了温湿度对果斑病发生的影响，证明高温有利于病原菌在甜瓜植株体内的定殖和扩展。

（4）田间病害初侵染来源及病菌传播扩散动态研究。明确来源于杂草及水稻上的噬酸菌可能成为西瓜果斑病菌的田间初侵染来源；实验初步证明了瓜类细菌性果斑病菌可以在杂草种子中存活，并可能再次导致寄主发病。明确了 T4SS 及 T6SS 的相关基因分别影响果斑病菌从种子到种苗的传播，明确了 T2SS 对果斑病菌侵染定殖的影响。证实果斑病菌在铜离子诱导下可进入 VBNC 状态，可能成为田间病害的初侵染来源。明确并验证了 III 型分泌系统与 Ac 致病性相关。首次从果斑病菌中检测到群体感应信号分子-AHL，并证明其对果斑菌的致病性具有调控作用。明确了果斑病菌侵染西瓜子叶后，寄主的 harpin-binding 蛋白、反转录转座子 Ty1-copia 蛋白（推定）等病程相关蛋白表达量增加，钙离子-ATP 酶结合蛋白等信号传递相关蛋白表达量发生变化。成功获得了能稳定高效表达 *GFP* 和 *RFP* 基因的果斑病菌工程菌株，用已经标记 *GFP* 和 *RFP* 基因的果斑病菌进行西瓜根部和叶部的侵染定殖及定殖动态研究。

（5）不同管理模式对果斑病田间病害发生的影响研究。明确了果斑病在轮作地块的发病轻于连作地块，地势高地块轻于地势低地块，管理水平高的地块轻于管理水平低的地块，滴灌地块轻于串灌或漫灌地块。从施肥水平看，高氮低钾施肥处理叶发病率最高，平衡施肥处理发病最轻。证明可以通过调节肥水管理减轻果斑病的发生。

（二）果斑病菌致病机制解析

（1）克隆了病菌的群体感应基因，并研究了群体感应基因与致病性的关系。克隆果斑病菌 Aac-5 菌株群体感应相关 *LuxI*、*LuxR* 基因，构建了相关基因缺失的突变菌株。明确了果斑病菌中存在着 *LuxI/LuxR* 的群体感应信号，接受信号的 *LuxR* 单突变体可以检测到群体感应信号，而产生信号的 *LuxI* 单突变体和双突变体菌株则不能；目前已经通过 HPLC-MS 方法确定了果斑病菌 Aac-5 的群体感应信号物质为 N-3-氧-己酰高丝氨酸内酯。突变体菌株的运动性和胞外多糖并没有显著差异；而突变体的生物膜形成能力则明显强于野生型菌株；生长速度也发生明显变化；西瓜、甜瓜、黄瓜上的致病性实验都表明，*LuxI*、*LuxR* 的单突变体和双突变体的致病性都明显弱于野生型菌株；突变体中病菌致病相关基因的表达也呈现不同程度的降低，这表明果斑病菌中群体感应信号与病菌致病力间存在着直接的关联性。

（2）克隆果斑病菌的致病相关基因，并对其功能进行了验证。构建了 *Acidovorax citrulli* MH21 转座子 Tn5 随机突变体库，对突变体库进行了大量生测筛选，获得致病力下降突变体 300 余株。通过处理瓜种子及盆栽实验确认基因与致病性的关系，并对其中部分致病性相关的功能基因进行了较详细的遗传功能研究，包括亮氨酸生物合成关键基因（*leuB* 基因）、群体感应系统基因、AHL 信号降解酶编码基因 *aiiA*、gamma-谷氨酰基转移酶 *GGT*1 基因、*gidA* 基因、纤维素酶基因等。

果胶裂解酶 AcPel 蛋白结构和致病性研究。通过构建 *Acpel* 基因缺失突变体及其互补菌株，并且对二者的致病性进行检测，确定 AcPel 为该病菌的关键致病因子，并获得 AcPel 蛋白三维结构。果斑病菌 III 型分泌系统及 TAT 转运系统相关基因的克隆与功能研究。构建了瓜类细菌性果斑病菌 III 型分泌系统 *hrcN*、*hrpE*、*hrcJ* 基因以及 *tatB* 基因的缺失突变体及其互补菌株，对其致病性、致敏性、群体感应、生长曲线、运动性、胞外多糖和生物膜形成能力等进行了测定。同时用荧光定量 PCR 的方法对其他基因的表达量进行了分析。证实了上述基因对致病性具有重要的作用。

（三）果斑病菌及种子带菌快速检测技术研究

1. 细菌性果斑病菌的快速检测技术研究

筛选和优化选择性培养基。根据国外报道的培养基成分，经过改进，配制成能够专一地培养哈密瓜果斑病菌的选择性培养基 ASCM。经过生长率和专一性测定，能够作为生产上分离、培养和富集哈密瓜果斑病菌的培养基。实验结果表明，ASCM 选择性培养基可以有针对性地富集果斑病菌，同时抑制其他杂菌的生长，供试哈密瓜果斑病菌在 ASCM 上可正常生长，而供试非靶标菌株均不能在此培养基上生长。

制备果斑病菌的抗血清。制备了哈密瓜果斑病菌的菌体抗原和菌体全蛋白抗原，并制得了效价较高，专一性较强的抗血清，提纯了免疫球蛋白 IgG。利用间接 ELISA 法进行了哈密瓜果斑病菌检测最小浓度的测定和种子带菌的模拟检测，最小检测浓度可达 3×10^5CFU/ml。

胶体金试纸条检测方法的建立。制备了瓜类细菌性果斑病菌单克隆抗体，并利用其成功组装了胶体金检测试纸条。经验证该试纸条可特异性的检测出瓜类细菌性果斑病菌，检测灵敏度为 10^6CFU/ml。将免疫胶体金试纸条检测与 PCR 方法结合，将检测样品为阳性的试纸条的检测条带直接进行 PCR 检测。免疫胶体金试纸条从蛋白层面上进行了初筛，同时对目标细菌进行了富集与纯化，在一定程度上去除了样品中的 PCR 聚合酶抑制物质，而后利用 PCR 进行核酸的检测，从核酸层面上验证试纸条检测的结果，两种技术相互验证，提高了检测的准确性，也简化了普通 PCR 的样品处理步骤，方便快速。

PCR 检测技术。利用 16S-23S rDNA ITS 序列，设计并筛选出一对专一性较强的引物，同时确定了 PCR 检测果斑病菌的方法，测定了直接菌体 PCR 检测果斑病菌的最小浓度，并模拟进行了种子带菌检测，其检测精度均可达到 3×10^5CFU/ml。另外，设计合成了 Taq Man 水解探针，确定了实时定量 PCR 检测哈密瓜果斑病菌的方法，并模拟进行了种子带菌检测，检测精度可达到 3×10^4CFU/ml。

将免疫方法与 PCR 方法有机结合，形成 IMS-PCR。此方法利用免疫吸附磁性分离的灵敏、专一、快速等特点，达到了将哈密瓜果斑病菌快速富集，同时去除种子残渣等杂质影响的目的，将 PCR 检测的精度提高到了 3×10^2CFU/ml。

将生物学、免疫学和分子生物学方法有机地结合，即将 MOPS 分离病原菌、ASCM 培养基预富集、IMS-（实时定量）PCR 技术结合起来，建立了哈密瓜果斑病菌快速检测的方法，该方法避免了使用某一单项技术时产生的漏检和假阳性，增加了检测的灵敏度和专一性，提高检测的可行性。将此检测方法应用于模拟种子带菌检测时，可检测到每千粒（商品）种子中的一粒带菌种子，且信号仍较强。

LAMP 检测技术体系的构件和优化。针对瓜类细菌性果斑病菌的 *upgB* 基因的 6 个特定区域，设计能识别这 6 个特定区域的 4 种特异性引物，并对 $MgCl_2$、甜菜碱、反应时间、反应温度等 LAMP 反应条件进行优化。构建了瓜类细菌性果斑病的 LAMP 检测方法，该方法特异性高，能很好地将果斑病菌的几个近源种区分开来；对菌液的灵敏度可达到 10^2CFU/ml；能够检测到人工接菌的单粒种子；能够直接检测病叶的研磨液，适宜在基层实验室和田间现场快速检测。

交叉扩增检测技术研究。利用交叉引物扩增（Cross Priming Amplification）结合封闭核酸试纸条建立了果斑病菌快速检测方法。通过恒温 63℃ 条件进行扩增 40min 后直接将扩增管放入封闭式核酸试纸条检测装置，5min 显示结果。适合于简易条件或现场使用。

果斑病菌活体检测方法的建立。首次将 DNA 染料结合 PCR 检测方法引入瓜类细菌性果斑病菌检测，建立了叠氮溴化丙锭（PMA）与实时荧光 PCR 相结合的瓜类细菌性果斑病菌活体检测方法。通过用 PMA 对样品进行前处理，使 PMA 与样品中死细胞的 DNA 分子共价交联，从而抑制死菌 DNA 分子的 PCR 扩增，特异性检测出样品中的活菌。该方法的建立为初步确定检测鉴别病菌活细胞提供了新方法，克服了基于 DNA 分子检测手段不能鉴别死活细胞，导致过高估计活细胞的数量，甚至产生假阳性结果的弊端，可以更有效地为该病害的预防控制提供可靠依据。

瓜类细菌性果斑病菌 Biolog 鉴定基准库的建立。本研究利用 Biolog 微生物鉴定系统对收集到的瓜类细菌性果斑病菌及其近似菌株 *Acidovorax avenae* subsp. *avenae*、*Acidovorax avenae* subsp. *cattleyae*、*Acidovorax konjaci* 进行了鉴定，并根据鉴定结果建立了一个含有这 4 种病原菌数据信息的自定义数据库，该数据库含有大量来自不同地区不同分离物的瓜类细菌性果斑病菌及其近似菌株的信息，其建立对于瓜类细菌性果斑病菌及其近似病菌的检测鉴定具有重要的理论和实践意义。

建立了基于基质辅助激光解析电离飞行时间质谱（MALDI TOF MS）对果斑病菌及其近似种的检测与鉴定方法；建立了基于 Padlock 探针的西瓜噬酸菌检测技术研究，和

Real-time PCR 的西瓜噬酸菌检测技术研究进行了比较研究。从选择性培养基和种子提取缓冲液的角度，对葫芦科种子携带果斑病菌 Bio-PCR 检测方法进行了改良。首次在国内外建立了果斑病菌的红外和蛋白质谱检测技术。

2. 西瓜甜瓜种子带细菌性果斑病菌的快速检测技术研究

种子样品前处理技术。经过实验证明，MOPS 分离液可用于哈密瓜果斑病菌的初步分离，其效果强于 PBS 缓冲液。

种子带菌检测技术。LAMP 快速检测技术能够检测到单粒种子是否带菌，同时能够直接检测病叶的研磨液，来判定是否为瓜类细菌性果斑病。采用 LAMP 快速检测技术对市场上的 77 份商品种子进行了检测，检测结果对种子消毒处理具有重要的指导意义。

检测试剂盒的研制。ELISA 检测试剂盒的研制。利用已制备的瓜类细菌性果斑病菌单克隆抗体及多克隆抗体组装了 TAS-ELISA 检测试剂盒，经验证该试剂盒除与 *Acidovorax avenae* 种下菌有轻微交叉反应外，与其他对照菌均无交叉反应，灵敏度可达 1×10^5 CFU/ml，对发病叶片可检测到 800 倍稀释液。因此，所建立的 TAS-ELISA 方法可比较特异检测细菌性果斑病菌，与国外同类产品相当，适合对该病菌进行普查、监测及病害流行学研究的快速诊断。利用交叉引物扩增试剂盒的研制。利用交叉引物扩增结合封闭核酸试纸条建立了果斑病菌快速检测方法。该方法组装的试剂盒所有检测试剂均可常温保存，只需要恒温装置（热水瓶也可），无需其他任何设备，适合于简易条件或现场使用，已经在实际生产中运用。实时荧光检测试剂盒的研制。通过比较已报道的瓜类细菌性果斑病菌的基因组与其近缘种之间的差异，找出特异性序列并设计引物探针，建立了瓜类细菌性果斑病菌实时荧光 PCR 检测方法。并利用该引物探针组装了瓜类细菌性果斑病菌实时荧光检测试剂盒，经验证该试剂盒能够特异性的检测出瓜类细菌性果斑病菌，与 *Acidovorax avenae* 种下其他菌及其他属的对照菌均无交叉反应，灵敏度可达 1×10^3 CFU/ml。

PCR 试剂固体化技术研究。利用真空冷冻干燥技术，通过对保护剂组分的选择，含量的调整优化、成型方式及冻干方式的选择与优化，制成了能常温保存的固体化 PCR 检测试剂。所研制的 PCR 固体小球的形状美观，在使用中直接加入 PCR 模板及水即可进行 PCR 反应。该固体化试剂可长时间室温保存，便于现场应用及远距离运输，解决了目前国内所用 PCR 试剂均为液体，需低温保藏而引发的问题，具有广阔的应用前景。

（四）西瓜甜瓜健康种子生产技术研究与示范

（1）细菌性果斑病菌在西瓜甜瓜良种生产与采种过程中侵染定殖的主要关键因子。通过对带菌亲本种子与制种地细菌性果斑病发生的关系研究；不同温度条件对细菌性果斑病发生的影响研究；制种田不同栽培密度、不同灌溉方式及不同采种技术、采种工具条件下西瓜甜瓜细菌性果斑病发生情况及种子带菌率研究；调查和分析不同采收消毒和干燥技术对细菌性果斑病等种传病害种子带菌的关系的研究；以及在西瓜甜瓜良种生产中细菌性果斑病菌防治研究；探明影响细菌性果斑病菌在西瓜甜瓜良种生产与采种过程中侵染定殖的主要关键因子，初步掌握了新疆和甘肃西瓜甜瓜种子生产区细菌性果斑病发生规律及综合防控措施。为制定西瓜甜瓜健康种子生产技术规程提供理论与技术指导。

（2）西瓜甜瓜健康种子生产技术规程。撰写技术规程5个：①新疆西瓜健康种子生产技术规程；②新疆甜瓜健康种子生产技术规程；③甘肃西瓜健康种子生产技术规程；④甘肃甜瓜健康种子生产技术规程；⑤无籽西瓜健康种子生产技术规程。完成拍摄并出版西瓜甜瓜健康种子生产技术影视专题片3套：①新疆西瓜甜瓜健康种子生产技术光盘1套，出版号为ISBN：978-7-88620-857-7；②甘肃西瓜甜瓜健康种子生产技术光盘2套，出版号分别为ISBN：978-7-88616-460-6和ISBN：978-7-88616-461-3。

（3）西瓜甜瓜健康种子生产技术示范与推广。建立了“产、学、研”相结合的机制推进项目的示范和推广。项目的实施重点采取边研究、边示范检验、边应用的技术路线，加快技术推广及成果转化。采用“公司+农户+基地+科技”的运行模式，与农民结成利益联结体，形成了以“技术培训→健康种子生产技术规程→组织生产→集中采收→严谨处理”的一系列科学合理、易懂易学易掌握的模式，按照“四统一”要求，即统一供种、统一农资配送、统一技术培训、统一保价回收，形成产、供、销一条龙的产业化链条。

在新疆生产建设兵团222团和新疆维吾尔自治区昌吉回族自治州各建成100亩西瓜甜瓜健康种子生产核心试验示范区，1 000亩安全生产示范区，示范推广西瓜甜瓜健康种子生产技术规程所制定的各项技术，技术辐射达到全省西瓜甜瓜总制种面积的80%左右；在甘肃省酒泉市金塔县、民勤县和瓜州县建成了100亩西瓜甜瓜健康种子生产核心试验示范区，1 000亩安全生产示范区，示范推广西瓜甜瓜健康种子生产技术规程所制定的各项技术，技术辐射达到全省西瓜甜瓜总制种面积的75%左右；在甘肃省嘉峪关建成60亩无籽西瓜健康种子生产核心试验示范区，200亩安全生产示范区，技术辐射面积达全县种植面积的40%以上。在2011—2014年分别在新疆和甘肃西瓜甜瓜制种区进行示范推广，在新疆昌吉、222团和甘肃金塔县等地进行大规模推广示范。新疆、甘肃、湖南及内蒙古累计推广面积近5万多亩，辐射带动22.91万亩，增收产值到达2.06亿元；在甘肃和内蒙古推广应用生产的健康无菌种子，生产田发病率显著降低，累计推广86.35万亩，增收产值到达3.59亿元；项目的实施防止了瓜类细菌性果斑病在生产上大面积暴发，避免绝产绝收的现象发生，增加了农民收入，保证了西瓜甜瓜产业持续发展，为新疆和甘肃种子生产地及全国的西瓜甜瓜产业作出了巨大贡献。

（五）西瓜甜瓜种子采后处理技术研究与示范

建立了湖南地区瓜类细菌性果斑病种子消毒评价体系。建立了5种西瓜甜瓜种子消毒方法，分别是：1% HCl处理15min（适用于刚采收的和经过其他处理仍然带菌的西瓜种子）、2%甲酸处理15min（主要适用甜瓜种子）、索纳米80倍稀释液处理20min（适用于刚采收的种子）、JY-1混剂处理30min（适用于刚采收的种子）以及1% JY-2处理24h（适用于三倍体西瓜种子）。这5种处理方法分别适用不同种子。其中JY-1混剂处理后的种子不需要清水冲洗，在西部主要种子生产区有极大的应用前景。而针对三倍体种子的处理方法在提高种子健康的同时还能提高种子活力。田间试验结果表明，通过以上方法处理的种子未发现细菌性果斑病的发生。

确认可以通过75℃处理48h的方法提高种子健康，可以通过种子采收后发酵、快速干燥等处理提高种子健康。研究得到一种能提高西瓜种子健康的包衣剂配方，可以应用于部分二倍体西瓜种子，作为种子健康的一道屏障。

建立了一种提高三倍体西瓜种子活力的引发处理技术体系，处理后的种子活力得到极大提高，同时可以在生产上减少嗑籽等操作，保持种子消毒和包衣效果。研究还发现，这种引发处理的效果在室温至少可以保持46个月。建立了西瓜种植配套砧木（葫芦和南瓜）种子的引发和消毒处理技术体系，处理种子的苗期性状得到极大提高，种子健康也得到保证。研制了三件小型种子处理配套设备，分别应用于种子快速烘干、消毒处理和引发处理。

在新疆阜康市、新疆昌吉市、河北省唐县、吉林省松原市、湖南农业大学、湖南省汉寿县、沅江县、邵阳市等我国西瓜种子主要产区开展了西瓜种子采后处理技术培训工作。通过材料发放、培训骨干、现场示范等方式向2 000多户西瓜种子种植户、种子经销商等人宣传西瓜种子采后处理的重要性和适宜的处理方式。指导制种农户和企业处理种子累计约10万kg。为企业制定了两项种子处理操作规程：西瓜商品种子细菌性果斑病带菌情况检测规程和西瓜商品种子采后消毒处理规程。

（六）西瓜甜瓜嫁接苗安全生产技术研究与示范

为了研制出适合我国集约化生产条件下的西瓜甜瓜嫁接苗安全生产技术，本项目组成员首先对我国西瓜甜瓜嫁接苗生产的状况开展了全国性调研，重点针对西瓜甜瓜嫁接苗集约化程度高的育苗工厂进行了专项调查；研究了在西瓜甜瓜嫁接苗集约化生产条件下果斑病的侵染途径和流行传播规律；分析了西瓜甜瓜嫁接苗果斑病的发生与砧木和接穗种子带菌、嫁接操作和育苗环境的关系；针对嫁接的各个环节提出了有效控制西瓜甜瓜嫁接苗果斑病发生的策略和措施；制定了果斑病识别档案、西瓜甜瓜嫁接苗安全生产技术规程和西瓜甜瓜嫁接苗果斑病综合防控的HACCP体系；制作了简单实用的技术明白纸和视频光盘；制定了《西瓜露地栽培技术规程》（DB42/T 756—2011）、《甜瓜露地栽培技术规程》（DB42/T 757—2011）、《西瓜嫁接栽培技术规程》（DB42/T 943—2013）和《甜瓜嫁接苗集约化生产技术规程》（DB42/T 942—2013）4个湖北省地方标准。

在研究果斑病的侵染途径和流行传播规律、分析西瓜甜瓜嫁接苗果斑病的发生与砧木和接穗种子带菌、嫁接操作和育苗环境关系的基础上，本项目的各合作单位协同攻关，在技术上进行了系统研发和创新，集成了实用高效的西瓜甜瓜嫁接苗安全生产技术体系。

2011年在武汉召开了全国西瓜甜瓜嫁接育苗集约化生产观摩与研讨会，来自22个省（区）、市的140余人参加了本次会议。2012年3月，在山东济南再次召开了全国西瓜甜瓜嫁接苗集约化生产观摩与研讨会，有170人参会。2014年1月在武汉召开了“西瓜甜瓜嫁接苗安全生产研究与示范专题现场验收会”；进一步优化了西瓜甜瓜嫁接苗安全生产技术操作规程；2014 年 3 月成功召开了“国际园艺学会第一届蔬菜嫁接研讨会”。2014 年 3 月在华中农业大学召开第一届国际园艺学会蔬菜嫁接研讨会，来自 20 个国家的 250 位代表参加了本次会议，《科技日报》《农民日报》《湖北日报》、新华网、中国网等多家媒体对此次会议进行了报道。

在湖北、山东、海南、安徽、吉林、新疆和上海等地建立了 6 个示范基地，对示范基地的技术员和农民进行了多次培训，培训人数达 1 600多人次，发放宣传册和技术明白纸等资料 2 400多份，技术光盘 400 多张。在 15 家育苗工厂进行了西瓜甜瓜嫁接苗安全生产技术体系的推广示范，累计生产健康西瓜甜瓜嫁接苗 26 450万株。西瓜甜瓜嫁接苗安全生产技术体系的推广应用，使果斑病发生与为害的面积大幅度降低，大大地减少药剂使用带来的污染，改善了生态环境，提高了西瓜甜瓜的质量和安全性。

（七）西瓜甜瓜细菌性果斑病综合防控关键技术集成与示范

筛选出 3 株有稳定拮抗效果的生防菌株，经过生测防效显著。从采集的 97 个土样中共分离得到 2 945株细菌，经初筛 127 株细菌有抑菌效果，经过 5 次继代培养，19 株细菌有抑菌作用。其中 8 株细菌抑菌效果（抑菌带的宽度）稳定。经离体叶片生测，抑菌效果稳定的 8 株细菌对甜瓜果斑病的防效差异很大，其中 BW-6、BYP-28、NG-29 生防效果较好。经对 BW-6、BYP-28、NG-29 菌株室内生物测定对果斑病的防效分别为 80.3%、66.7%和 72.9%。

筛选出 4 种环境友好型的化学药剂。经室内毒力测定、田间防效测定及对西瓜和甜瓜种子、植株安全性的评价，筛选出溴硝醇、硫酸链霉素、硝基腐殖酸铜、春雷霉素、氧化亚铜、氢氧化铜等环境友好型的药剂，并应用到生产中。建立了交联壳聚糖和壳聚糖-纳米两种新型果斑病菌抑制剂，这两种抑制剂对瓜类细菌性果斑病均有较好防效。

果斑病菌抑菌化合物高通量筛选体系的构建。利用果斑病菌 III 型分泌系统作为靶标，构建报告基因，建立了抑制病原菌 III 型分泌系统功能的高通量筛选体系。初步完成了 4 600个化合物的生物活性筛选研究，发现 4 个化合物能抑制果斑病菌Ⅲ型分泌系统，但不抑制其生长。

集成了一套实用性强、便于操作的轻简化绿色防控技术。以“预防为主，综合防治”的植保方针为指导，强化“绿色植保”的理念，建立了以种子消毒处理为关键，合理密植、加强栽培管理和适时使用环境友好型药剂进行田间防治等综合防控技术。该优化集成的技术（包括种子消毒技术、整枝打叉防传病技术、控水防病技术、标准化喷药技术、环境友好型化学药剂防控技术等）简单、成本低廉、防效显著。

综合防控技术核心示范区面积超过 12 万亩。5 年来分别在内蒙古、辽宁、河北、湖北、海南、新疆等省（区）进行了示范。累计核心示范区面积 12 998亩，示范辐射面积 18.63 万亩，带动辐射面积 200 万亩以上，平均防病效果在 80%以上。核心示范区西瓜甜瓜每亩增产 25.28%，增加收入 912 元；辐射区西瓜甜瓜每亩增产 18.19%，增加收入 656 元。获得了显著的经济效益和社会效益，得到了领导、专家和农民的认可。在内蒙古、辽宁、河北、甘肃、海南、新疆举办培训班 31 次，通过现场会、办培训班、深入农户家中指导、田间培训、广播电视、发放技术手册和明白纸等形式培训技术人员720名，培训农民117 500人次。

本项目的研究有效地降低了我国西瓜和甜瓜生产中瓜类细菌性果斑病的为害，为我国乃至世界西瓜和甜瓜产业的健康可持续发展提供技术支撑。

第二章　果斑病菌生物学和病害流行规律研究

果斑病是西瓜和甜瓜上最重要的毁灭性种传病害，病原菌为西瓜噬酸菌（*Acidovorax citrulli*）。目前，该病害在田间的初侵染来源、传播扩散规律尚不清楚，果斑病菌的遗传分化不清晰，不同来源菌株的寄主范围和致病性差异仍未知。本课题围绕以上问题，展开了详细的研究，以期为该病害的防控提供新的方法、思路和技术，降低经济损失。

一、果斑病菌种群结构和遗传多样性分析

（一）采用多位点序列分型法（MultiLocus sequence typing，MLST）

对93株果斑病菌的7个持家基因（*gmc*、*ugpB*、*pilT*、*lepA*、*trpB*、*gltA*、*phaC*）的部分序列进行了扩增，分别得到了大小为543bp、452bp、404bp、489bp、439bp、489bp和431bp的片段（图2－1）。经测序后，利用BioEdit和Clustal X软件对序列进行比对分析，将基因位点上特定的序列定义为1个等位基因，结果表明：在93株供试菌株中，7个持家基因*gmc*、*ugpB*、*pilT*、*lepA*、*trpB*、*gltA*、*pha*分别存在9个、7个、12个、9个、7个、17个、10个等位基因；对每个基因的特定等位基因序列赋予数字代码后，所有菌株的特性都可以通过一系列数字代码来表示，最终设计形成了11个序列分型（sequence type，ST）；依据共享5/7的基因标准，运用eBURST程序分析表明存在两个克隆复合体（clonal complexes，CC）CC1和CC2，CC1包含了5个序列分型（ST1、

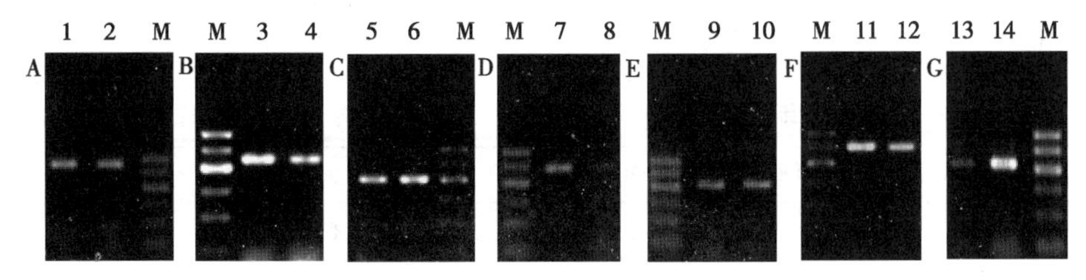

图2－1　两个代表性菌株的各基因PCR扩增产物电泳图

A，B，C，D，E，F，G分别为*gmc*，*ugpB*，*pilT*，*lepA*，*trpB*，*gltA*，*phaC*；泳道1、3、5、7、9、11、13为供试菌株30064；泳道2、4、6、8、10、12、14为供试菌株30353；M为分子量标记，自下而上分别为100bp、200bp、300bp、400bp、500bp、600bp。

ST2、ST3、ST4、ST11）和 CC2 包含了 6 个序列分型（ST5、ST6、ST7、ST8、ST9、ST10）（表 2－1）。当共享 6/7 基因时，CC1 中的 ST4 被划分为单一群体（singleton），而 CC1 和 CC2 的种群结构不变。

表 2－1　至少共享 5/7 基因时的两个克隆复合体状态下果斑病菌菌株等位基因特征

菌株（序列分型）	等位基因特征[a]						
	gltA	*ugpB*	*gmc*	*lepA*	*pilT*	*trpB*	*phaC*
CC 1 strains							
30064（ST1）[b,]	1	2	1	1	2	1	1
30367（ST2）	2	2	1	1	2	1	1
30373（ST3）	3	2	1	1	2	1	1
30080（ST4）	17	2	1	1	2	1	1
30382，30383，30384，30385，M1，M6（ST11）	1	2	9	1	2	1	1
CC 2 strains							
30042（ST5）[c,d]	4	1	1	1	1	1	1
30228（ST6）	4	1	1	1	1	1	2
30140，30143（ST7）	4	1	1	1	1	1	3
30090（ST8）	5	1	1	1	1	1	1
30093（ST9）	7	1	1	1	1	1	1
30374（ST10）	8	1	1	1	1	1	1

[a]缩写：*gmc*：葡萄糖甲醇胆碱氧化还原酶；*ugpB*：胞外溶质结合蛋白家族 I；*pilT*：抽搐运动蛋白；*lepA*：GTP 结合蛋白；*trpB*：色氨酸合成酶 β 亚基；*gltA*：typeII 柠檬酸盐合成酶；*phaC*：聚（R）－羟基丁酸合成酶。

[b]序列分型 ST1 中的菌株五位数字编码为 ICPB 的菌株编号，菌株详细信息此处省略未列出。

测定的来自新疆、内蒙古、海南、台湾等地的中国菌株共 51 株，有 33 株属于 CC1 种群，其中 24 株来自新疆和内蒙古地区（表 2－2）；另外 18 株中国菌株属于 CC2 种群，其中 10 株来自海南省，2 株来自中国台湾。来自全球其他地区如韩国、日本、巴西、以色列、土耳其、马来西亚、美国等地的 42 株菌株中，27 株属于 CC2 种群。因此，中国菌株的主要类群为 CC1 种群，而全球其他地区的菌株主要归属于 CC2 种群（表 2－3）。

表 2－2　中国不同地区果斑病菌菌株的寄主、菌株复合体类型与菌株数量关系

寄主	新疆		海南		内蒙古		河南		台湾		未知来源		小计
	CC1	CC2	CC1	CC2	CC1	CC2	CC1	CC2	CC1	CC2	CC1	CC2	
西瓜	7	0	6	10	0	0	0	0	0	0	1	3	27
甜瓜	11	1	0	0	6	1	1	1	0	0	0	0	21
未知寄主	—	—	—	—	—	—	—	—	1	2	—	—	3
合计	18	1	6	10	6	1	1	1	1	2	1	3	51

注：表格中的数值代表相应的 Ac 菌株数目。

表2-3　世界不同地区果斑病菌菌株的寄主、菌株复合体类型与菌株数量的关系表

寄主	中国菌株		美国 Georgia 菌株		美国其他州菌株		其他国家菌株		小计
	CC1	CC2	CC1	CC2	CC1	CC2	CC1	CC2	
西瓜	14	13	9	10	0	5	0	10	61
甜瓜	18	3	2	1	0	0	4	1	29
未知寄主	1	2	—	—	—	—	—	—	3
合计	33	18	11	11	0	5	4	11	93

注：表格中的数值代表相应的 Ac 菌株数目。

（二）*hrp* 基因簇上的基因序列差异

分析噬酸菌属中侵染杂草的 N1141 菌株（*Acidovorax avenae* subsp. *avenae*）、侵染水稻的 K1 菌株（*Acidovorax avenae* subsp. *avenae*）和侵染瓜类的 AAC00-1 菌株（*Acidovorax citrulli*）*hrp* 基因簇上的基因序列，可以发现三者在 *hrpD5-hrpK*、*hpaH-hrpW*、*lrp-hpaP* 等3个区域差异较大，因此考虑在这些片段上设计引物进行 PCR 扩增。各片段在 *hrp* 基因簇上的相对位置见图2-2。引物 VR1 是根据 *hrpD5* 至 *hrpK* 设计的，VR2 为 *hpaH* 至 *hrpW*，VR3 为 *hpaP* 至 *hrcQ*。

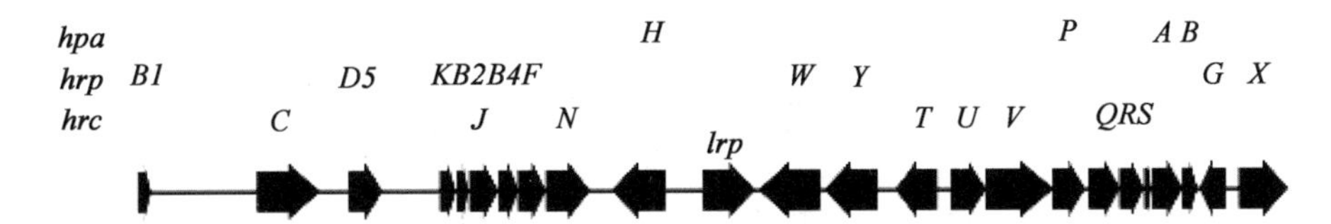

图2-2　*hrp* 基因簇上各基因分布情况

利用引物 VR1 和 VR2 对 101 个菌株进行 PCR 扫描扩增，发现 VR1 可以扩增出 2 000bp 和 1 748bp 两种条带，VR2 则是 1 500bp 和 658bp。用引物 VR1 和 VR2 进行 PCR 扩增可以将所有菌株分为3种：将条带大小分别为 2 000bp 和 1 500bp 的菌株称作 A 型，大小为 1 748bp 和 658bp 的称作 B 型，大小为 1 748bp 和 1 500bp 的称作 C 型。

结果显示，在供试的 101 株果斑病菌中，A 型菌株共 47 个，B 型菌株共 51 个，C 型菌株仅3个。其中，A 型菌株多分离自甜瓜，而 B 型菌株多分离自西瓜（表2-4）。

表2-4　不同类型瓜类细菌性果斑病菌的寄主分布

寄主	A（%）	B（%）	C（%）
甜瓜	23.4	7.8	0.0
西瓜	25.5	41.2	66.7
哈密瓜	8.5	3.9	0.0
香瓜	2.1	0.0	0.0
南瓜	2.1	0.0	0.0
未知	38.3	47.1	33.3
总计	100	100	100

结果显示，C 型菌株与 A 型在 VR2 区具有 100% 同源性。而 VR1 区的结果略有不同：33 号和 91 号与 B 型菌株 50 号具有 99% 同源性，但同为 C 型的 75 号在 VR1 区与 B 型菌株 50 号仅有 91% 同源性，与 A 型菌株 17 号竟有 99% 的同源性。结果说明 C 型菌株中也存在不同类型。另外根据 C 型菌株在 VR2 区与 A 型具有 100% 的同源性，推测 C 型菌株可能是 A 型菌株在 VR1 区突变而来，75 号与 33 号、91 号的差异则反映了这个过程的不同阶段。

二、果斑病菌寄主范围和寄主抗性研究

（一）果斑病菌寄主范围

收集了我国主栽的 30 个西瓜品种和 18 个甜瓜品种，温室条件下（18～25℃）培养 21d 后，使用 1cm 宽毛笔刷在每株种苗的各 1 片子叶和真叶上，刷上浓度为 OD_{600} = 0.4 的 AAC00-1 菌悬液（每 1ml 菌液中事先加入 0.2g 金刚砂），进行接种，随后覆膜保湿，14d 后观察并调查发病情况。结果显示，不同西瓜品种的病情指数为 3.70～81.48，甜瓜品种的病情指数为 12.50～100，显示出了不同品种病菌的不同抗性，但均未发现高抗品种（表 2-5，表 2-6）。

表 2-5 不同西瓜品种对果斑病菌 AAC-001 的抗性测定

编号	品种名称	产地	生产公司	病情指数
W04	富龙一号	齐齐哈尔	齐齐哈尔富尔农艺有限公司	70.37
W06	抗裂地雷王	公主岭	长春市蜜世界西甜瓜西瓜甜瓜研究所	70.37
W07	抗裂金雷	公主岭	长春市蜜世界西甜瓜西瓜甜瓜研究所	33.33
W09	大民七号	内蒙古	内蒙古大民种业有限公司	22.22
W10	巨龍霸	内蒙古	内蒙古大民种业有限公司	28.52
W13	春美人	辽宁	金土地种业有限公司	25.93
W25	抗裂超甜京欣	河北	河北省高碑店市蔬菜研究中心	55.56
W28	绿欣二号	新疆	甘肃酒泉市泰康农业科技有限公司	11.11
W30	参宝勿权瓜	新疆	乌鲁木齐市常绿园种子有限公司	14.81
W35	新京欣霸王	河北	青县王镇店种子繁育站	11.11
W38	西农 2 号	新疆昌吉	安农种业秋实西甜瓜西瓜甜瓜研究所	40.74
W41	安农 2 号	新疆昌吉	新疆安农种子有限公司	33.33
W43	益抗 6 号	新疆昌吉	新疆昌吉市益丰种苗有限公司	37.04
W44	金抗 10 号	新疆	乌鲁木齐金农种业科技开发有限公司	62.96
W45	安农 1 号	新疆昌吉	新疆安农种子有限公司	25.93
W47	火州 1 号	新疆	新疆葡萄瓜果开发研究中心	66.67
W51	懒汉甜帅	新疆	乌鲁木齐金农种业科技开发有限公司	11.11
W52	新勿权	昌吉	新疆昌吉市益丰种苗有限公司	81.48

（续表）

编号	品种名称	产地	生产公司	病情指数
2012-SHT-255	未知	未知	先正达	7.41
2012-SHT-276	未知	未知	先正达	29.63
2012-SHT-277	未知	未知	先正达	14.81
2012-SHT-280	未知	未知	先正达	48.15
2012-SHT-282	未知	未知	先正达	51.85
2012-SHT-283	未知	未知	先正达	70.37
2012-SHT-284	未知	未知	先正达	3.70
W53	瑞鑫	未知	中国农业科学院蔬菜花卉研究所	48.15
W54	瑞宏	未知	中国农业科学院蔬菜花卉研究所	18.52
W55	金冠超大	未知	中国农业科学院蔬菜花卉研究所	40.74

表 2－6　不同甜瓜品种对果斑病菌 AAC00-1 的抗性测定

编号	品种名称	产地	生产公司	病情指数
M20	春蕾	昌吉	新疆昌吉市杰农种子有限责任公司	67.50
M21	新疆黄蛋子	新疆	乌鲁木齐金农种业科技开发有限公司	50.00
M23	新密 25 号	昌吉	新疆杰农种子有限责任公司	12.50
M27	杰丰蜜	昌吉	新疆杰农种子有限责任公司	12.50
M30	欣源杂交伽师瓜	昌吉	新疆欣源种业有限公司	33.33
M38	甜脆羊角密	/	河北省辛集市盛农种子公司生产	84.38
M39	台湾新青玉	广州	广州金港皇农业有限公司	100.00
M40	金妃	大庆	中国大庆铁人农业研究所	87.50
M41	极品金斗	黑龙江	黑龙江省依安县福鼎种业有限公司	70.83
M42	日本甜宝	新疆	黑龙江全福种苗有限公司	60.42
M43	三友一号	赤峰	赤峰三高种业商行	78.85
M45	三高华萃一号	赤峰	赤峰三高种业商行	42.50
M46	彩虹九号	赤峰	赤峰田安园种业	45.83
M47	三高贵妃	赤峰	赤峰三高种业商行	66.67
M48	三高早春美玉	赤峰	赤峰三高种业商行	67.31
M49	三高十三号	赤峰	赤峰三高种业商行	58.33

（二）寄主抗性研究

使用 10 株果斑病菌分别对葫芦、哈密瓜、南瓜、甜瓜、西瓜和香瓜进行喷雾接菌，用 Photoshop 统计叶片的发病面积以及总面积，将发病面积占总面积的比例小于 0.1% 的记作“不发病”，0.1% ~1% 的记作“＋”，1% ~10% 记作“＋＋”，大于 10% 记作“＋＋＋”，表明供试的 6 种葫芦科作物均可被果斑病菌侵染，且不同类型的菌株在不同寄主上的致病力存在差异（表 2－7）。

表 2－7　不同类型的 10 株果斑病菌在不同寄主上的发病情况

	葫芦	哈密瓜	南瓜	甜瓜	西瓜	香瓜
不发病	0	0	0	0	1	0
+	2	0	2	3	2	0
+ +	8	3	7	4	5	7
+ + +	0	7	1	3	2	3

注：表中数字表示 10 株供试果斑病菌中，可以在该寄主上致病的菌株数量。

三、果斑病菌侵染规律及病害发生流行条件研究

（一）证实 *hrcR* 基因功能的缺失不影响果斑病菌在寄主体内的定殖和扩展

使用野生型菌株 MH21 及其 *hrcR* 基因突变体 M543 为材料，通过人工接种和病原菌分离试验，结果显示，虽然仅有野生菌株 MH21 在接种后可以产生症状，但 MH21 及 M543 均可在供试甜瓜植株体内定殖和扩展，表明 *hrcR* 基因的缺失不影响果斑病菌在寄主体内的定殖和扩展；接种后 5～35d，两个菌株均在子叶中浓度最高，其次是茎和离接种部位较近的真叶（表 2－8 至表 2－12）。

表 2－8　Bio-PCR 检测 MH21、M543 注射接种后 5d 在甜瓜植株中的分布

检测部位	MH21						M543					
	0 DPI	1 DPI	2 DPI	3 DPI	4 DPI	5 DPI	0 DPI	1 DPI	2 DPI	3 DPI	4 DPI	5 DPI
根	－	－	－	－	－	－	－	－	－	－	－	－
茎	－	－	－	－	－	+	－	－	－	－	－	－
接种子叶	－	－	+	－	+	+	－	+	－	+	+	+
非接种子叶	－	－	－	－	－	－	－	－	－	－	－	－
第一片真叶	－	－	－	－	－	－	－	－	－	－	－	－
第二片真叶	－	－	－	－	－	－	－	－	－	－	－	－

注：－表示 Bio-PCR 检测结果成阴性；＋表示 Bio-PCR 检测结果呈阳性。

表 2－9　Bio-PCR 检测 MH21 在甜瓜植株中的定殖和扩展

检测部位	检测时间（DPI）						
	0	5	10	15	20	25	35
根	0/3	0/3	0/3	0/3	0/3	0/3	0/3
茎	0/3	1/3	0/3	0/3	1/3	0/3	0/3
子叶	0/3	3/3	3/3	3/3	2/3	2/3	1/3
第一片真叶	0/3	1/3	0/3	0/3	1/3	1/3	0/3

（续表）

检测部位	检测时间（DPI）						
	0	5	10	15	20	25	35
第二片真叶	ND	ND	ND	0/3	0/3	0/3	0/3
第三片真叶	ND	ND	ND	0/3	ND	0/3	0/3
第四片真叶	ND	ND	ND	0/3	ND	0/3	0/3
第五片真叶	ND	ND	ND	ND	ND	ND	0/3
第六片真叶	ND	ND	ND	ND	ND	ND	0/3

注：分子表示检测结果呈阳性的样品数；分母表示总检测样品数；ND 表示未检测该样品。

表 2－10　Bio-PCR 检测 M543 在甜瓜植株中的定殖和扩展

检测部位	检测时间（DPI）						
	0	5	10	15	20	25	35
根	0/3	0/3	0/3	1/3	0/3	0/3	0/3
茎	0/3	0/3	0/3	0/3	0/3	0/3	0/3
子叶	0/3	0/3	3/3	3/3	1/3	2/3	0/3
第一片真叶	0/3	0/3	1/3	1/3	1/3	0/3	0/3
第二片真叶	ND	ND	ND	0/3	0/3	ND	0/3

注：分子表示检测结果呈阳性的样品数；分母表示总检测样品数；ND 表示未检测该样品。

实时荧光定量 PCR 检测结果表明，(25 ±1)℃、RH 70% ~80% 条件下，从接种后 5d 开始，MH21 和 M543 已经分布在甜瓜植株的整株植株中，其中接种子叶的浓度最高，接种 MH21 和 M543 的甜瓜子叶中 Ac 浓度分别为 10^7 ~ 10^8CFU/g 鲜重和 10^6 ~ 10^7CFU/g 鲜重；其次为离接种部位较近的真叶、茎和根，真叶、茎和根中 MH21 与 M543 的浓度均为 10^4CFU/g 鲜重至 10^5CFU/g 鲜重，无明显差异；接种后 25d 和 35d，MH21 接种的甜瓜新生真叶中 Ac 检测结果呈阴性；接种后 35d，M5431 接种的甜瓜新生真叶中 Ac 检测结果呈阴性（表 2－11，表 2－12）。

表 2－11　MH21 接种后 5 ~35d 在甜瓜植株各部位中的浓度

取样部位	取样时间（DPI）					
	5	10	15	20	25	35
根	5.4 ±0.8	4.6 ±0.8	N	4.7 ±0.5	4.6 ±0.6	N
茎	5.5 ±0.3	4.2 ±1.4	5.8 ±2.2	5.6 ±0.1	6.8 ±1.4	4.8 ±1.3
子叶	7.6 ±1.6	8.2 ±0.2	8.6 ±0.5	7.9 ±0.9	8.3 ±1.0	8.5 ±0.4
第一片真叶	6.4 ±2.0	4.5 ±0.5	6.5 ±0.5	5.5 ±0.5	5.4 ±1.1	4.5 ±0.1
第二片真叶	ND	ND	5.8 ±1.6	7.1 ±0.5	4.1 ±0.5	3.9 ±0.6

（续表）

取样部位	取样时间（DPI）					
	5	10	15	20	25	35
第三片真叶	ND	ND	5.3 ± 1.5	ND	4.4 ± 0.3	N
第四片真叶	ND	ND	ND	ND	N	N
第五片真叶	ND	ND	ND	ND	N	N
第六片真叶	ND	ND	ND	ND	ND	N

注：表中数值为细菌浓度的对数［Lg 浓度（CFU/g 鲜重）］，N 表示检测结果呈阴性；ND 表示无检测样品。

表 2－12　M543 接种后 5～35d 在甜瓜植株各部位中的浓度

取样部位	取样时间（DPI）					
	5	10	15	20	25	35
根	5.6 ± 1.4	5.3 ± 0.3	N	4.2 ± 0.8	N	N
茎	6.6 ± 0.9	4.8 ± 0.0	4.7 ± 0.7	6.8 ± 0.2	6.3 ± 1.3	4.9 ± 1.0
子叶	7.4 ± 0.9	7.0 ± 0.1	7.0 ± 0.1	6.3 ± 0.3	6.6 ± 0.1	6.5 ± 0.6
第一片真叶	5.1 ± 1.0	5.0 ± 1.4	5 ± 1.5	4.7 ± 1.5	5.7 ± 0.2	4.7 ± 0.5
第二片真叶	ND	ND	4.3 ± 0.1	4.2 ± 0.1	ND	N
第三片真叶	ND	ND	ND	ND	ND	N

注：表中数值为细菌浓度的对数［Lg 浓度（CFU/g 鲜重）］，N 表示检测结果呈阴性；ND 表示无检测样品。

（二）初步证实 *A. citrulli* 可以造成寄主系统性侵染

使用 GFP 标记的 GFP-AAC00-1 接种甜瓜幼苗，证实病原菌通过接种子叶的叶脉扩展进入茎及根中维管束，随后沿维管束向上扩展进入真叶，并使部分植株表现出萎蔫的症状，推测西瓜噬酸菌可系统性侵染甜瓜植株。

结果表明，在相对湿度为 70%～80%，温度为 25℃时，接种后 1d 可在整个植株检测到 GFP 标记的 AAC00-1；接种后 1d 至接种后 6d，真叶、子叶、茎、根中 GFP-AAC001 浓度为子叶＞茎＞根/真叶，根和真叶中浓度相当；接种后 7d，茎中菌浓度增加，真叶、子叶、茎、根中菌浓度为茎与子叶相当，根与真叶相当；供试时间内，子叶中 Ac 浓度为 10^6～10^9CFU/g 鲜重，茎中 Ac 浓度为 10^5～10^6CFU/g 鲜重，真叶中 Ac 浓度为 10^4～10^5CFU/g 鲜重，根中 Ac 浓度为 10^4～10^6CFU/g 鲜重。体视荧光显微镜观察结果表明，接种后 1d，子叶病斑不明显，整株植株观察不到荧光信号；接种后 2d，子叶开始观察到荧光信号，且荧光信号较弱，而其余部位观察不到荧光信号；接种后 3～7d，子叶荧光信号逐渐增强，其余部位仍然观察不到荧光信号（表 2－13，表 2－14）。

表 2－13 Real-Time PCR 检测 GFP-AAC001 在超甜白沙蜜中的定殖和扩展（25℃下接种）

取样部位	取样时间（DPI）						
	1	2	3	4	5	6	7
根	4.8±0.7	5.2±0.3	6.4±0.1	N	4.5±0.1	4.8±0.2	4.3±0.3
茎	6.6±0.7	6.8±0.8	7.3±0.4	5.7±0.7	6.6±0.8	5.6±0.5	6.7±2.2
子叶	8.1±0.5	7.7±0.8	8.0±0.1	9.0±0.6	8.0±0.9	ND	6.4±1.4
第一片真叶	4.5±0.4	4.8±0.7	4.7±0.6	5.7±0.4	4.9±0.6	5.0±0.1	4.4±0.5
第二片真叶	ND	ND	N	N	5.0	5.0	4.8±0.6

注：表中数值为细菌浓度的对数［Lg 浓度（CFU/g 鲜重）］，N 表示检测结果呈阴性；ND 表示未检测样品。

表 2－14 体视荧光显微镜观察 GFP-AAC001 在超甜白沙蜜中的定殖和扩展（25℃下接种）

取样部位	取样时间（DPI）						
	1	2	3	4	5	6	7
根	0/3	0/3	0/3	0/3	0/3	0/3	0/3
茎	0/3	0/3	0/3	0/3	0/3	0/3	0/3
子叶	0/3	3/3	33	3/3	3/3	3/3	3/3
第一片真叶	0/3	0/3	0/3	0/3	0/3	0/3	0/3
第二片真叶	ND	ND	0/1	0/1	0/1	0/1	0/3

注：分子表示检测呈阳性的样品数；分母表示总检测样品数；ND 表示未检测该样品。

实时荧光定量 PCR 检测结果表明（表 2－15），25℃时，从接种后 5d 开始，GFP-AAC01 已经分布在甜瓜植株的整株植株中；接种后 5～10d，子叶中 Ac 浓度最高，其次为新生真叶及茎，离接种部位较近的真叶中 Ac 浓度低于新生真叶和茎中 Ac 浓度，根中 Ac 浓度较低；接种后 15～20d，子叶中 Ac 浓度最高，其次为茎、真叶和根；接种后 25～30d，子叶中 Ac 浓度依然最高，在茎和叶龄较大的真叶中也有较低浓度的 Ac，而在新生真叶中，没有检测到 Ac 的存在，与之前的 MH21 与 M543 在甜瓜体内扩展时的规律一致。

表 2－15 GFPAAC001 接种不同时间后在甜瓜植株不同部位中的浓度

取样部位	取样时间（DPI）					
	5	10	15	20	25	30
根	N	N	4.3±0.2	N	N	N
茎	6.9±1.0	6.7±1.2	5.9±0.1	6.0±0.1	7.4±1.6	4.9±0.9
子叶	8.0±1.3	7.2±0.2	ND	8.1±0.4	8.1±0.7	6.9±0.9

（续表）

取样部位	取样时间（DPI）					
	5	10	15	20	25	30
第一片真叶	6.7±0.6	5.4±1.3	5.8±0.8	7.3±1.5	4.5±1.0	6.4±0.1
第二片真叶	7.2±0.5	6.6±0.2	5.0±0.8	6.4±0.8	5.0±0.7	N
第三片真叶	ND	7.1±2.1	5.7±1.4	5.4±0.3	4.8±0.4	4.8±0.6
第四片真叶	ND	8.0±0.7	7.0±0.3	4.8±0.7	4.3±0.7	N
第五片真叶	ND	ND	ND	5.3±0.7	5.4±1.6	4.1±1.1
第六片真叶	ND	ND	ND	ND	N	4.0±0.3
第七片真叶	ND	ND	ND	ND	N	N
第八片真叶	ND	ND	ND	ND	ND	N
第九片真叶	ND	ND	ND	ND	ND	N

注：接种条件为（25±1）℃、RH 70%～80%，表中数值为细菌浓度的对数［Lg 浓度（CFU/g 鲜重）］，N 表示检测结果呈阴性，ND 表示无检测样品。

体视荧光显微镜观察结果如表2－16 所示，在接种子叶，从接种后第5 天开始，观察到荧光信号，且荧光信号与接种后形成的病斑一致，随着接种后培养时间的增加，子叶上病斑变大，子叶逐渐干枯变褐，而荧光信号也逐渐增强。接种后 20d，离接种子叶较近的真叶开始出现沿边缘向内扩展的褐色病斑，且病斑可以观察到荧光信号；随着病斑面积的增加，从接种后 25d 开始，第一片、第二片真叶整片变褐坏死，叶柄也干枯变褐，而叶片不脱落；接种后 30d，离接种部位较近的真叶、第二片真叶、第三片真叶均干枯变褐，第四片真叶出现少量可以观察到荧光信号的病斑；从接种后 5d 到接种后 30d 时间段内，在植株的茎和根都没有观察到荧光信号。

表2－16　体视荧光显微镜观察结果

取样部位	取样时间（DPI）					
	5	10	15	20	25	30
根	0/3	0/3	0/3	0/3	0/3	0/3
茎	0/3	0/3	0/3	0/3	0/3	0/3
子叶	3/3	3/3	3/3	3/3	3/3	3/3
第一片真叶	0/3	0/3	0/3	3/3	3/3	3/3
第二片真叶	ND	0/3	0/3	3/3	3/3	3/3
第三片真叶	ND	0/3	0/3	0/3	2/3	3/3
第四片真叶	ND	ND	ND	0/3	2/3	2/3
第五片真叶	ND	ND	ND	ND	ND	0/3

注：分子表示检测呈阳性的样品数；分母表示总检测样品数；ND 表示未检测该样品。

（三）明确了高温有利于病原菌在甜瓜植株体内的定殖和扩展

在相对湿度 70%～80%、35℃条件下，病原菌在甜瓜植株体内的扩展速度最快，造成子叶干枯，真叶变色干枯等症状；在30℃条件下，病原菌扩展较快；在25℃条件下，病原菌在甜瓜植株体内的扩展较慢，且扩展至茎和根后保持在较低浓度，证明高温有利于病原菌在甜瓜植株体内的定殖和扩展。

在相对湿度为70%～80%，温度为30℃时，Real-Time PCR检测时结果表明，接种后1d即可在整个植株检测到病菌；接种后1d至接种后3d，真叶、子叶、茎、根中病菌浓度为子叶＞茎＞根/真叶，根和真叶中浓度相当；接种后4d至接种后7d，茎和根中病菌浓度增加，真叶、子叶、茎、根中病菌浓度为茎与根相当，略低于子叶，而子叶、茎、根中浓度均高于真叶；供试时间内，子叶中Ac浓度为10^6～10^9CFU/g鲜重，茎中Ac浓度为10^6～10^8CFU/g鲜重，真叶中Ac浓度为10^4～10^6CFU/g鲜重，根中Ac浓度为10^4～10^8CFU/g鲜重（表2－17）。体视荧光显微镜观察Ac在甜瓜体内定殖扩展结果显示，接种后1d至接种后3d，可在子叶中观察到荧光信号，且信号逐渐增强，从接种部位开始扩展至邻近叶脉，而植株其余部位观察不到荧光信号；接种后4d至接种后7d，子叶表现出较强的荧光信号，此时可以在样品茎和根的维管束中观察到荧光信号，但是真叶中未观察到荧光信号（表2－18）。

表2－17　Real-Time PCR检测GFP-AAC001在超甜白沙蜜中的定殖和扩展（30℃下接种）

取样部位	取样时间（DPI）						
	1	2	3	4	5	6	7
根	5.1±0.2	4.6±1.6	4.2±1.2	7.0±0.5	7.6±1.8	6.4±1.3	8.6±0.5
茎	6.5±1.4	6.3±0.6	6.9±0.4	7.3±0.7	8.2±0.0	6.9±1.9	8.9±0.7
子叶	8.4±0.5	6.9±0.8	7.6±0.8	N	8.9±0.9	9.0±0.8	8.1±1.3
第一片真叶	6.5±0.6	5.3±0.3	6.1±0.4	5.7±0.2	4.9±0.4	5.6±0.4	5.5±1.6
第二片真叶	ND	ND	N	ND	ND	5.0	ND

注：表中数值为细菌浓度的对数［Lg浓度（CFU/g鲜重）］，N表示检测结果呈阴性；ND表示未检测样品。

表2－18 体视荧光显微镜观察GFP-AAC001在超甜白沙蜜中的定殖和扩展（30℃下接种）

取样部位	取样时间（DPI）						
	1	2	3	4	5	6	7
根	0/3	0/3	0/3	1/3	2/3	2/3	2/3
茎	0/3	0/3	0/3	1/3	2/3	2/3	2/3
子叶	3/3	3/3	3/3	3/3	3/3	3/3	3/3
第一片真叶	0/3	0/3	0/3	0/3	0/3	0/3	0/3
第二片真叶	ND	ND	0/1	ND	0/1	ND	ND

注：分子表示检测呈阳性的样品数；分母表示总检测样品数；ND表示未检测该样品。

相对湿度为70% ~80%，温度为35℃时，Real-Time PCR 检测时结果表明，接种后1d至接种后7d，均可在整个植株中检测到GFPAAC001；接种后1d至接种后4d，真叶、子叶、茎、根中GFPAAC001浓度为子叶>茎>根>真叶；接种后5d至接种后7d，茎和根中GFPAAC001浓度增加，真叶、子叶、茎、根中GFPAAC001浓度为茎与根相当，高于子叶中Ac浓度，真叶中Ac浓度最低，且浓度基本保持不变；供试时间内，子叶中Ac浓度为10^8CFU/g鲜重，茎中Ac浓度为10^5 ~10^9CFU/g鲜重，真叶中Ac浓度为10^4 ~10^7CFU/g鲜重，根中Ac浓度为10^5 ~10^8CFU/g鲜重（表2-19）。体视荧光显微镜观察GFPAAC001在甜瓜体内定殖扩展结果表明，接种后1d至接种后2d，可在子叶中观察到荧光信号，且荧光信号逐渐从接种部位开始扩展至邻近叶脉，而植株其余部位观察不到荧光信号；接种后3d至接种后6d，子叶表现出较强的荧光信号，此时可以在样品茎和根的维管束中观察到荧光信号，但是真叶中未观察到荧光信号（表2-20）；接种后7d，除子叶、茎、根可以观察到荧光信号外，在一个样品的新生真叶叶脉中也观察到了荧光信号（图2-3）。

表2-19　Real-Time PCR 检测GFP-AAC001在超甜白沙蜜中的定殖和扩展（35℃下接种）

取样部位	取样时间（DPI）						
	1	2	3	4	5	6	7
根	6.9±0.5	6.8±1.6	6.7±1.7	6.5±0.5	8.3±1.0	8.6±0.4	5.3±0.7
茎	5.7±1.0	8.0±0.8	6.8±1.5	7.6±2.3	8.9±0.1	9.1±0.7	4.8±0.1
子叶	8.8±0.6	8.3±0.7	8.3±0.4	8.8±0.5	8.3±1.1	8.1±1.2	8.5±0.3
第一片真叶	4.7±0.5	4.4±0.3	5.6±0.8	5.8±0.2	5.4±0.4	7.9±0.9	4.5±0.4
第二片真叶	ND	ND	ND	ND	ND	ND	4.3
第三片真叶	ND	ND	ND	ND	ND	ND	4.0

注：表中数值为细菌浓度的对数 [lg 浓度（CFU/g鲜重）]，N表示检测结果呈阴性；ND表示未检测样品。

表2-20　体视荧光显微镜观察GFP-AAC001在超甜白沙蜜中的定殖和扩展（35℃下接种）

取样部位	取样时间（DPI）						
	1	2	3	4	5	6	7
根	0/3	0/3	1/3	0/3	1/3	2/3	2/3
茎	0/3	0/3	1/3	1/3	2/3	2/3	2/3
子叶	3/3	3/3	3/3	3/3	3/3	3/3	3/3
第一片真叶	0/3	0/3	0/3	0/3	0/3	0/3	0/3
第二片真叶	ND	ND	ND	ND	ND	ND	1/1
第三片真叶	ND	ND	ND	ND	ND	ND	0/1

注：分子表示检测呈阳性的样品数；分母表示总检测样品数；ND表示未检测该样品。

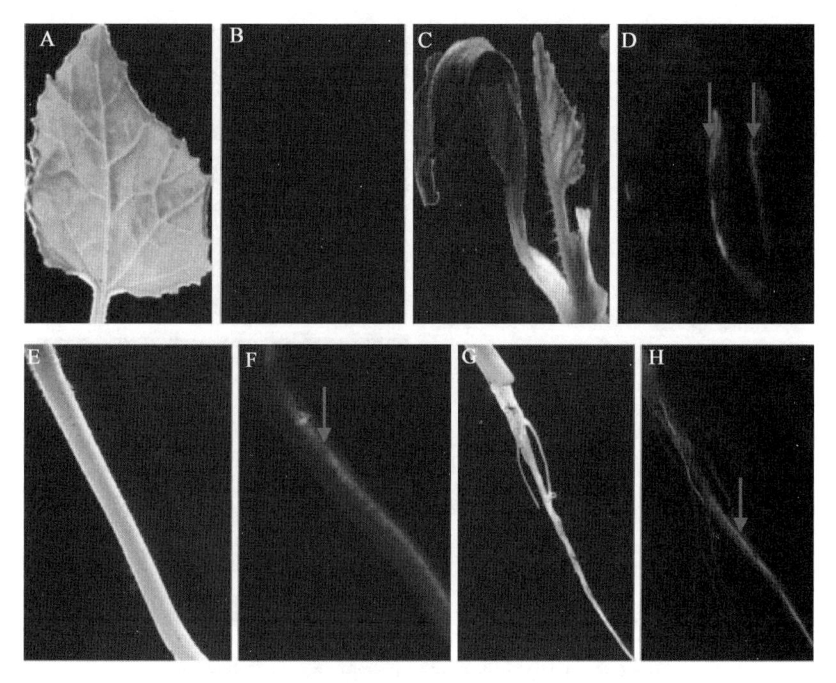

图2-3 体视荧光显微镜观察35℃、RH 70%~80%条件下，GFP-AAC001接种后7d在超甜白沙蜜中的扩展

A：真叶明场；B：真叶蓝光；C：子叶明场；D：子叶蓝光；
E：茎明场；F：茎蓝光；G：根明场；H：根蓝光。

四、田间病害初侵染来源及病菌传播扩散动态研究

（一）明确来源于杂草及水稻上的噬酸菌可能成为田间初侵染来源

构建了GFP（绿色荧光蛋白）标记的瓜类细菌性果斑病菌xjl12-GFP，对瓜类细菌性果斑病菌"土壤—根—茎—种子"传播方式进行了初探，同时对杂草是否可以作为Ac病菌的初侵染源进行研究。采用土壤接种法，在接种后不同时间分别取幼苗的根、茎进行病原菌分离及显微镜观察。从接种后的西瓜甜瓜种子分离培养到果斑菌。为了确定西瓜噬酸菌可从"土壤—根—茎"进行传播，利用组织切片和免疫荧光等技术，对接种后的瓜幼苗进行了果斑菌检测。结果显示，从接种后的西瓜主根、侧根以及土壤下的茎中通过印记法分离到西瓜噬酸菌，同时利用荧光显微镜观察，初步证明了西瓜幼苗西瓜噬酸菌可从"土壤—根—茎"进行传播（图2-4）。

杂草开花期接种xjl12-GFP的种子中分离到xjl12-GFP（图2-5），实验初步证明了瓜类细菌性果斑病菌可以在杂草种子中存活，并可以再次导致寄主发病。

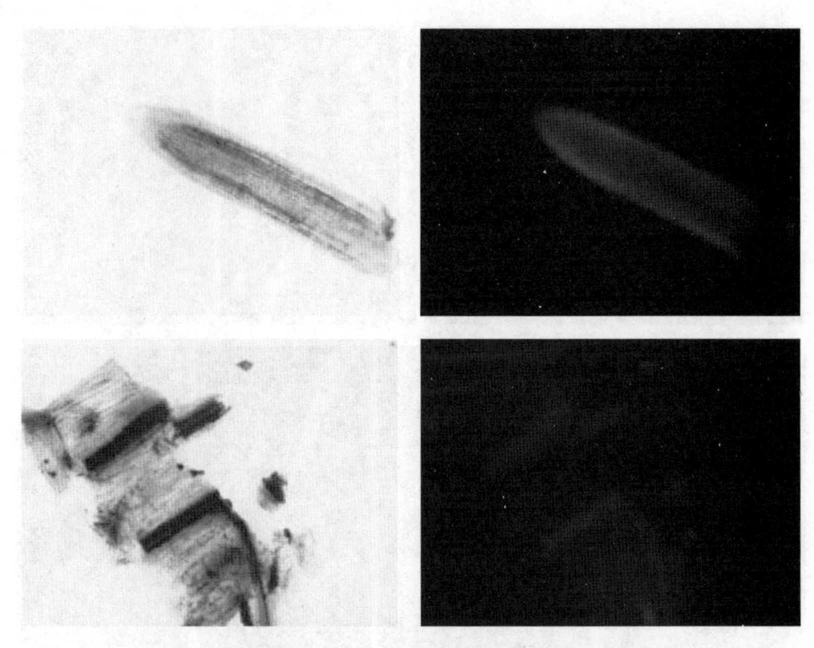

图 2－4　西瓜噬酸菌通过土壤在根、茎中的定殖

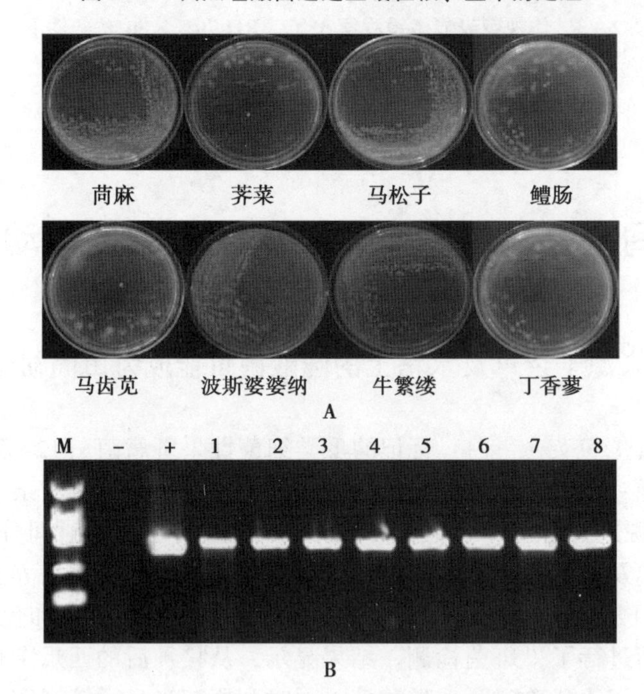

图 2－5　半选择性培养基平板分离（A）及利用西瓜噬酸菌特异性引物 PCR 验证（B）

（二）明确 T4SS 及 T6SS 的相关基因分别影响果斑病菌从种子到种苗的传播

对瓜类细菌性果斑病菌中 19 个 IV 型菌毛相关基因功能进行了研究，研究发现，

pilA、*pilE*、*pilN*、*pilO*、*pilQ* 和 *pilZ* 5 个基因与瓜类细菌性果斑病菌的致病力相关（图 2-6）。*pilA*、*pilE*、和 *pilZ* 突变后，突变体的生长速度没有受到影响，而生物膜形成能力及游动能力明显下降（图 2-7），致病力减弱。与野生型相比，*pilQ* 突变体丧失形成Ⅳ型菌毛的能力，*pilO* 及 *pilQ* 突变体完全丧失颤动能力；同时 *pilO* 及 *pilQ* 突变体游动能力、生物膜形成能力和致病力也明显减弱（图 2-8）。*pilN* 突变体相较于野生型，其致病性、游动性、胞外纤维素酶活性降低，同时丧失烟草过敏性反应。qRT-PCR 试验结果显示，Ⅲ 型分泌系统的主要调控基因以及纤维素酶生物合成基因在 Δ*pilN* 中的转录水平明显下调。

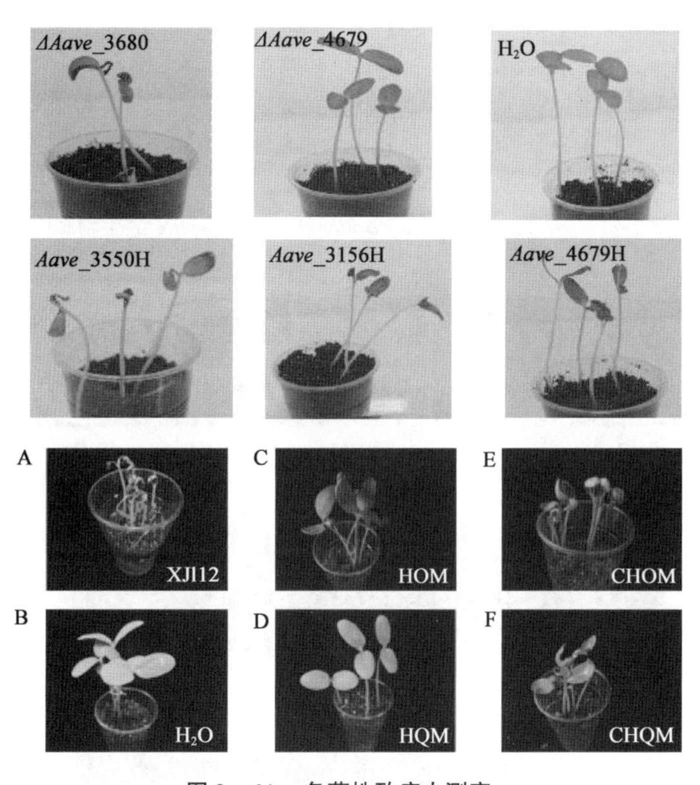

图 2-6A　各菌株致病力测定

图 2-6B　xjl12（a），Δ*pilN*（b），Δ*pilN*ac-*pilN*（c），xjl12-*pilN*（d），Δ*pilNac*-pUFR034（e）和 Δ*xj*-7（f）菌株对甜瓜致病力的测定

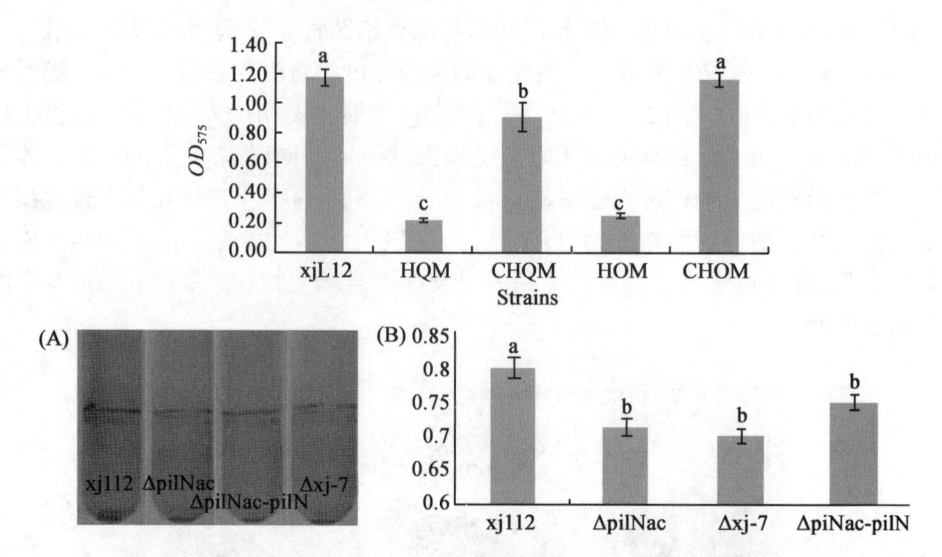

图 2－7　xjl12、xjl12-*pilN*、Δ*pilN* 和 Δ*pilNac-pilN* 的生物膜比较

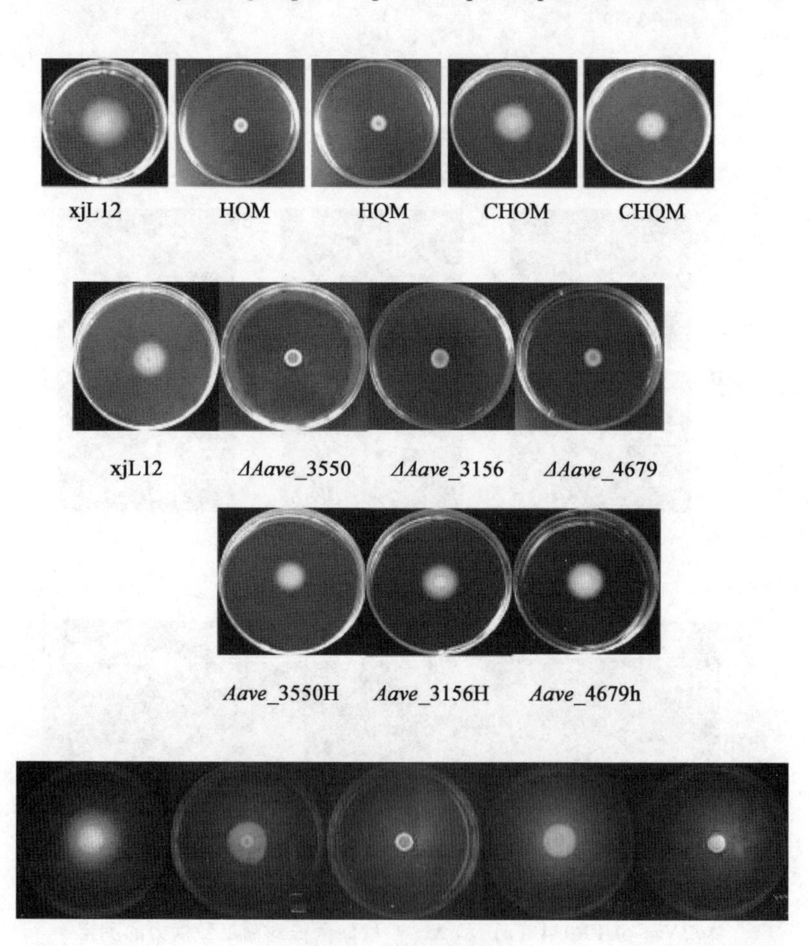

图 2－8A　游动性比较

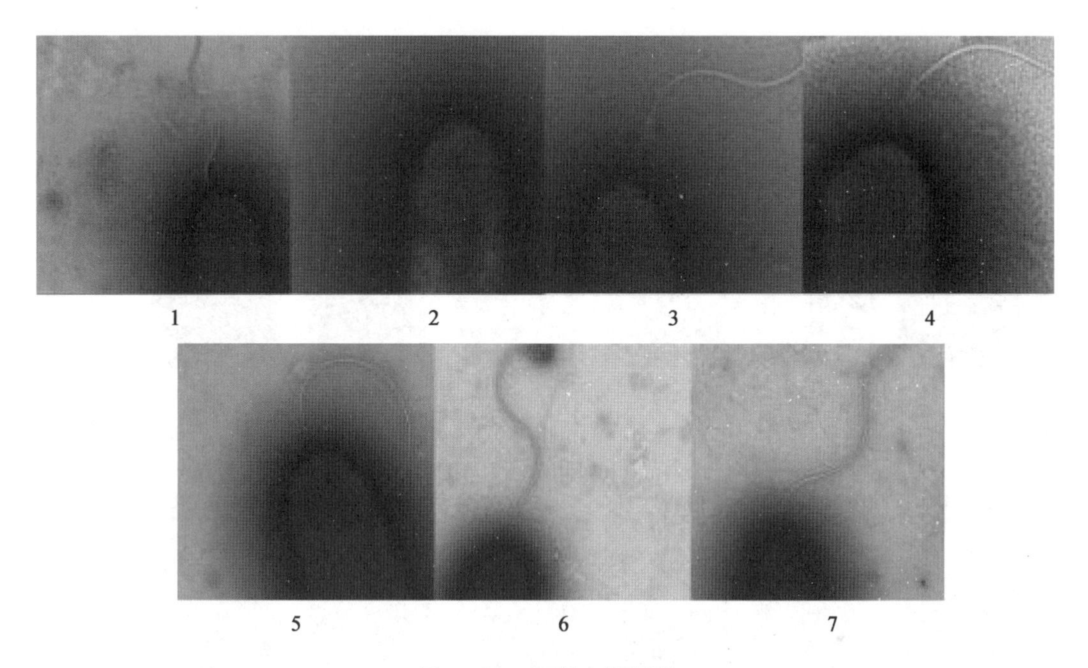

图 2-8B　透射电镜观察

1. Wild type：xjL12；2. Mutants：Δ*Aave*_ 3550；3. Mutants：Δ*Aave*_ 3156；4. Mutants：Δ*Aave*_ 4679；5. Complementarity：*Aave*_ 3550H；6. Complementarity：*Aave*_ 3156H；7. Complementarity：*Aave*_ 4679H.

通过与已报道的病原菌 *Pseudomonas aeruginosa*、*V. cholerae*、*Edwardsiella tarda*、*Salmonella typhimurium*、*Rhizobium leguminosarum* 的 T6SS 核心基因序列进行比对分析，本研究发现在西瓜噬酸菌 AAC00-1 菌株中具有 1 套 T6SS 基因簇，该基因簇约 25 kb，包括 17 个核心基因：*hcp*（*Aave*_ 1465）、*ppkA*（*Aave*_ 1466）、*impI*（*Aave*_ 1468）、*pppA*（*Aave*_ 1469）、*vasD*（*Aave*_ 1470）、*impJ*（*Aave*_ 1471）、*impK*（*Aave*_ 1472）、*impL*（*Aave*_ 1473）、*impM*（*Aave*_ 1474）、*impA*（*Aave*_ 1475）、*impB*（*Aave*_ 1476）、*impC*（*Aave*_ 1477）、*impE*（*Aave*_ 1478）、*impF*（*Aave*_ 1479）、*impG*（*Aave*_ 1480）、*impH*（*Aave*_ 1481）和 *clpB*（*Aave*_ 1482），并且所有基因都为单拷贝（图 2-9）。

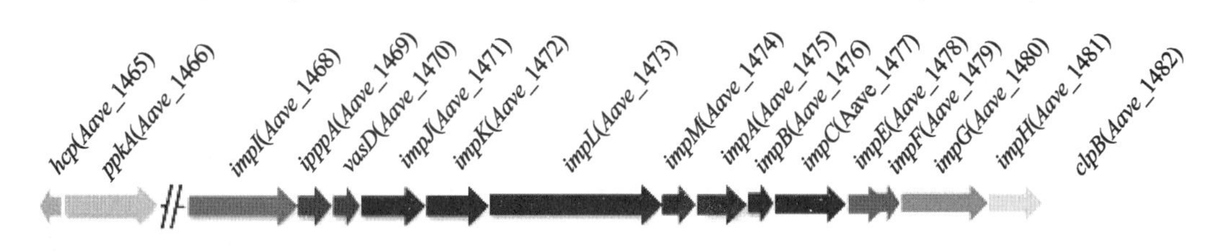

图 2-9　西瓜噬酸菌 AAC00-1 VI 型分泌系统基因簇

以西瓜噬酸菌 xjl12 菌株为背景，分别构建了这 17 个核心基因的缺失突变体。在验证突变体时，分别从目的基因的上游和下游设计的引物进行 PCR 验证。突变体因缺失了目的基因大小小于野生型菌株 xjl12（图 2-10）。

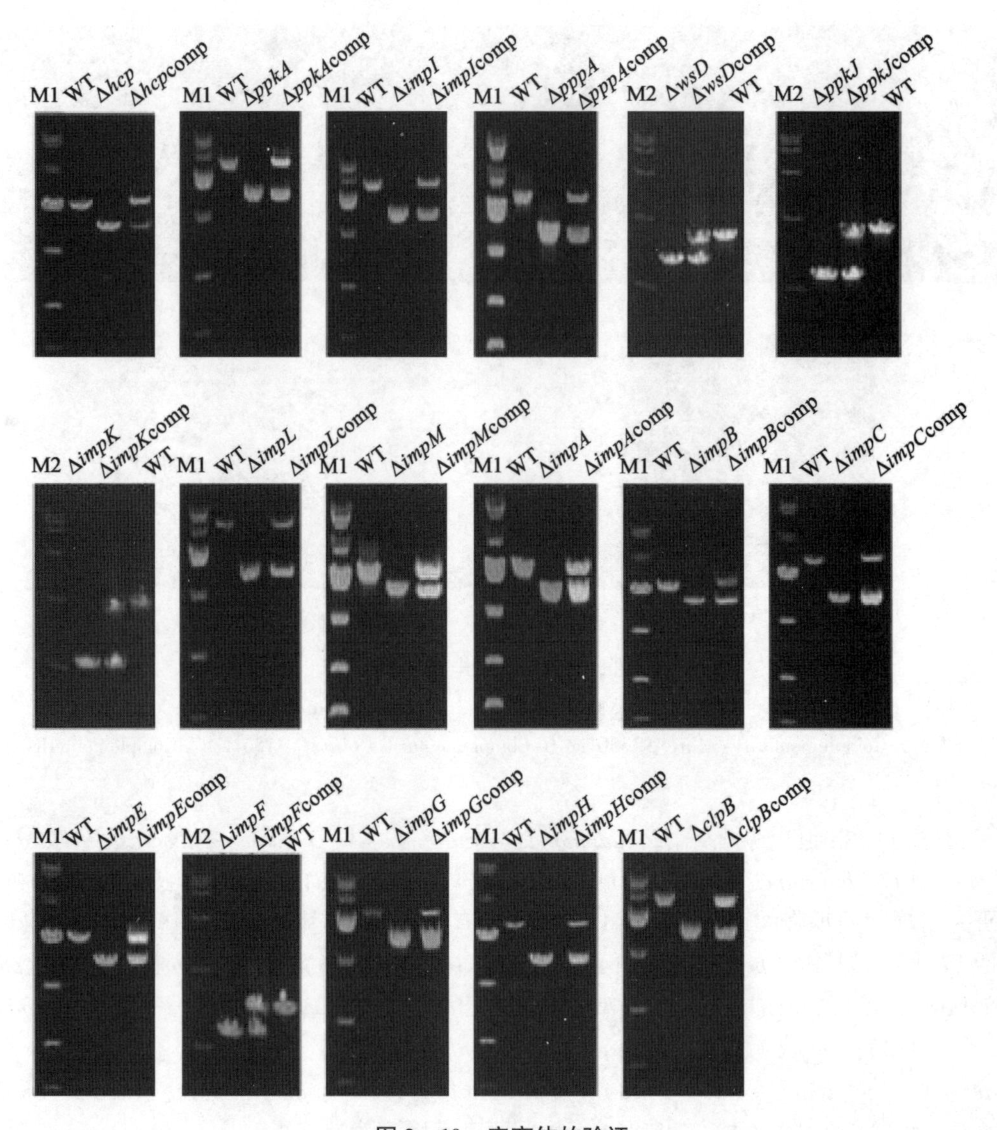

图 2－10　突变体的验证

在进行西瓜噬酸菌 T6SS 对种子－幼苗传播试验时，分别将 200ml 浓度为 1×10^{6} CFU/ml 的待测菌株浸泡甜瓜种子，每个菌株使用 1 000粒甜瓜种子（cv. 皇后）。接种 12d 后，野生型菌株 xjl12 引起的瓜类细菌性果斑病的病情指数为 71.71%，突变体 Δ*vasD*、Δ*impJ*、Δ*impK* 以及 Δ*impF* 的病情指数分别为 9.83%、8.41%、7.15% 和 5.99%。野生型菌株 xjl12 与突变体 Δ*vasD*、Δ*impJ*、Δ*impK* 以及 Δ*impF* 的差异显著（$P<0.05$）。相对应的互补菌株 Δ*vasD*comp，Δ*impJ*comp，Δ*impK*comp 和 Δ*impF*comp 分别为66.39%，64.47%，67.19%和59.19%（图2－11），除 Δ*impF*comp 仅部分恢复外，其他 3 个互补菌株与野生型菌株差异不显著（$P>0.05$）。其他 13 个突变体的病情指数和野生型相比差异不显著（$P>0.05$）。

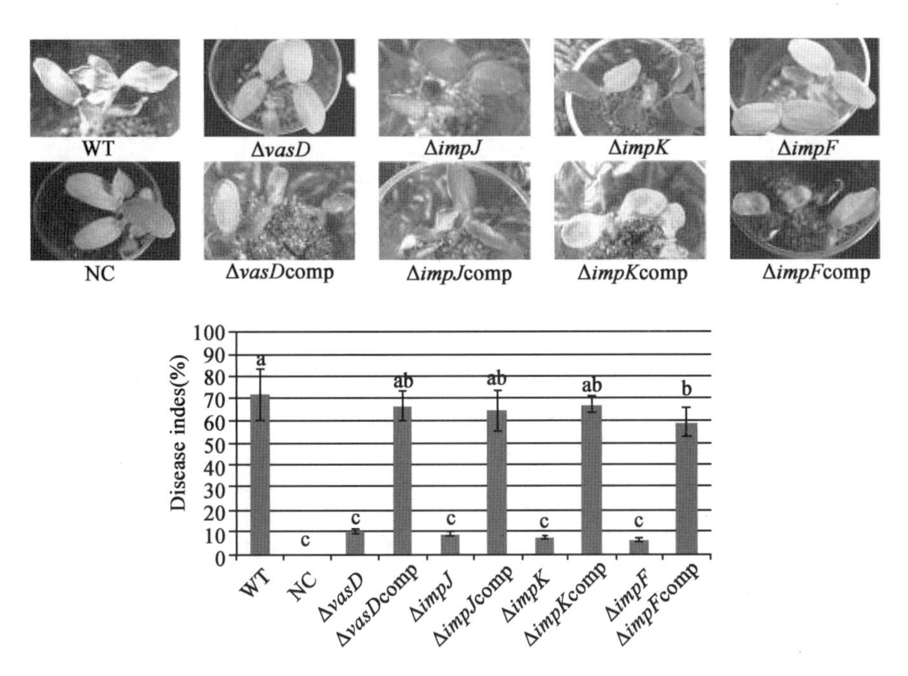

图 2－11　西瓜噬酸菌 T6SS 对种子—幼苗传播的测定

上：接种 12d 后的发病症状；下：病情指数；WT：野生型菌株 xjl12；NC：ddH_2O

柱形图上小写字母代表野生型菌株和 T6SS 突变体的显著性差异（$P<0.05$，t test）。

在种子—幼苗的传播研究中，我们发现有 4 个突变体 Δ*vasD*、Δ*impJ*、Δ*impK* 以及 Δ*impF* 影响种子—幼苗的传播，于是我们对这 4 个突变体进行了种子定殖研究。我们检测了病原菌在种子中侵染初期的 96 h 的菌群数量。在接种 48 h 后，野生型菌株 xjl12、Δ*vasD*、Δ*impJ*、Δ*impK* 以及 Δ*impF* 在种子中的菌落数分别为 8.91×10^6、3.80×10^4、1.35×10^4、5.25×10^5 和 4.57×10^4CFU/g。接种 96 h 后，野生型菌株 xjl12、Δ*vasD*、Δ*impJ*、Δ*impK* 以及 Δ*impF* 在种子中的菌落数分别为 4.27×10^9、4.17×10^5、1.29×10^5、3.24×10^6、1.05×10^5CFU/g（图 2－12A）。根据 AUPDC 分析（图 2－12B），Δ*vasD*，Δ*impJ*，Δ*impK* 以及 Δ*impF* 在种子中的定殖能力与野生型相比差异显著（$P<0.05$）。

在种子—幼苗传播试验中发现，有 4 个突变体的种传能力降低。一般在许多细菌中，生物膜的形成和细菌的致病性是密切相关的。因此，我们自然会联想到西瓜噬酸菌的 T6SS 是否也和生物膜的形成有关？为了解决这一问题，我们进行了生物膜检测。通过定性和定量检测各突变体生物膜形成的能力，结果发现，4 个突变体，Δ*vasD*，Δ*impJ*，Δ*impK* 和 Δ*impF* 生物膜形成量显著低于野生型菌株 xjl12（$P<0.05$）。其中，Δ*vasD*、Δ*impJ*、Δ*impK* 和 Δ*impF* OD_{600} 值分别为 2.20、0.29、0.10 和 1.07，而野生型菌株 xjl12 的 OD_{600} 为 0.12（图 2－13）。此外，Δ*impK* 生物膜形成能力显著高于 Δ*impJ* 和 Δ*impF*。而其余 13 个突变体的生物膜形成能力，和野生型菌株相比，差异不显著（$P>0.05$）。

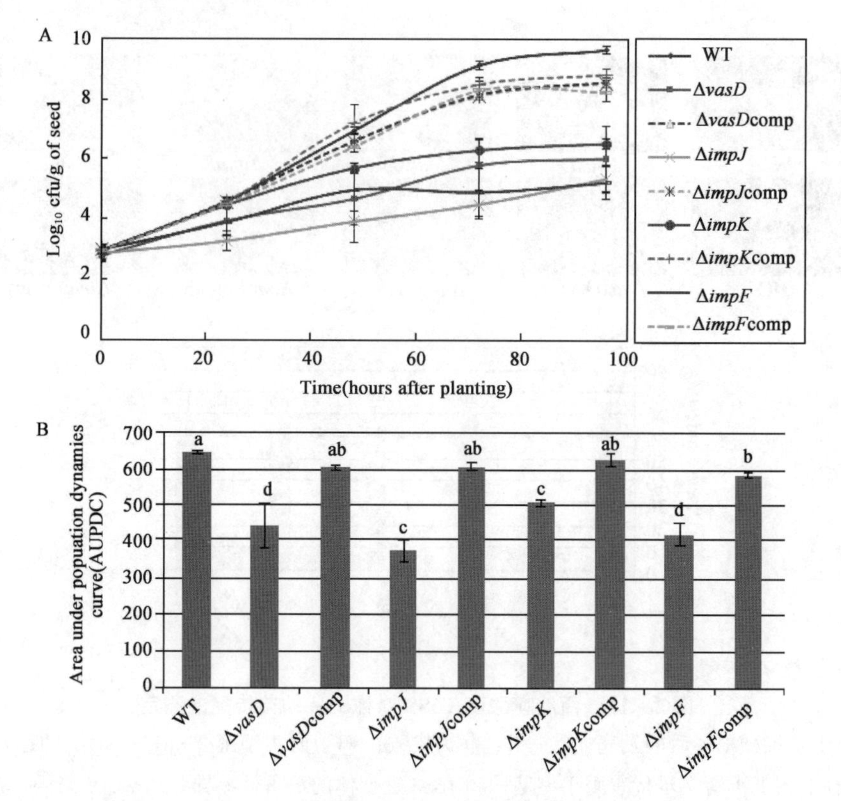

图 2-12　西瓜噬酸菌 T6SS 种子定殖能力测定

A：定殖曲线；B：AUPDC。柱形图上小写字母代表野生型菌株和 T6SS 突变体的显著性差异（$P<0.05$，t test）。

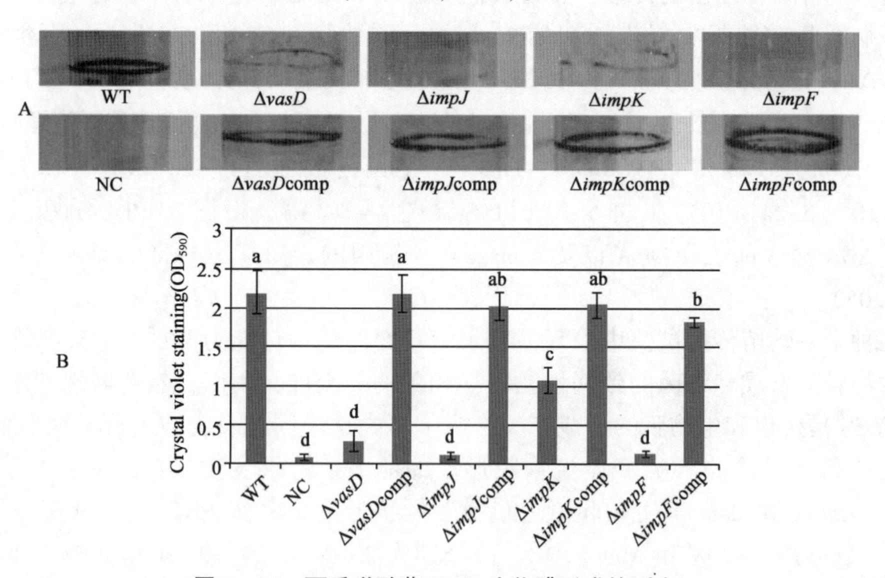

图 2-13　西瓜噬酸菌 T6SS 生物膜形成的测定

A：定性检测；B：定量检测。

柱形图上小写字母代表野生型菌株和 T6SS 突变体的显著性差异（$P<0.05$，t test）。

目前认为，T6SS 最主要的功能是介导细菌间的竞争。因此，本研究在培养平板上进行西瓜噬酸菌抗大肠杆菌活性的检测（图 2－14）。将 $OD_{600}=0.5$ 的各突变体分别和大肠杆菌混合 5h 后，计数存活的大肠杆菌的数量（图 2－15），结果发现，与 Δ*Aave*_ 1471（Δ*impK*）和 Δ*Aave*_ 1473（Δ*impL*）混合 5h 后存活大肠杆菌的菌落分别 833CFU/ml、1 035CFU/ml，与野生型（740CFU/ml）相比差异不显著（$P>0.05$）。而与其他 T6SS 突变体混合后存活的大肠杆菌菌落分别为 $1.7\times10^5\sim2.2\times10^5$CFU/ml，野生型相比差异显著（$P<0.05$）。本研究发现在 17 个西瓜噬酸菌 T6SS 核心基因中除 *Aave*_ 1471（*impK*）和 *Aave*_ 1473（*impL* 外，其余 15 个基因均影响西瓜噬酸菌的抗菌活性。

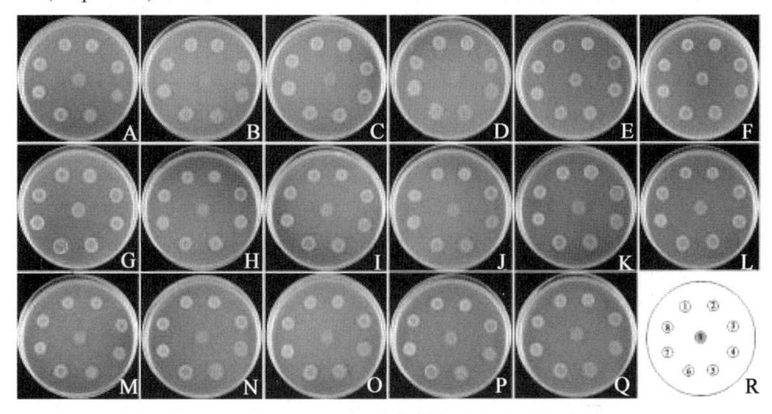

图 2－14　培养平板中 T6SS 不同突变体对西瓜噬酸菌抗菌活性检测

图中 1：xjl12；2：xjl12＋DH5α（*lacZ*）；3：突变体；4：突变体＋DH5α（*lacZ*）；5：突变体（pUFR034）＋DH5α（*lacZ*）；6：突变体（pUFR034）；7：互补菌株＋DH5α（*lacZ*）；8：互补菌株；9：DH5α（*lacZ*）。A：Δ*hcp*；B：Δ*ppkA*；C：Δ*impI*；D：Δ*pppA*；E：Δ*vasD*；F：Δ*impJ*；G：Δ*impK*；H：Δ*impL*；I：Δ*impM*；J：Δ*impA*；K：Δ*impB*；L：Δ*impC*；M：Δ*impE*；N：Δ*impF*；O：Δ*impG*；P：Δ*impH*；Q：Δ*clpB*；R：示意图。

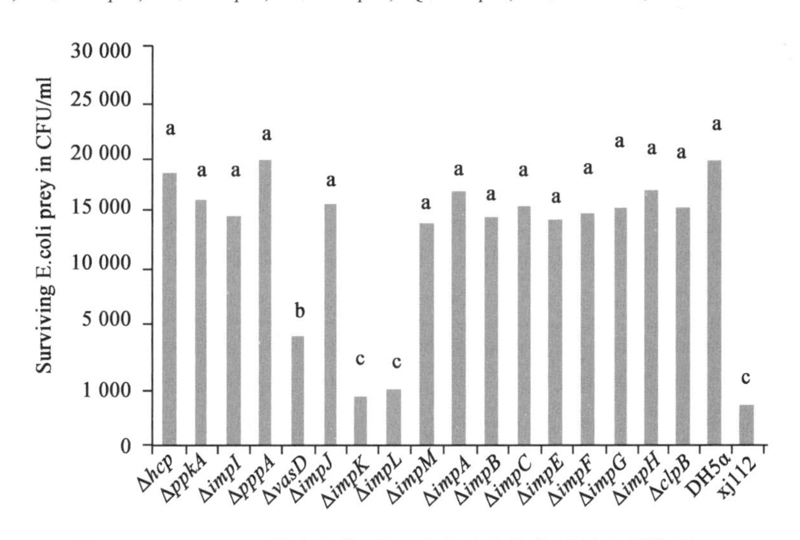

图 2－15　T6SS 不同突变体对西瓜噬酸菌抗菌活性定量检测

柱形图上小写字母代表野生型菌株和 T6SS 突变体的显著性差异（$P<0.05$，*t* test）。

（三）明确了 T2SS 对果斑病菌侵染定殖的影响

不同野生型菌株在甜瓜子叶上定殖能力存在差异。按 96hpi 取样得出的数据统计，菌株 NM2、PSLB-25、SY-4 和 BJ-B 在甜瓜子叶上定殖能力最强，FC183、FC466、XJAD、LS-3、ZZ-1、PSLB-29 和 XJ-3 定殖能力最弱；按 24 hpi 取样得出的数据统计，菌株 NM2、PSLB-25、PSLB-29、SY-4、BJ-B、MH21、FC455 和 LS-3 定殖能力最强，NM2、FC248、XJ-4、XJ-6、BJ-C、XJ-3 和 ZZ-1 定殖能力最弱。分析 24 hpi 与 96 hpi 两个取样点数据，子叶中菌量存在较好的相关性（表 2－21）。

表 2－21　不同 *A. citrulli* 菌株在甜瓜子叶上定殖能力比较

菌株	接种时间			
	1dpi	2dpi	3dpi	4dpi
NM2	3.026 ±0.642 abcdef	4.361 ±0.271	5.841 ±0.495	6.530 ±0.152 a
PSLB-25	2.371 ±0.065 ab	4.877 ±0.026	6.674 ±0.400	6.467 ±0.413 ab
SY-4	2.141 ±0.752 ab	4.879 ±0.139	5.297 ±0.212	6.198 ±0.411 ab
BJ-B	2.228 ±0.379 a	5.029 ±0.075	5.400 ±0.270	6.183 ±0.165 ab
FC248	2.399 ±0.679 def	4.516 ±0.582	5.992 ±0.466	6.070 ±0.141 bc
XJ-6	2.147 ±0.377 bcdef	4.889 ±0.326	5.165 ±0.807	5.874 ±0.029 bc
MH21	2.271 ±0.739 abc	4.406 ±0.712	6.262 ±0.173	5.726 ±0.124 cd
BJ-C	2.075 ±0.142 bcdef	3.597 ±0.523	5.267 ±0.025	5.691 ±0.311 cd
LS-10	2.175 ±0.521 f	4.936 ±0.238	5.789 ±0.057	5.630 ±0.201 cd
FC455	2.264 ±0.550 abcd	4.557 ±0.399	5.641 ±0.597	5.595 ±0.657 cde
ZZ-1	2.000 ±0.611 cdef	4.518 ±0.119	5.641 ±0.057	5.568 ±0.389 cdef
XJ-3	2.446 ±0.102 ef	3.664 ±0.141	5.059 ±0.392	5.474 ±0.334 defg
PSLB-29	2.139 ±0.057 abcde	3.379 ±0.371	5.564 ±0.440	5.459 ±0.366 defg
LS-3	2.712 ±0.303 abcd	4.807 ±0.175	5.763 ±0.433	5.217 ±0.077 defg
XJAD	2.119 ±0.243 cdef	5.118 ±0.147	5.229 ±0.149	5.164 ±0.183 efg
FC466	2.238 ±0.186 cdef	4.975 ±0.264	5.392 ±0.088	4.877 ±0.194 fg
FC183	1.582 ±0.501 abcd	4.587 ±0.228	5.540 ±0.442	4.753 ±0.948 g
CK	0.000g	0.000	0.000	0.000h

特异性引物 PCR 扩增结果证明，所有供试的野生型菌株，均存在 *gspG*1 和 *gspG*2 基因。及与 II 型分泌系统相关的 *cel*、*xyl* 和 *pet* 基因。

不同菌株在离体条件下不同基因相对表达量不同。通过 SPSS 进行相对表达量差异显著性分析，在离体条件下，不同菌株的 *cel* 相对表达量存在显著差异，菌株 LS-10、LS-3 和 SY-4 相对表达量显著高于其他菌株，NM2 和 MH21 表达量显著低于其他菌株；离体条件下不同菌株 *pet* 相对表达量也存在显著差异，PSLB-25、LS-10、FC248 和 LS-3 相对表达量显著高于其他菌株，XJ-4 显著低于其他菌株；同样，对于 *xyl*，ZZ-1、SY-4、PSLB-25、PSLB-29 和 FC248 相对表达量显著高于其他菌株，其他菌株之间没有显著性差异（图 2－16）。

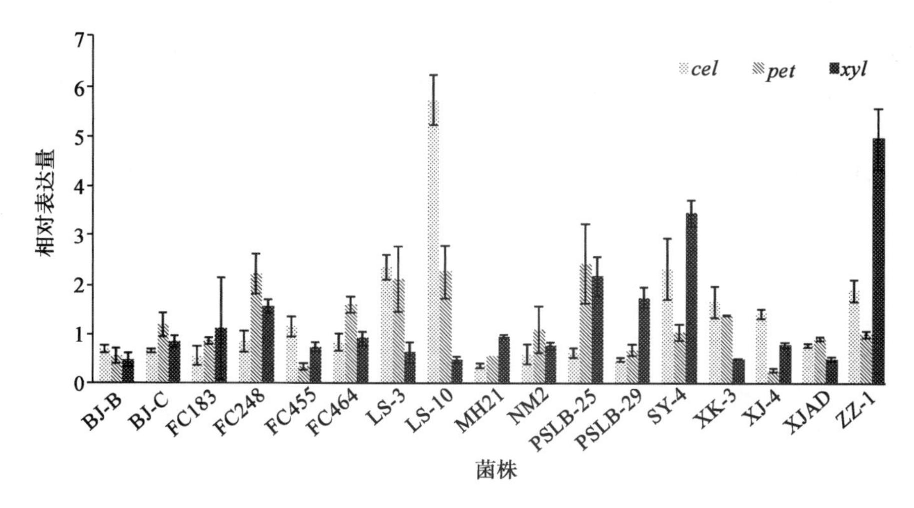

图 2－16　野生型菌株离体条件下 II 型分泌系统分泌酶基因相对表达量

本研究以 II 型分泌系统缺失突变体及野生菌株 AAC00-1 为供试菌株，采用在甜瓜子叶上致伤后定量接种菌液，定期取接种部位叶片对靶标菌进行分离和计数的方法，比较了 II 型分泌系统相关缺失突变体与野生型菌株定殖能力；利用荧光定量 PCR 的方法测定了离体条件下及接种到寄主内时，野生型菌株 AAC00-1 与突变体中 *cel*、*pet*、*xyl* 表达量；在离体条件下用鉴别性培养基检测了纤维素酶、果胶酶和木聚糖酶的分泌。

如图 2－17 所示，在 24hpi，72hpi 和 96hpi 取样点上，AAC00-1 接种的植株中一定体积子叶中菌量，显著高于 Δ*gsp*、Δ*cel*、Δ*pet* 和 Δ*xyl* 接种植株。说明 II 型分泌系统及 *cel*、*pet*、*xyl* 对菌株定殖能力有影响。其中 Δ*gsp* 接种植株中菌量在每个取样点中均最低；II 型分泌系统 3 个水解酶中，Δ*pet* 接种植株在 24hpi 时子叶中菌量显著低于其他突变体接种植株，Δ*pet* 比其他突变体在寄主子叶中定殖慢，定殖能力较其他突变体弱。说明 II 型分泌系统可影响病原菌定殖能力，且 *gspG*1/*gspG*2 基因影响力比 *cel*、*pet*、*xyl* 三基因都大，3 个水解酶基因中 *pet* 对病菌定殖能力影响最大。

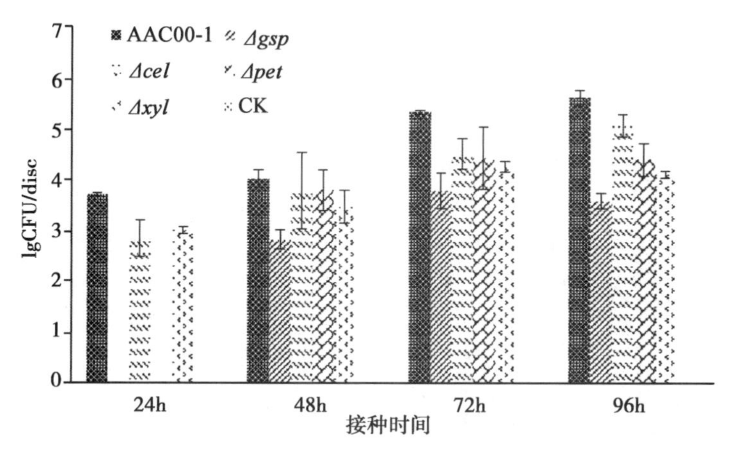

图 2－17　II 型分泌系统突变体 Δ*gsp*、Δ*cel*、Δ*pet*、Δ*xyl* 及野生型 AAC00-1 在甜瓜子叶上定殖能力比较

AAC00-1 及 II 型分泌系统突变体 Δ*gsp*、Δ*cel*、Δ*pet*、Δ*xyl* 在寄主体内目的基因表达量变化见图 2 – 18 至图 2 – 20。野生型与不同突变体的 *cel*、*pet*、*xyl* 相对表达量变化存在较大差异，但普遍在 24h 时表达量最高。

AAC00-1 及突变体被接种至寄主体内后，*cel* 相对表达量变化见图 2 – 18。Δ*cel* 中没有检测到 *cel* 表达量。除 Δ*gsp* 与 *cel* 缺失突变体 Δ*cel* 外，所有菌株均是在 24hpi 时 *cel* 相对表达量最高，随时间逐渐减低。

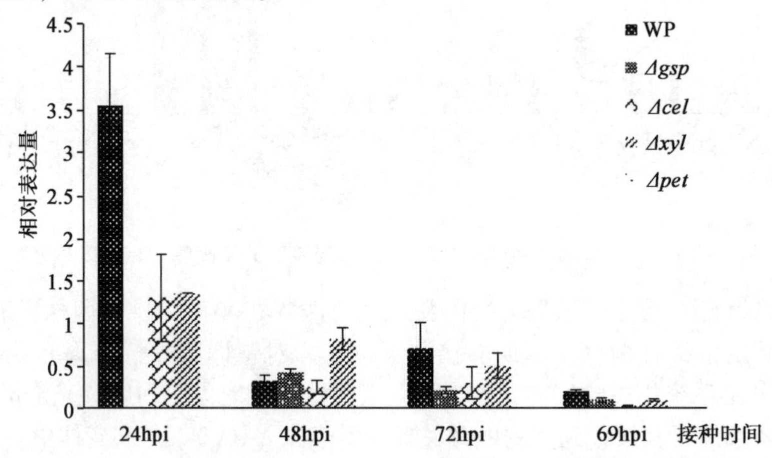

图 2 – 18　AAC00-1 及 II 型分泌系统突变体 *cel* 在寄主体内相对表达量

Δ*gsp* 在 24hpi 时没有检测到 *cel* 的分泌，但在 48hpi 之后可检测到 *cel* 的表达，说明即使敲除了 II 型分泌系统组件基因导致 *cel* 表达产物无法分泌至体外，*cel* 仍然可以表达。

用 SPSS 软件对 *cel* 相对表达量进行差异显著性分析，结果表明 24hpi 时，AAC00-1，Δ*xyl* 及 Δ*pet* 中 *cel* 相对表达量显著高于其他接种时间所有菌株的相对表达量；72hpi 时 AAC00-1 及 48hpi 时 Δ*xyl* 中 *cel* 相对表达量仅次于 24hpi 时 AAC00-1 及 Δ*xyl* 中相对表达量。

AAC00-1 及突变体被接种至寄主体内后，*pet* 相对表达量变化见图 2 – 19。Δ*pet* 没有检测到 *pet* 的表达。与 *cel* 类似，除 Δ*gsp* 和 Δ*pet* 外，所有菌株 *pet* 表达量均在 24hpi 达

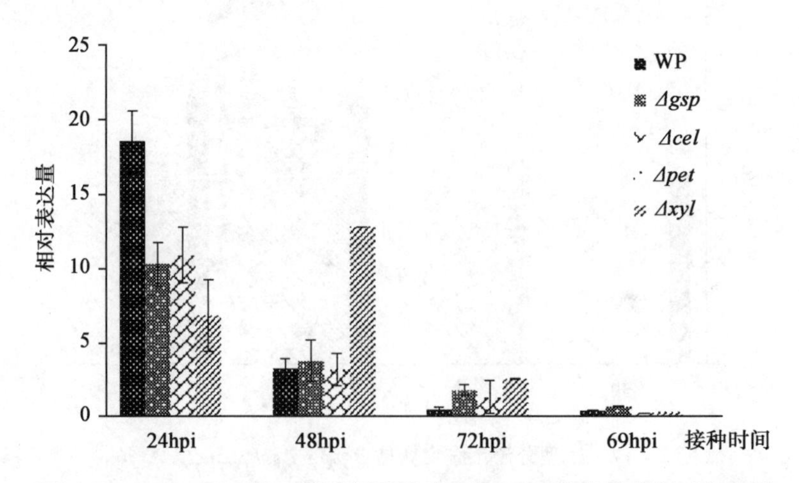

图 2 – 19　AAC00-1 及 II 型分泌系统突变体 *pet* 在寄主体内相对表达量

到最高，后逐渐降低。Δ*gsp* 从 48hpi 起能检测到 *pet* 的表达，说明即使敲除了 II 型分泌系统组件基因导致 *pet* 表达产物无法分泌至体外，*pet* 仍然可以表达。

对不同菌株不同时间段的 *pet* 相对表达量进行差异显著性分析，结果表明，24hpi 时 AAC00-1 的 *pet* 相对表达量显著高于其他接种处理，24hpi 时的 Δ*cel*、Δ*xyl*，48hpi 时的 AAC00-1、Δ*xyl* 的 *pet* 相对表达量仅次于 24hpi 时 AAC00-1，显著高于其余处理；值得注意的是，在 24hpi，48hpi 和 72hpi 时 Δ*xyl* 中 *pet* 相对表达量都较高，48hpi 时显著高于同取样点的野生型 AAC00-1 接种处理与另一水解酶突变体 Δ*cel* 接种处理。

AAC00-1 及突变体被接种至寄主体内后，*xyl* 相对表达量变化见图 2－20。除 Δ*pet* 外，所有菌株接种后 xyl 相对表达量均在 24hpi 时最高，Δ*pet* 在 48hpi 时相对表达量达到最高值。与 *cel* 和 *pet* 不同，在 24hpi 时 Δ*gsp* 中 *xyl* 即可被检测到并达到最高值，随后逐渐下降。

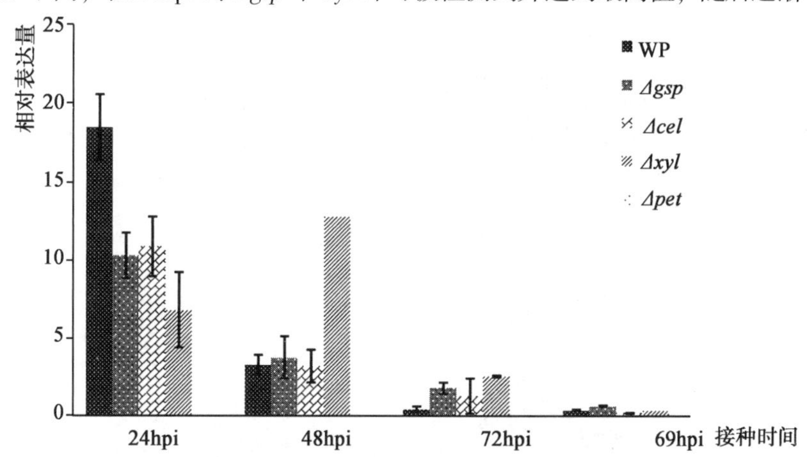

图 2－20　AAC00-1 及 II 型分泌系统突变体 *pet* 在寄主体内相对表达量

对寄主内不同菌株不同时间段 *xyl* 相对表达量进行差异显著性分析，结果表明 24hpi 时 AAC00-1、Δ*gsp*、Δ*cel*，中 *xyl* 相对表达量显著高于其他处理，其中 AAC00-1 最高；对于 Δ*pet*，48hpi 时相对表达量最高，与 24hpi 的 Δ*gsp* 和 Δ*cel* 无显著差异，显著高于 24hpi 的 Δ*pet*。

除个别突变体菌株外，所有检测菌株的 *cel*、*pet*、*xyl* 相对表达量均在 24hpi 时达到最高。即使敲除 II 型分泌系统组件基因，*cel*、*pet*、*xyl* 水解酶基因仍然可以表达，但表达量均显著低于野生型。敲除一个水解酶基因（*cel*、*pet*、*xyl* 其中之一）的突变体，在定殖过程中另外两个基因相对表达量受到影响，Δ*pet*，Δ*xyl* 在 24hpi 时 *cel* 相对表达量显著低于 AAC00-1，在 48hpi 时与野生型无显著差异；Δ*pet* 在 24hpi 时 *xyl* 表达量显著低于野生型，但 48hpi 时显著高于野生型与其他突变体；Δ*xyl* 在 48hpi 时 *pet* 相对表达量显著高于野生型。

接种 Δ*xyl* 到寄主体内后，*pet* 表达量在 48hpi 显著高于在野生型菌株中的表达量；接种 Δ*pet* 到寄主后，*xyl* 相对表达量在 48hpi 时达到最大值，且显著高于野生型菌株中的表达量。缺失了 *pet* 后，*xyl* 表达量持续更长时间；缺失了 *xyl* 后，*pet* 表达量保持更久，*pet* 和 *xyl* 基因存在表达量相互补偿的现象。木聚糖和果胶都是一种半纤维素，是植物细胞壁中除纤维素外的最重要组成成分，*pet* 和 *xyl* 表达产物都具有降解细胞壁的功能，故敲除了果胶酶基因可能导致木聚糖酶基因表达量上升，表达时间增长，以补偿果胶酶缺失造成的致病能力下降，这可能是两基因在定殖过程中表现表达量相互补偿现象的原因。

（四）明确了果斑病菌侵染对西瓜子叶蛋白表达的影响

为研究寄主植物与果斑病菌的互作，同时为后续不同寄主的抗性差异机制分析打下基础，2010—2011 年，我们应用双向蛋白电泳技术得到西瓜子叶分别受到 *A. citrulli* 致病菌 MH21 和Ⅲ型分泌系统功能缺失的突变菌 M543 侵染后 5h、24h 和 48h 的总蛋白表达图（图 2－21）；以未被 *A. citrulli* 侵染的西瓜子叶蛋白表达图为对照，通过 Im-

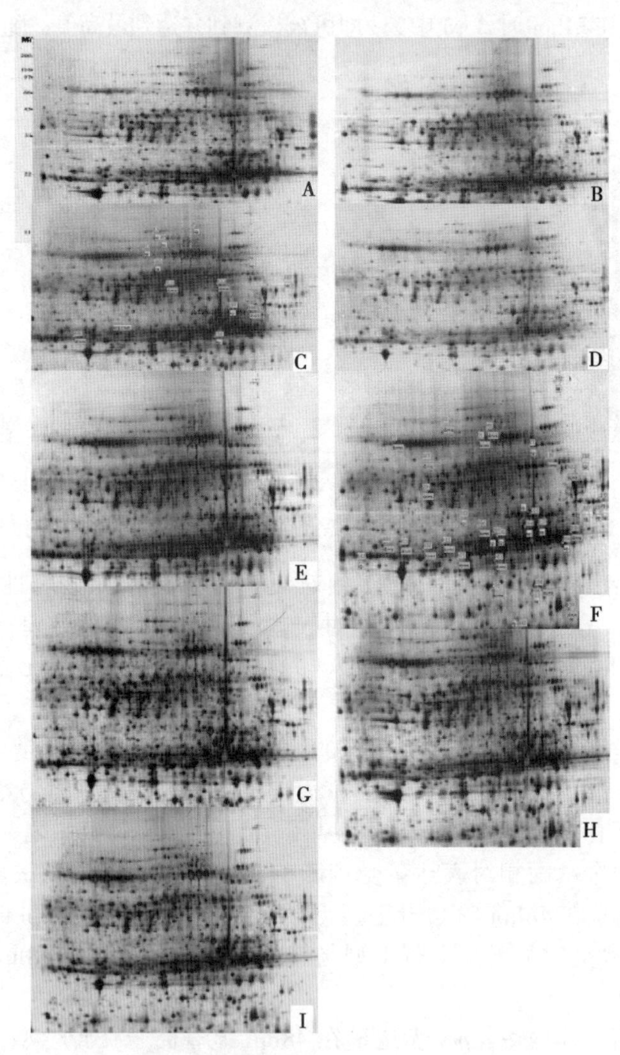

图 2－21　西瓜幼苗子叶双向蛋白电泳图谱

A. 接种无菌水/5h；B. 接种菌株 M543/5h；C. 接种菌株 MH21/5h；D. 接种无菌水/24h；E. 接种菌株 M543/24h；F. 接种菌株 MH21/24h；G. 接种无菌水/48h；H. 接种菌株 M543/48h；I. 接种菌株 MH21/48h。

ageMaster 2D 软件比较 3 个时期的蛋白差异，得出西瓜子叶受到 *A. citrulli* 侵染 5h 后有 10 个蛋白点发生变化，24h 后有 18 个蛋白点发生变化，48h 后有 27 个蛋白点发生变化（图 2－22）。选择 43 个高丰度差异蛋白点进行 MALDI-TOF MS 和 MS/MS 分析，得到肽指纹图谱；通过比对 NCBInr 数据库成功鉴定 18 个蛋白点，结果表明西瓜受到 *A. citrulli* 侵染后，harpin-binding 蛋白、反转录转座子 Ty1-copia 蛋白（推定）等病程相关蛋白表达量增加，钙离子-ATP 酶结合蛋白等信号传递相关蛋白表达量发生变化；表明上述蛋白可能参与了西瓜与 *A. citrulli* 的相互作用。

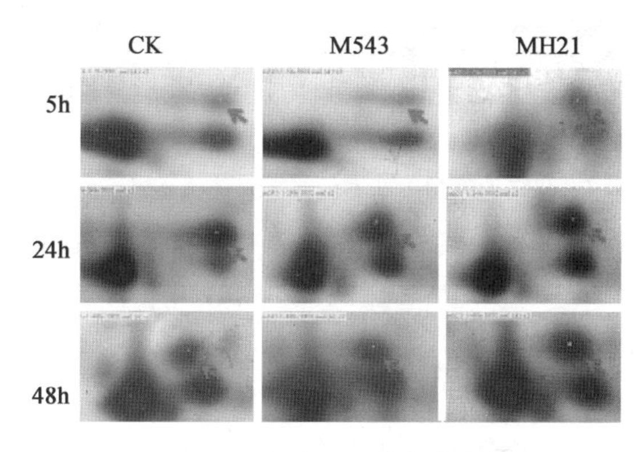

图 2－22 蛋白点 404 的表达量变化

（五）甜瓜细菌性果斑病病原菌花粉管传播途径研究

通过人工授粉 0.5h 后，待花粉管萌发，雌花柱头上接种不同浓度的甜瓜细菌性果斑病病原菌，在接种后 2 个月得到了甜瓜成熟果实，经过果实及种子带菌检测发现，雌花柱头接种浓度分别为 1×10^{7}CFU/ml、1×10^{5}CFU/ml、1×10^{3}CFU/ml 所收获的种子，播种后长出幼苗的发病率分别为 57.40%、43.00% 和 37.90%，病指分别为 40.30、22.70 和 20.60，表明花粉管可作为细菌性果斑病的传播途径之一。

1. 甜瓜果实带菌检测

将甜瓜收获后的甜瓜果实组织打碎，配成组织悬浮液接种健康的甜瓜幼苗，结果发现甜瓜幼苗发病率 22.50%，病情达到 9.40（表 2－22），说明细菌性果斑病病原菌可以通过花的花粉管进行传播进而使果实带菌。

表 2－22 甜瓜果实带菌检测

处理	接种物	病情调查（6d）	
		病叶率（%）	病指
甜瓜果实汁	YG09042101	22.50	9.40
CK	清水	0.00	0.00

2. 甜瓜种子带菌率检测

雌花柱头接种浓度分别为 1×10^{7}CFU/ml、1×10^{5}CFU/ml、1×10^{3}CFU/ml 所收获

的种子播种后长出幼苗的发病率分别为57.40%、43.00%和37.90%，病情指数分别为40.30、22.70和20.60，清水和空白所收获的种子长出的幼苗未见发病（图2－23和表2－23），这说明花期接种可使种子带菌。

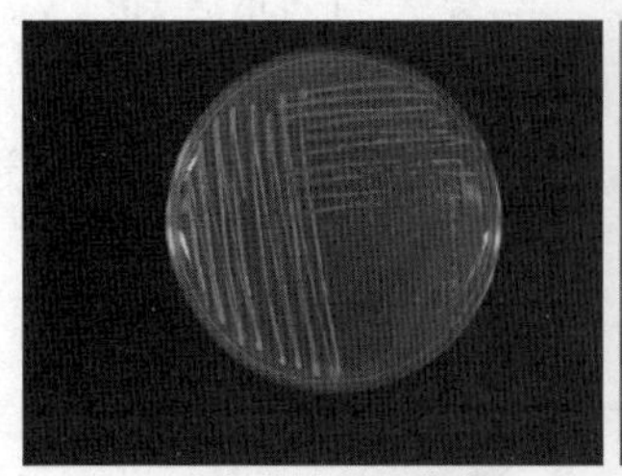
果实分样所得菌落

发病幼苗

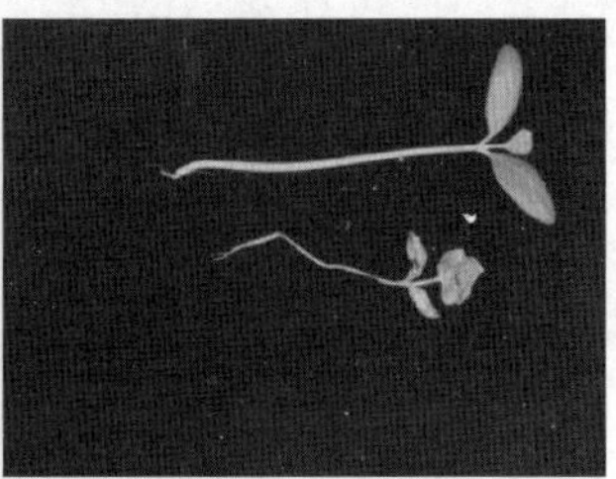
空白和发病幼苗

图2－23　瓜类细菌性果斑病病原菌花粉管接种试验

表2－23　甜瓜种子带菌率检测试验子叶发病情况调查

处理	播种数（粒）	出苗调查		病情指数调查（7d）		病情指数调查（4d）	
		出苗数	出苗率（%）	病叶率（%）	病情指数	病叶率（%）	病情指数
1×10^7 CFU/ml	100	72	72.00	57.20	29.40	57.40	40.30
1×10^5 CFU/ml	100	84	84.00	38.40	21.30	43.00	22.70
1×10^3 CFU/ml	100	63	63.00	27.40	13.70	37.90	20.60
清水	50	44	88.00	0.00	0.00	0.00	0.00
CK	50	39	78.00	0.00	0.00	0.00	0.00

五、西瓜根部和叶部的侵染定殖及定殖动态

（一）福建省果斑病病原菌的分离鉴定

已从福建南平、宁德等发病的西瓜子叶以及果实上分离获得20个具有较强致病性的西瓜细菌性果斑病菌菌株并完成鉴定工作。

（二）绿色荧光蛋白基因标记果斑病菌

*GFP*基因表达载体的构建。本研究通过DNA酶切、回收、连接并转化大肠杆菌，最后通过酶切验证，最终成功构建了2个表达载体，分别命名为pKK223-3-gfp（图2－24）和pBBR1MCS-5-gfp（图2－25）。

果斑病菌感受态细胞的制备和转化条件的优化。实验结果表明：在LB培养基29℃培养温度条件下，当菌液OD_{600}值为0.5～0.6时所制备的感受态活性最强，而在制备感受态时$CaCl_2$浓度为0.1 mol/L并添加25mmol/L的$MgCl_2$后，所制备的感受态细胞转化效率较高。

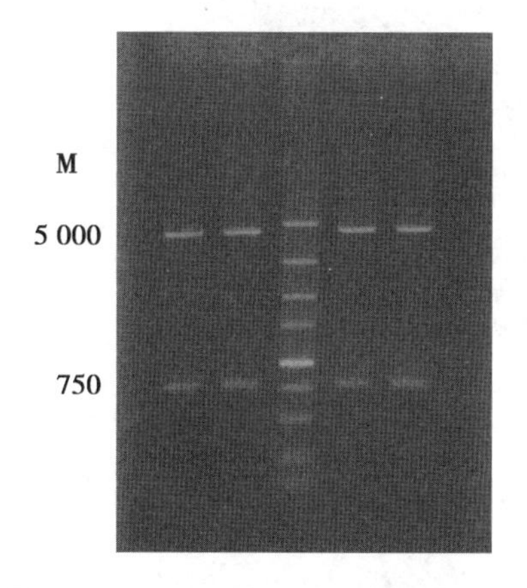

图 2－24　pKK223-3-*gfp* 酶切验证图

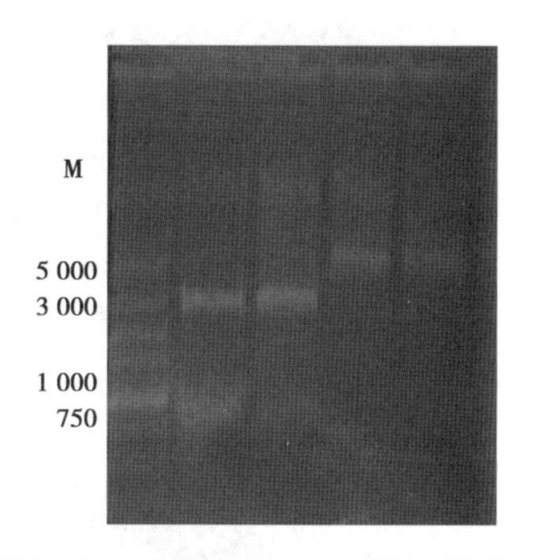

图 2－25　pBBR1MCS-5-*gfp* 酶切验证图

果斑病菌抗生素敏感性测定。实验结果表明果斑病菌野生菌株和感受态对抗生素的敏感性不同，如野生菌株在 50μg/ml 的 kan 和 100μg/ml 的 Amp 上不能生长，而感受态细胞需要在 80μg/ml 的 kan 和 150μg/ml 的 Amp 上才不能生长，这表明该病菌的野生菌比感受态细胞对抗生素更敏感，所以本实验转化所用的抗生素浓度为 80μg/ml 的 kan 和 150μg/ml 的 Amp。

稳定表达 *GFP* 基因的果斑病菌菌株的构建。通过常规转化方法，将构建的 2 个 *GFP* 表达载体以及福建省农业科学院车建梅老师赠送的质粒 333 进行转化，并挑取转化的克隆子进行 *GFP* 基因检测和在荧光显微镜蓝光激发下观察转化子的发光情况，实验结果表明，pKK223-3-gfp 和 pBBR1MCS-5-gfp 以及质粒 333 均可获得转化子，在荧光显微镜蓝光激发下观察可知，质粒 pKK223-3-gfp 和质粒 333 的转化子均可能观察到绿色荧光（图 2－26），而质粒 pBBR1MCS-5-gfp 的转化子却观察不到绿色荧光，进一步通过酶切和 PCR 检测验证，其中 pKK223-3-gfp 的转化子酶切后获得 2 条条带，其中一条约 750 bp，而质粒 pBBR1MCS-5-gfp 的转化子没有获得大小约为 750 bp 的条带（图 2－27）；PCR 扩增结果表明，质粒 333 的转化子都可以获得一条约 750 bp 的特异扩增条带（图 2－28），而野生菌没有扩增条带，未加任何模板只加引物的对照液也没有扩增条带，表明由 pKK223-3-gfp 和质粒 333 的转化子已转入 *GFP* 基因。

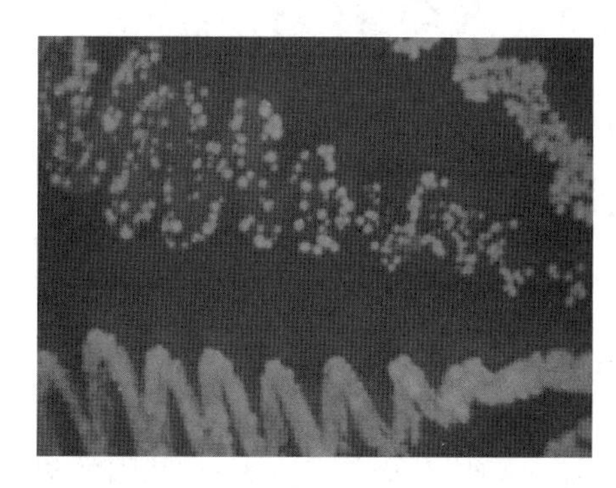
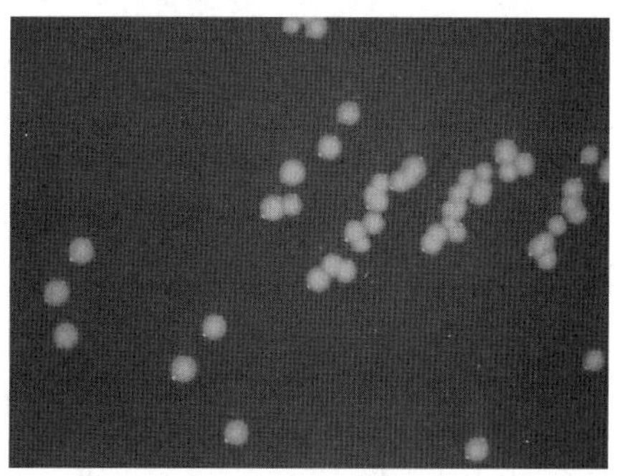

图 2－26　转化子的荧光显微图（分别为质粒 pKK223-3-*gfp* 和 333 的转化子）

图 2－27　果斑病菌转化子酶切验证图

（左起 1～7 为 pBB1MCS-5-gfp，8～23 为 pKK223-3-gfp）

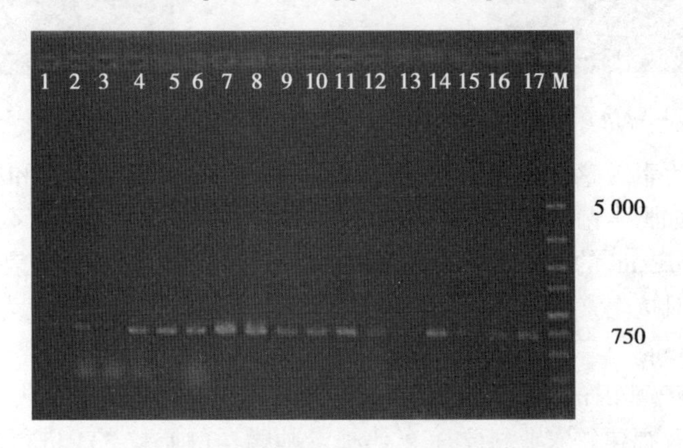

图 2－28 果斑病菌转化子 PCR 扩增图

（1. 为阴性对照，2. 为阳性对照，3. 为野生菌，4～17. 为转化子）

果斑病菌标记菌株的生物学特性。*gfp* 基因标记前后的菌株在菌落形态特征、生长曲线和致病性（图 2－29）等基本一致；在无选择压力条件下连续移植 10 次，仍然保持均匀而且强烈的绿色荧光，由质粒 pKK223-3- gfp 和质粒 333 转化的荧光稳定性可保持在 90% 以上。

图 2－29　转化子的致病性测定

（三）红色蛋白基因标记果斑病菌

携带有 *RFP* 基因的质粒进行转化果斑病菌，获得能稳定表达 *RFP* 基因的果斑病菌工程菌株，即在荧光显微镜下能够看到菌落具有强的红色荧光（图 2－30A、B），而且单个细菌菌体也能发出红色荧光（图2－30C、D；图2－31），利用该转化子可进行果斑病菌的定殖试验。

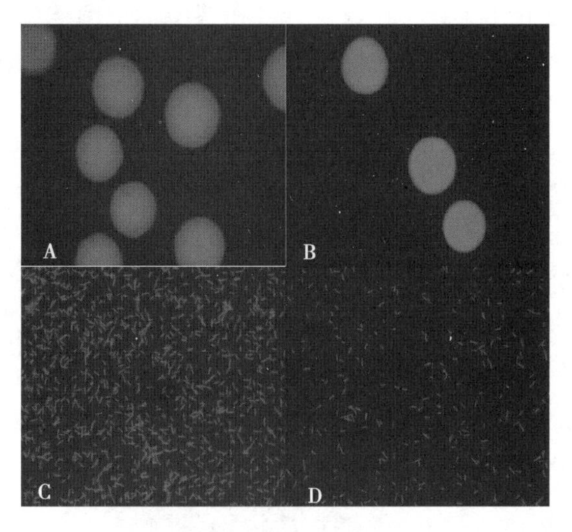

图2－30 西瓜细菌性果斑病菌RFP转化子在荧光显微镜下的图片

图2－31 西瓜细菌性果斑病菌RFP转化子在激光共聚焦显微镜下的图片

（四）标记菌株在西瓜体内的侵染过程

GFP标记研究病菌在根部的侵染定殖研究。在浸根接菌后西农八号和特大新红宝定期取样观察，结果表明：接种后3h可观察到标记菌株开始在根部表面吸附，5h时开始从表皮细胞侵入（图2－32 A1）。吸附在西瓜根部的标记菌株通过根表气孔和伤口侵入根部，进而在西瓜体内定殖和传导。对灌根接菌后1d的样品组织进行观察，标记菌株已侵入到侧根内皮层及维管束细胞，但菌量较少，在主根、根茎交界处以及以上部位均未发现标记菌株。2d时，标记菌株在侧根和主根内皮层及维管束细胞内大量定殖（图2－32 A2），并且在根茎交界处发现较少量的菌体，而以上部位未发现。3d时，主根和侧根内菌量较前两天多，而根茎交界处（图 2－32 A3）则相差不大，并且在茎细胞间隙内发现菌体（图 2－32 A4）。5d 时，主根和侧根内定殖菌量与 3d 时相比明显减少，根茎交界处菌量变化不大，均比较少，且在茎中标记菌株菌量明显增多；对叶片进行切片观察，却发现菌体，且数量比较大（图 2－32 A5），主要定殖在叶片气孔附近组织和细胞间隙内。

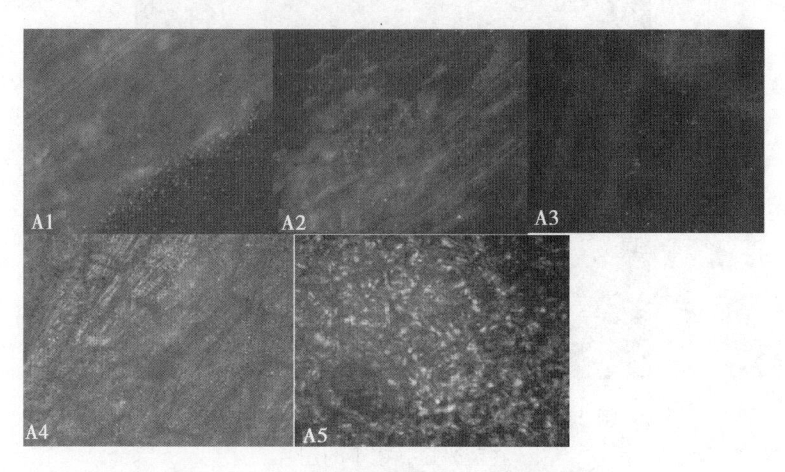

图 2－32　标记菌株在西瓜体内的定殖部位

GFP 标记的果斑病菌在西瓜子叶的侵染定殖研究。子叶针刺接菌后，取样观察结果显示：2 d 时开始在子叶内发现菌株定殖，但在子叶上茎、子叶下茎中均未发现菌体，且分离结果显示也无菌株。3d 时在子叶上茎中发现菌体，但子叶下茎未发现。5d 时在新长出的幼叶中发现菌体，且子叶下茎中也发现少量菌体。7d 时对真叶和根进行切片观察，发现真叶中有大量菌体定殖，主要在气孔附近组织和细胞间隙内，而在根内发现少量的菌株。

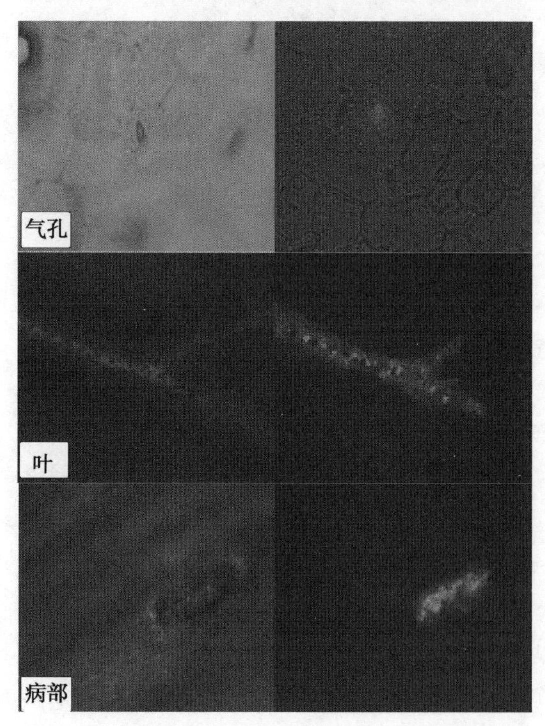

图 2－33　Aac-gfp 菌株在西瓜叶片定殖图

GFP 标记果斑病菌在西瓜真叶的侵染定殖研究。喷雾接种 Aac-gfp 菌株，定期取样在荧光显微镜下观察，结果表明（图 2－33），在西瓜叶片的气孔附近看到发绿色荧光的细菌，即接种的病原菌，说明该病菌可通过气孔侵入；另外，在接种的叶片主脉看到发绿光，说明该病菌侵染后沿着维管束进行扩展。另外，接种后发病部位也可见到绿色荧光，而对照则无。

RFP 标记的果斑病菌在西瓜根部的侵染定殖研究。将带有红色荧光蛋白基因的果斑病菌进行浸种，待种子萌芽后，定期取样进行观察，结果表明在根冠、须根以及根部维管束组织中可观察到大量带有红色荧光标记的细菌，说明该病菌可在寄主植物的根冠、须根中定殖，并沿着维管束进行扩展（图2－34）。

综上所述标记菌株先在根表面富集吸附，通过根表的微孔或伤口进入表皮细胞，然后进入根内皮层和维管束组织，经维管束向上传导到茎和叶，且主要定殖在根部维管束、细胞间隙和气孔附近的组织中；但同时菌体也可以通过维管束向下传导，但是速度较慢，且数量较少。

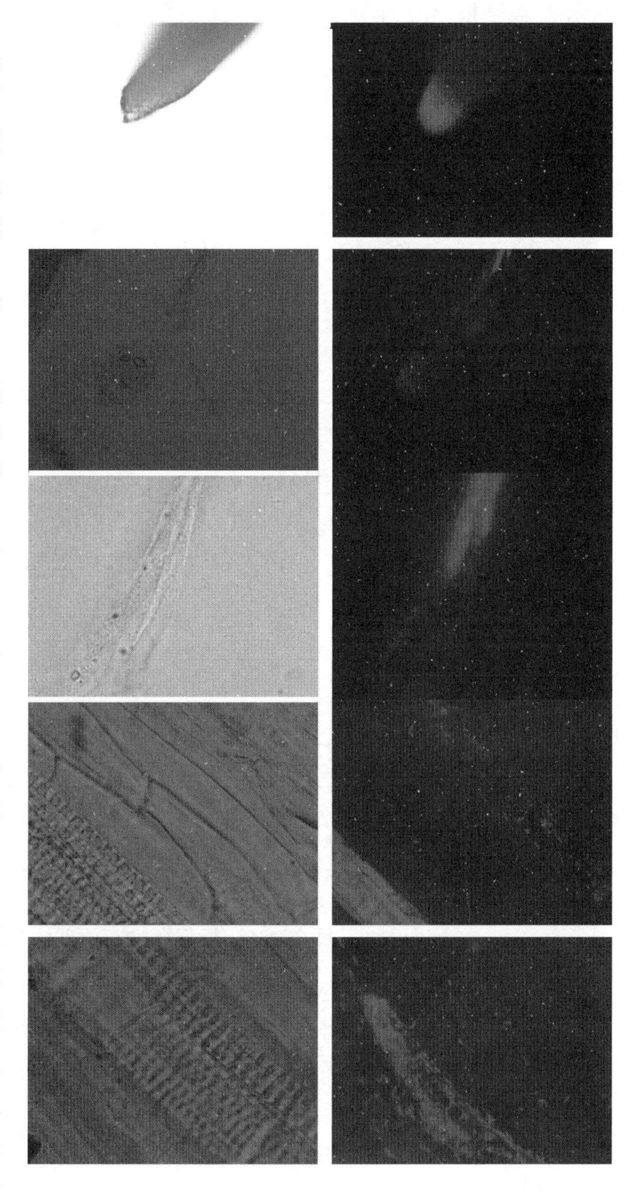

图2－34　西瓜细菌性果斑病菌菌株在根部的定殖

（五）标记菌株在西瓜体内的定殖动态研究

用标记菌株接种西瓜西农八号和特大新红宝，在接种后定期取样（叶片、茎、根茎交界、根）分离，结果如下。

标记菌株在根内定殖。标记菌株在2种西瓜品种根内的定殖动态结果表明（图2－35）：菌株在西农八号和特大新红宝西瓜根内的定殖趋势一致，即先升后降，后趋于稳定，在接菌后3d，定殖数量达到最大，随后开始减少，在15d时菌量趋于稳定；但菌株在2种西瓜品种上定殖数量不同，即在接种后相同时间取样所分离回收到的菌量不同，如接种后3d，特大新红宝西瓜根内分离回收到的标记菌株量为2.3×10^{5}CFU/g，而西农八号根内分离回收到的标记菌株的数量为1.9×10^{5}CFU/g，明显少于特大新红宝。

标记菌株在根茎交界处的定殖。标记菌株在2种西瓜品种根茎交界处的定殖动态结果表明（图2－36）：菌株在特大新红宝和西农八号西瓜根茎交界处的定殖趋势一致，定殖数量先增加后有所减少，最终趋于稳定；菌株在2种西瓜品种上的定殖趋势一致，但定殖数量不同，即在接种后相同时间取样所分离回收到的菌量不同，如在接种后的15d时，特大新红宝西瓜根茎交界处可分离回收到的标记菌株数量为7.0×10^{4}CFU/g，而西农八号根茎交界处分离回收到的标记菌株的数量为 3.9×10^4CFU/g，明显少于特大新红宝，相差 3.1×10^4CFU/g。

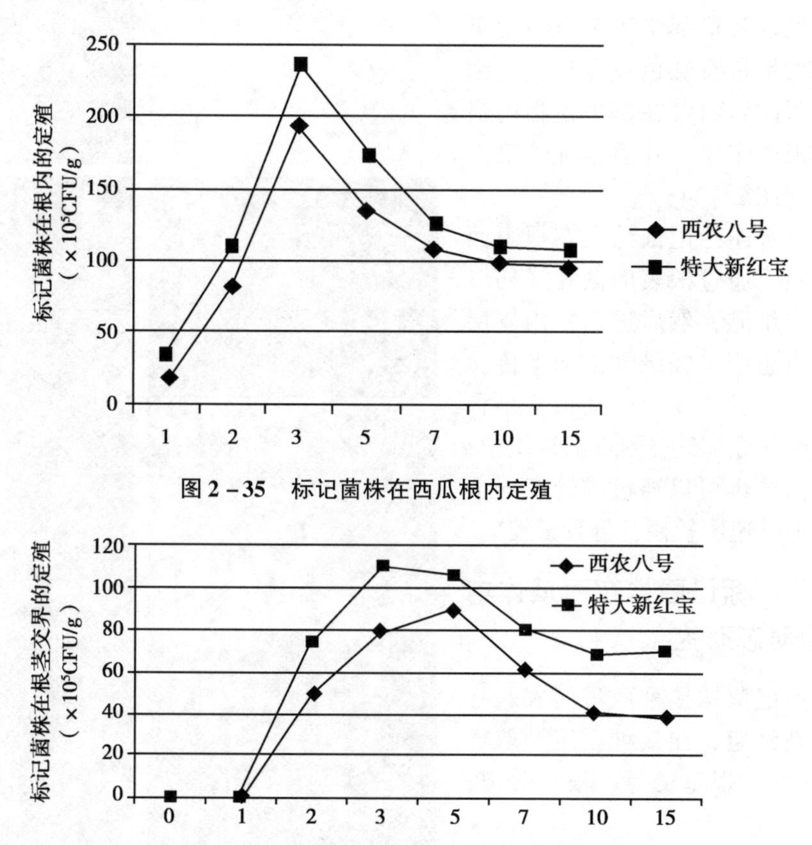

图 2-35　标记菌株在西瓜根内定殖

图 2-36　标记菌株在西瓜根茎交界处的定殖

标记菌株在茎内的定殖。标记菌株在 2 种西瓜品种茎内的定殖动态结果表明（图 2-37）：菌株在西农八号和特大新红宝西瓜茎内的定殖趋势一致，即先升后降，后趋于稳定；但定殖数量不同，即在接种后相同时间取样所分离回收到的菌量不同，如接种后 8d，特大新红宝西瓜茎内分离回收到标记菌株的定殖数量为 2.3×10^5CFU/g，而西农八号品种茎内分离回收到标记菌株的数量为 2.0×10^5CFU/g，明显少于特大新红宝，相差 3×10^4CFU/g。

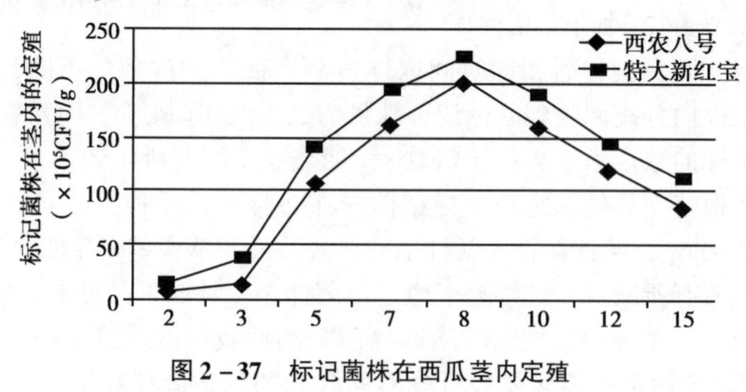

图 2-37　标记菌株在西瓜茎内定殖

标记菌株在叶内的定殖。标记菌株在2种西瓜品种叶内的定殖动态结果表明（图2－38）：菌株在西农八号和特大新红宝西瓜茎内的定殖趋势基本一致，即接种后定殖数量呈上升趋势，最终趋于稳定，但在接菌后8d，西农八号西瓜叶内标记菌株定殖数量出现一个缓慢的下降趋势，10d时开始上升；但菌株在2个品种上的定殖数量不同，即在接种后相同时间取样所分离回收到的菌量不同，如接种后10d，特大新红宝西瓜叶内标记菌株的定殖数量为4.8×10^5CFU/g，而西农八号品种叶内分离回收到的标记菌株数量为4.0×10^5CFU/g，显著少于特大新红宝，相差8×10^4CFU/g。

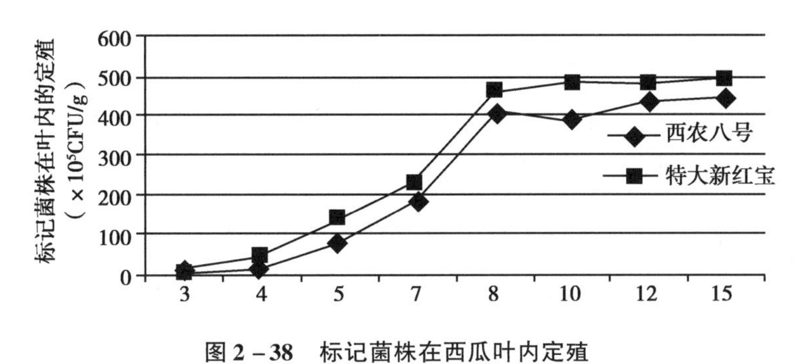

图2－38　标记菌株在西瓜叶内定殖

六、不同管理模式对果斑病田间病害发生的影响研究

（一）不同肥水管理对病害发生的影响

在温室中设置了平衡施肥、高氮低钾施肥和高钾低氮施肥3个处理，于第一次追肥后7d，喷雾接种西瓜果斑病细菌，浓度3×10^8CFU/ml，每处理共15盆，每盆2株幼苗。2013年7月调查，西瓜处于16片叶，结果显示，高氮低钾处理，果斑病发生显著高于另外两个处理（表2－24）。

表2－24　西瓜不同施肥水平的处理对果斑病发生的影响

	平衡施肥	高氮低钾	高钾低氮
调查总株数	30	30	30
病株数（死）	7	15	6
发病率（%）	23.33	50	20

大田调查发现，肥水管理对西瓜果斑病发生关系密切，为探索和验证施肥对果斑病发生的影响，本试验在大田采用人工接种方法，初步验证了不同施肥水平对果斑病发生的影响。2014年田间试验进行过两次，第一次播种8月，由于广东省两次台风影响，前期部分苗被淹，导致试验的西瓜苗数量不足，放弃了。第二次播种是9月底，试验田面积2亩，设平衡施肥、高氮低钾和高钾低氮三种施肥处理。采用带菌西瓜种

子，品种为京欣2号，由吴萍老师提供。为保证西瓜地有菌源，于2014年10月18日进行喷雾人工接种，接种菌液浓度1×10^8CFU/ml。

1. 平衡施肥方案（农民常规施肥）

底肥：农家肥4 000kg，尿素20kg，过磷酸钙25kg（或钙镁磷肥44kg），草木灰80kg（硫酸钾15kg）。第一次追肥，时间（五叶期），施肥：尿素13kg，硫酸钾10kg。第二次追肥，时间在落花后7d，施肥：尿素8.7kg，硫酸钾15kg。第三次追肥，时间在第二次追肥后7d进行，施肥：硫酸钾10kg。

2. 高氮低钾施肥方案

底肥：农家肥4 000kg，尿素33kg，过磷酸钙25kg（或钙镁磷肥44kg），草木灰40kg（或硫酸钾7.5kg）。第一次追肥，时间（五叶期），施肥：尿素20kg，硫酸钾5kg。第二次追肥，时间在落花后7d，施肥：尿素14kg，硫酸钾7.5kg。第三次追肥，时间在第二次追肥后7d进行，施肥：硫酸钾5kg。

3. 高钾低氮施肥方案

底肥：农家肥4 000kg，尿素7 kg，过磷酸钙25kg（或钙镁磷肥44kg），草木灰120kg（或硫酸钾30kg）。第一次追肥，时间（五叶期），施肥：尿素7kg，硫酸钾20kg。第二次追肥，时间在落花后7d，施肥：尿素6kg，硫酸钾30kg。第三次追肥，时间在第二次追肥后7d进行，施肥：硫酸钾15kg。管理方式：常规种植管理，但不能使用细菌性杀菌剂、铜制剂等。

（二）不同灌水模式对果斑病发生的影响

试验设2个处理：①正常灌水和排水；②田间积水和过多浇水。其他栽培管理与不同施肥水平管理方案相同。于2014年11月8日调查：每处理调查3个点，每点调查$2m^2$左右面积范围内所有叶片，计算发病率。

调查结果表明（表2-25），从施肥水平看，高氮低钾施肥处理叶发病率最高，其次是高钾低氮施肥处理，平衡施肥处理发病最轻。从灌水水平来看，过多浇水发病重，正常的常规浇水病害发生轻。不同施肥水平对果斑病发生有影响，但差异不显著。不同灌水水平对果斑病发生的影响程度较施肥水平的影响程度更明显。表明可能通过调节肥水管理可以减轻果斑病的发生。

表2-25　西瓜果斑病叶发病率田间调查

处理	调查点1	调查点2	调查点3	平均发病率（%）
平衡施肥（常规施肥）	9.75	10.21	7.14	9.03
高钾低氮	16.87	10.71	3.52	10.37
高钾低氮（过多浇水）	30.61	26.37	15.21	24.06
高氮低钾（过多浇水）	47.31	30.48	25	34.26
高氮低钾	18.66	18.33	13.72	16.90

七、病菌在新疆昌吉和甘肃金塔两个地区的土壤中越冬研究

（一）模拟土壤郑州越冬后西瓜噬酸菌的存活和致病性检测

从表2－26模拟土壤（郑州越冬）的ELISA检测结果表明：无论是模拟土壤还是菌液的ELISA的检测下限都是10^4CFU，低于这个浓度ELISA则无法检出。根据模拟带菌土壤越冬后的ELISA检测的OD_{405}值和I/H值的变化，各个模拟带菌土壤的值与之低一数量级的菌液的值相当，病原菌在土壤中越冬后浓度有一定的降低。

表2－26　带菌土壤在郑州越冬后ELISA检测

样品	OD_{405nm} ± 标准误差	I/H值
10^7CFU/g土	0.940 ± 0.227	12.13
10^6CFU/g土	0.527 ± 0.103	6.23
10^5CFU/g土	0.393 ± 0.069	4.32
10^4CFU/g土	0.244 ± 0.021	2.18
10^3CFU/g土	0.167 ± 0.024	1.09
病残土	0.903 ± 0.156	11.60
10^8CFU菌液	1.268 ± 0.048	16.82
10^7CFU菌液	1.190 ± 0.112	15.71
10^6CFU菌液	1.035 ± 0.126	13.49
10^5CFU菌液	0.794 ± 0.091	10.04
10^4CFU菌液	0.333 ± 0.058	3.46
10^3CFU菌液	0.202 ± 0.048	1.59
10^2CFU菌液	0.129 ± 0.008	0.55
清水对照土	0.128 ± 0.010	0.40
阴性对照	0.163 ± 0.017	1.00
空白	0.091 ± 0.001	N

幼苗生长法测定结果表明：表2－27，10^7CFU/g土壤，10^6CFU/g土壤，10^5CFU/g土壤和病残体土壤可致幼苗子叶产生典型的细菌性果斑病的水渍状病斑，发病率分别是42.8%，12.6%，4.5%和34.8%。同时也对所有具有典型症状的患病幼苗进行ELISA检测西瓜噬酸菌，发现所有患病植株均检出西瓜噬酸菌（图2－39）。10^4CFU/g土壤，10^3CFU/g土壤和清水对照则未发现有细菌性果斑病典型症状的植株。10^4CFU/g土壤的菌液ELISA能检测存活的西瓜噬酸菌，但是在幼苗生长测试试验中未能发现有患病的植株。

表 2-27　带菌土壤郑州越冬后西瓜噬酸菌的存活及其致病性测定

样品	菌液 ELISA 检出率（%）	幼苗发病率（%）
10^7CFU/g 土	100	42.8
10^6CFU/g 土	66.6	12.6
10^5CFU/g 土	66.6	4.5
10^4CFU/g 土	33.3	0
10^3CFU/g 土	0	0
病残土	66.6	24.8
清水对照土	0	0

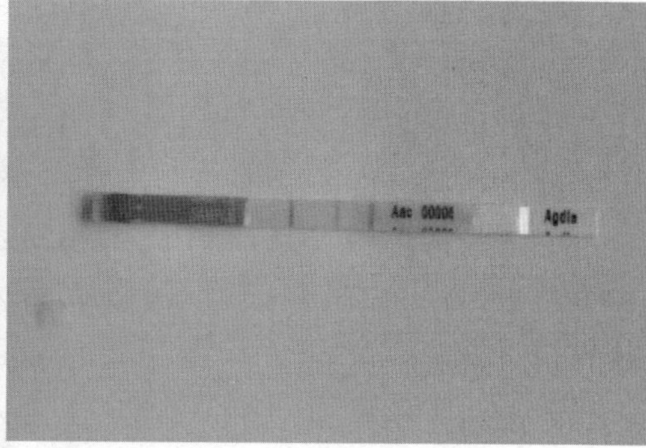

图 2-39　带菌土壤幼苗发病状和免疫胶体金试纸检测结果

（二）两个制种基地带菌土壤越冬后的存活和致病性检测

对在两个制种基地越冬后各 3 份土壤样本的悬浮液直接进行 ELISA 检测发现在新疆昌吉和甘肃金塔越冬后的 10^7CFU/g 土壤和病残体土壤均能检出西瓜噬酸菌，清水对照土样品没有检出西瓜噬酸菌。从表 2-28 的菌液 ELISA 检测结果看出：在新疆昌吉越冬的 10^7CFU/g 土壤 3 个培养皿上 100% 检出西瓜噬酸菌，而病残体土壤的 3 个培养皿中 2 个检出西瓜噬酸菌检出率为 66.6%；在甘肃金塔越冬的 10^7CFU/g 土壤和病残体土壤两个样本中 3 个培养皿中都只在 1 个培养皿中检出西瓜噬酸菌，检出率均为 33.3%。清水对照样品的 3 个培养皿均未检出西瓜噬酸菌存活。通过幼苗生长法测定发现除阴性对照土壤的未发现患病植株，其余带菌土壤均可使幼苗发病，其中在新疆昌吉越冬的 10^7CFU/g 土壤和病残体土壤上种植的幼苗发病率发别为 27.3% 和 14.8%，而在甘肃金塔越冬的 10^7CFU/g 土壤和病残体土壤种植的幼苗发病率分别为 41.7% 和 16.7%。

表 2-28 模拟带菌土壤在新疆和甘肃制种基地越冬后西瓜噬酸菌存活西瓜噬酸菌的检测和致病性测定

样品	菌液 ELISA 检出率（%）	幼苗发病率（%）
10^7CFU/g 土壤（新疆）	100	27.3
10^7CFU/g 土壤（甘肃）	33.3	41.7
病残体（新疆）	33.3	14.8
病残体（甘肃）	66.6	16.7
清水对照土（新疆）	0	0
清水对照土（甘肃）	0	0

八、西瓜甜瓜生物胁迫下用于基因表达分析的内参基因筛选

分别用细菌性果斑病病菌和枯萎病接种甜瓜幼苗，对根和叶进行取样，用 qRT-PCR 测定基因的表达水平，利用 geNorm 和 NormFinder 软件计算了甜瓜候选内参基因的表达稳定值，稳定值越小表明基因表达越稳定。geNorm 分析表明 *CmTUA* 和 *CmACT* 是最稳定的内参基因组合。NormFinder 分析结果表明 *CmRPL* 是表达最稳定的内参基因。

分别用细菌性果斑病病菌和枯萎病接种甜瓜幼苗，对根和叶进行取样，用 qRT-PCR 测定基因的表达水平，利用 geNorm 和 NormFinder 软件计算了甜瓜候选内参基因的表达稳定值。geNorm 分析结果表明 *ClCAC* 和 *ClTUA* 的表达稳定性最好。同样，NormFinder 分析结果也表明 *ClCAC* 是最稳定的内参基因。

上述研究结果总结如下。

（1）根据 MLST 分析，果斑病菌可分为 CC1 和 CC2 两个类群，我国来自甜瓜的菌株主要属于 CC1，而来自西瓜的菌株平均分布在 CC1 和 CC2 两个类群中；根据 *hrp* 基因簇的差异，果斑病菌可分为 A、B 和 C 三个类群，来自甜瓜的菌株主要为 A 群，来自西瓜的菌株主要为 B 群。

（2）比较不同寄主，发现果斑病菌在哈密瓜上的致病力最强，其次为香瓜和甜瓜，随后为南瓜，葫芦和西瓜上的致病力最弱。市售的西瓜和甜瓜品种中未发现对果斑病菌的高抗品种。

（3）果斑病菌可系统性侵染寄主：T2SS 对影响果斑病菌的定殖能力影响较大；T3SS 中 *hrcR* 基因的缺失不影响果斑病菌在寄主体内的定殖和扩展；T4SS 中 *pilA*、*pilE*、*pilN*、*pilO*、*pilQ* 和 *pilZ* 对果斑病菌的致病力影响较大，突变菌株的致病力下降明显；T6SS 中 *vasD*、*impJ*、*impK* 和 *impF* 会影响果斑病菌在寄主体内的定殖以及病菌从种子到幼苗的传播。被果斑病菌侵染后，西瓜的 harpin-binding 蛋白、反转录转座子 Ty1-copia 蛋白（推定）等病程相关蛋白表达量增加，钙离子-ATP 酶结合蛋白等信号传递相关蛋白表达量发生变化，但 *ClCAC* 基因表达量较稳定，可作为基因表达量定量的内参基因。

（4）带菌的种子、田间的杂草、水稻上的噬酸菌均可成为果斑病的田间初侵染来源，而当土壤带菌量高于 10^3 CFU/g 时，也可造成病害的发生。另外，果斑病菌存在 VBNC 状态，这是一种潜在的初侵染来源。

（5）高温、高湿有利于病原菌在甜瓜植株体内的定殖和扩展，高氮低钾、过多浇水等管理模式也利于病害的流行。

这些研究结果可较为清楚地揭示果斑病菌的遗传多样性、果斑病菌侵染寄主的机制、果斑病传播流行的影响因素等，对果斑病的防控具有重要指导意义。在此基础上，课题组也开展多次研讨会，为同行提供便利的果斑病学术交流平台；在田间开展多次培训会，提高了农户和制种公司技术人员的栽培管理水平。

第三章　果斑病菌致病机制解析

一、果斑病菌群体感应基因的功能研究

（一）群体感应基因 *luxR*、*luxI* 缺失突变体的构件及表型测定

利用 ABM 报告平板对细菌性果斑病菌供试菌株 Aac-5 进行信号检测，发现供试菌株 Aac-5 与阳性对照菌株 Ecc-3 均有群体感应信号的产生，见图 3 - 1。

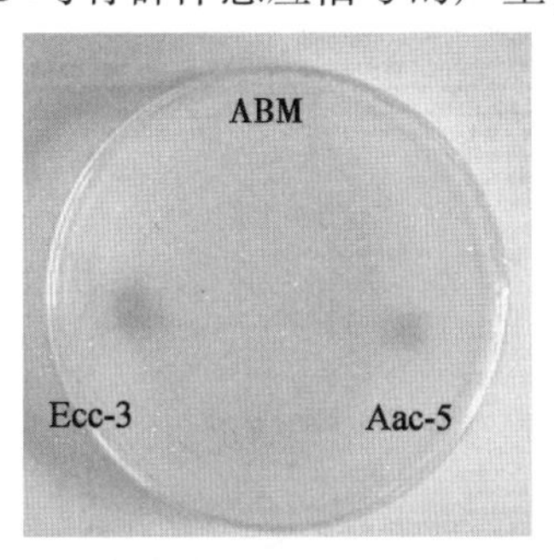

图 3 - 1　ABM 报告平板检测 Aac-5 菌株

目的片段的扩增。以 Aac-5 基因组为模版，扩增获得目的片段：*luxI* 基因的上游 *luxI*-up 526bp 目的片段（A），下游 *luxI*-dn 516bp 目的片段（B）；*luxR* 基因的上游 *luxR*-up 515bp 目的片段（D），下游 *luxR*-dn 548bp 目的片段（E）；以 pBBR1MCS-5 质粒为模版，扩增 *Gm* 基因目的片段 855bp（C）。扩增电泳结果见图 3 - 2。片段大小符合要求。

突变菌株的筛选。将便于抗性筛选的 *Gm* 基因目的片段按照预设的酶切位点连接到 pK18mobsacB（图 3 - 3）后，提取质粒备用。

pk18-*luxI*-up-*Gm*-*luxI*-dn：将 *luxI* 基因的上、下游目的片段依次连接到插入 *Gm* 筛选位点的 pK18mobsacB 上。*luxI* 基因上游目的片段 *luxI*-up 526bp，下游目的片段 *luxI*-dn 516bp，*Gm* 片段长度 855bp。用 *luxI*-up/*luxI*-dn 引物进行 PCR 验证、酶切验证，得到了 1 897bp 的片段，片段大小正确，测序比对结果正确，可用于构建 *luxI* 单基因缺失突变株。

pk18-*luxR*-up-*Gm*-*luxR*-dn：将 *luxR* 基因的上、下游目的片段依次连接到插入 *Gm* 筛选位点的 pK18mobsacB 上。luxR 基因上游目的片段 *luxR*-up 515bp，下游目的片段 *luxR*-dn 548bp，*Gm* 片段长度 855bp。用 *luxR*-up/*luxR*-dn 引物进行 PCR 验证（图 3 - 6 第 6

泳道），酶切验证图 3－4 第 2 泳道），得到了 1 918bp 的片段，片段大小正确，测序比对结果正确，可用于构建 *luxR* 单基因缺失突变株。

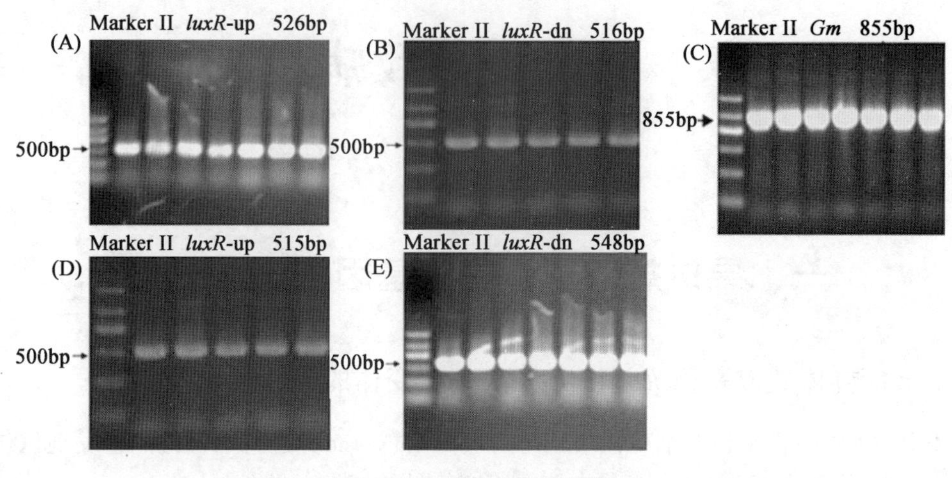

图 3－2 目的片段的扩增

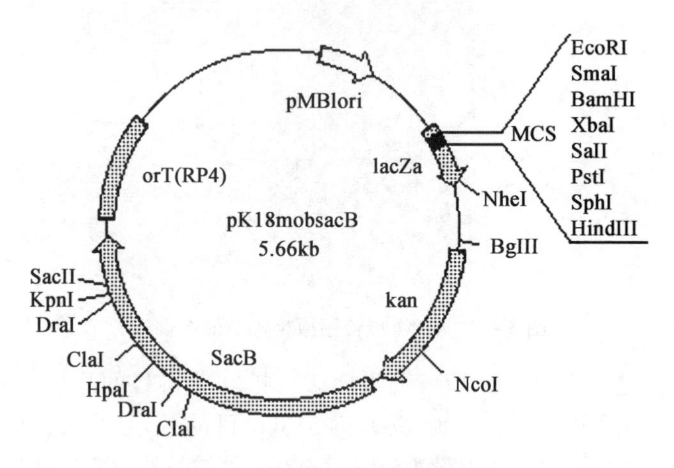

图 3－3 pK18mobsacB 载体图

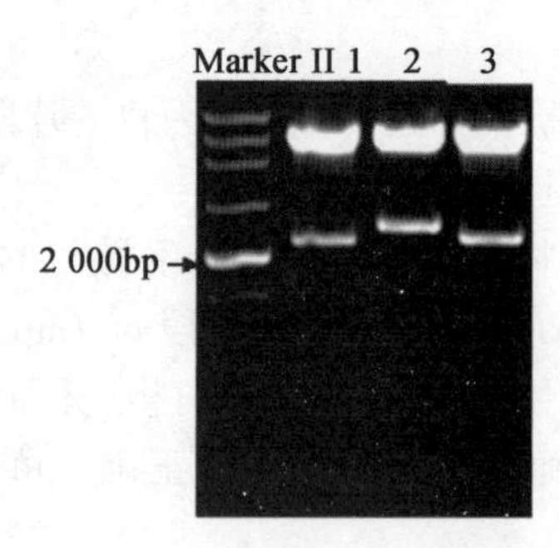

图 3－4 重组质粒酶切图

1. pk18-*luxI*-up-*Gm*-*luxI*-dn；2. pk18-*luxR*-up-*Gm*-*luxR*-dn；3. pk18-*luxR*-up-*Gm*-*luxI*-dn。

pk18-*luxR*-up-*Gm*-*luxI*-dn：将 *luxR* 基因的上游目的片段和 *luxI* 基因下游目的片段依次连接到插入 Gm 筛选位点的 pK18mobsacB 上。*luxR* 基因上游目的片段 *luxR*-up 515bp，下游目的片段 *luxI*-dn 526bp，Gm 片段长度 855bp。用 *luxR*-up/*luxI*-dn 引物进行 PCR 验证（图 3－6 第 9 泳道），酶切验证图 3－4 第 3 泳道），得到了 1 886bp的片段，片段大小正确，测序比对结果正确，可用于构建 *luxR*/*luxI* 双基因缺失突变株。

将重组质粒 pk18-*luxI*-up-*Gm*-*luxI*-dn 用电击的方法导入到果斑病菌野生菌株 Aac-5 中，因为质粒中 *Gm* 基因两侧的序列与菌株 Aac-5 中的 *luxI* 基因上、下游片段具有同源性，因此，当他们共培养时可以发生同源重组双交换（图 3－5），将 *Gm* 基因完全置换 *luxI* 基因，获得 *luxI* 基因缺失突变菌株，PCR 验证得到了 1 897bp 的片段（图 3－6 第 2 泳道，野生型 Aac-5 第 1 泳道，1 688bp），片段大小正确，测序比对结果正确。

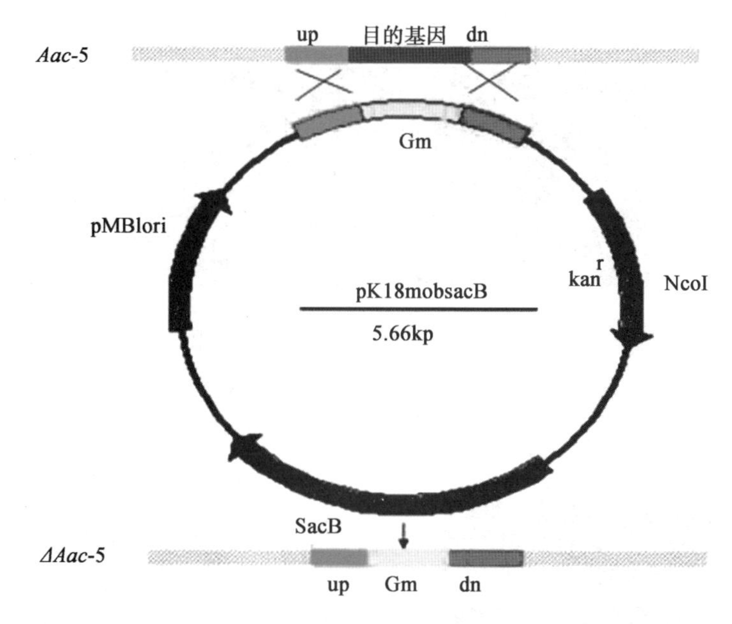

图 3－5　同源重组置换法构建突变体示意图

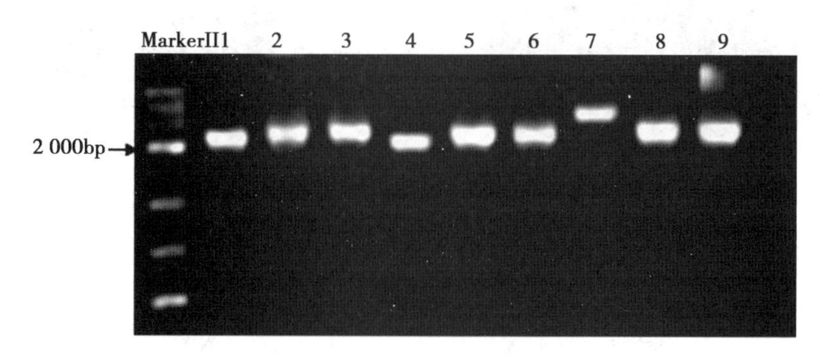

图 3－6　PCR 检测突变菌株

1. Aac-5-*luxI*；2. Δ*luxI*；3. pK18-*luxI*；4. Aac-5-*luR*；5. Δ*luxR*；
6. pK18-*luxR*；7. Aac-5-*luxR/I*；8. Δ*luxR/luxI*；9. pK18-*luxR/luxI*。

luxR 单基因缺失突变菌株筛选方法同上，PCR 验证得到了 1 918bp 的片段（图 3 - 6 第 5 泳道，野生型 Aac-5 第 4 泳道，片段大小 1 802bp），片段大小正确，测序比对结果正确。

luxR/luxI 双基因缺失突变菌株筛选方法同上，PCR 验证得到了 1 886 bp 的片段（图 3 - 6 第 8 泳道，野生型 Aac-5 第 7 泳道，2 580bp），片段大小正确，测序比对结果正确。

理论上，由于 pK18mobsacB 质粒含有蔗糖致死基因 *sacB*，所以在含有蔗糖的平板上该质粒不能正常生长，但是，实践证明 pK18mobsacB 对蔗糖的敏感性不强，PCR 结果可能会产生双带，重组质粒在野生菌株基因组中没有发生交换，独立存在。

继代培养筛选交换成功的突变体，继续用相应的引物进行菌液 PCR，均得到了 2 000bp 左右的单一片段，见图 3 - 7。

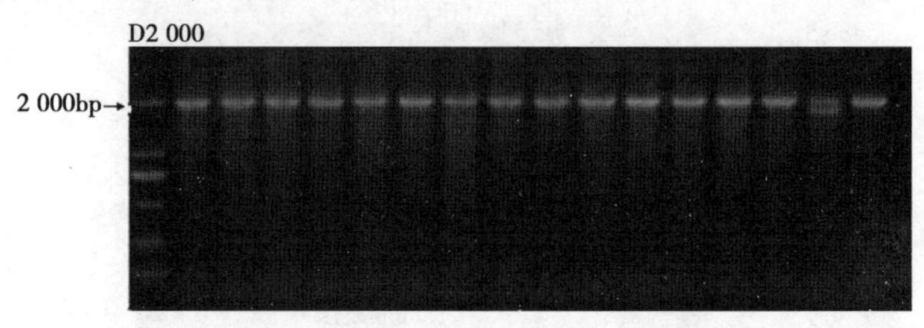

图 3 - 7 Δ*luxI* 继代培养 PCR 扩增结果

同时用 16 S rDNA PCR 扩增有 703bp 条带，证明所得菌为果斑病菌（图 3 - 8），果斑病菌特异性引物 WFB1/WFB2 进行 PCR 验证，得到了 360bp 的特异性条带（图 3 - 9）。

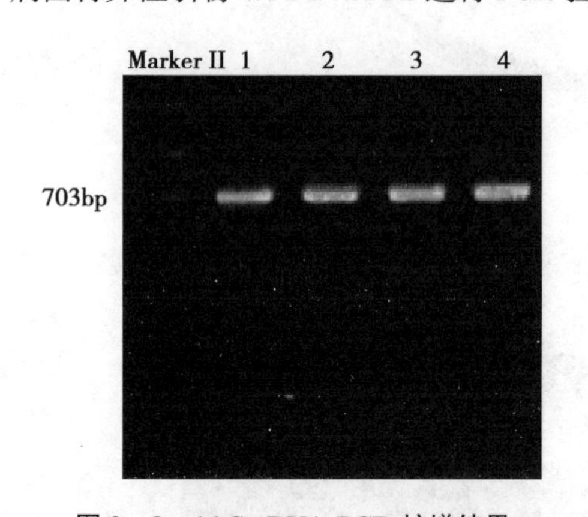

图 3 - 8 16 Sr DNA PCR 扩增结果

1. Aac-5；2. Δ*luxI*；3. Δ*luxR*；4. Δ*luxR/luxI*。

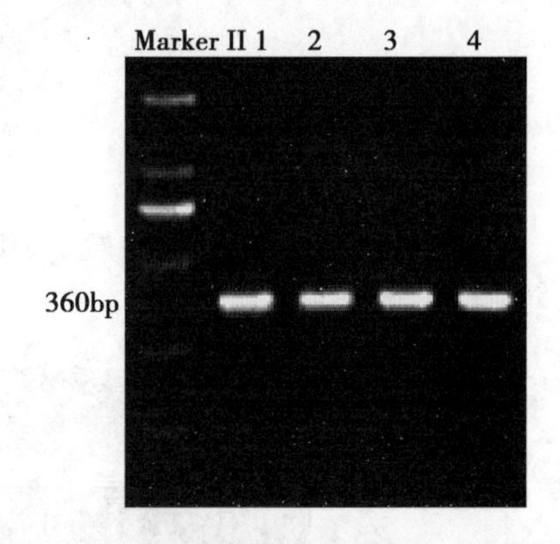

图 3 - 9 WFB1/WFB2 特异性引物 PCR 扩增结果

1. Aac-5；2. Δ*luxI*；3. Δ*luxR*；4. Δ*luxR/luxI*。

Southern 杂交验证突变。Southern 印迹杂交一般是先将基因组 DNA 用限制性内切酶进行消化，然后利用琼脂糖凝胶电泳低压分离经酶切后的 DNA 片段，在变性液中使胶上的 DNA 进行变性，通过转移液和转膜装置将胶上的 DNA 片段转移至尼龙膜或硝酸纤维膜等固相支持物上，通过紫外线照射或微波炉烘烤等方法将 DNA 固定，预杂交后与相应的探针进行杂交，最后进行显色反应。如果有条带出现，则被检测的样品中有与探针同源的片段，否则没有。

本实验以 *Gm* 基因作为探针，杂交插入到突变株基因组中 *Gm* 基因，野生型中不存在 *Gm* 基因，所以没有杂交到 *Gm* 基因（图3－10，第1泳道），而在突变株中可以杂交到不同大小条带的 *Gm* 基因（图3－10，2～3泳道）。

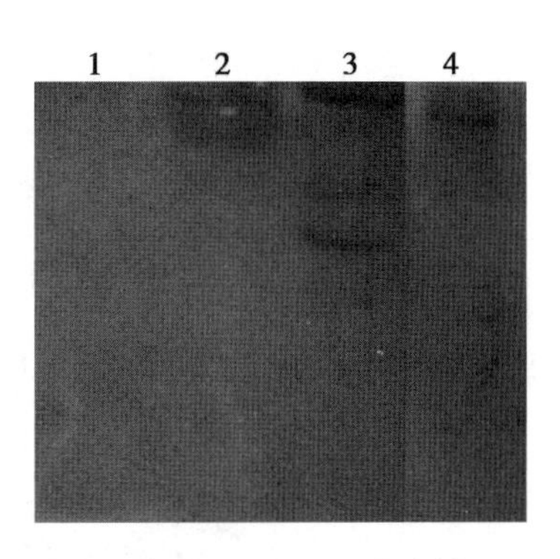

图3－10　Southern 杂交验证

1. Aac-5；2. Δ*luxI*；3. Δ*luxR*；4. Δ*luxR/luxI*。

互补菌株的构建。pHM1 是一个广范围寄主载体，用于构建互补菌株，该载体含有链霉素和壮观霉素抗性，为便于克隆，质粒上存在一个 pUC19 的多克隆位点，其中 *Eco*R Ⅰ、*Sac* Ⅰ、*Kpn* Ⅰ、*Sal* Ⅰ、*Pst* Ⅰ、*Hin* d Ⅲ 为单一位点（图3－11），可通过蓝白斑筛选的方法获得重组克隆。

以 Aac-5 基因组 DNA 为模板，以 *luxI-R/luxI-A*，*luxR-R/luxR-A* 为引物，分别扩增 *luxI* 基因包含自身启动子在内的1 207bp的片段、*luxR* 基因包含自身启动子在内的1 351 bp 的片段，回收备用。引物自身包含 *Hin* d Ⅲ和 *Sal* Ⅰ酶切位点，见表3－1。

表3－1　互补片段引物信息

引物	序列	退火温度（℃）	产物大小（bp）
lluuxxII-R	GTCGACGCAGGATTTTTCTGGCGACCGTGGC	66	1 207
lluuxxII-A	AAGCTTTTGGGAGGTCGGTACTGAG		
lluuxxRR-R	GTCGACGCGGGATTGGCATTGGGGG	65	1 351
lluuxxRR-A	AAGCTTGTAGGAAGGGCGGGGGGC		

将目的片段连接到 pMD18-T 载体上，转化大肠杆菌后 PCR 验证有1 351bp的片段存在，1 207bp 测序结果完全正确，提取质粒经双酶切后回收目的片段备用。将质粒 pHM1 用相同的两种酶酶切后回收，与相应的目的片段连接、转化获得互补质粒 pHM-*luxI*、pHM*luxR*。通过电击分别将互补质粒 pHM*luxI*、pHM*luxR* 导入相应的突变株感受态细胞中。在 KB＋Str^R＋Amp^R 抗性平板上多次筛选，获得互补菌株（图3－11）。

从互补菌株中提取 pHM*luxI* 质粒，进行 PCR 和双酶切分析，确保 pHM*luxI* 转入到果斑病菌突变株中。*luxR* 基因互补方法与上述相同，从抗生素筛选平板上获得阳性互补菌株，提取互补质粒 pHM*luxR*，进行 PCR 和双酶切分析，确保 pHM*luxR* 转入到果斑病菌突变株中。以从互补菌株中提取互补质粒 pHM*luxI*、pHM*luxR* 为模板，PCR 验证，分别获得 1 207bp（图 3 – 12，第 1 泳道）、1 351bp 目的片段（图 3 – 12，第 2 泳道）；将互补菌株中提取质粒进行酶切，可以得到 1 207bp（图 3 – 12，第 3 泳道）、1 351bp 目的片段（图 3 – 12，第 4 泳道）。

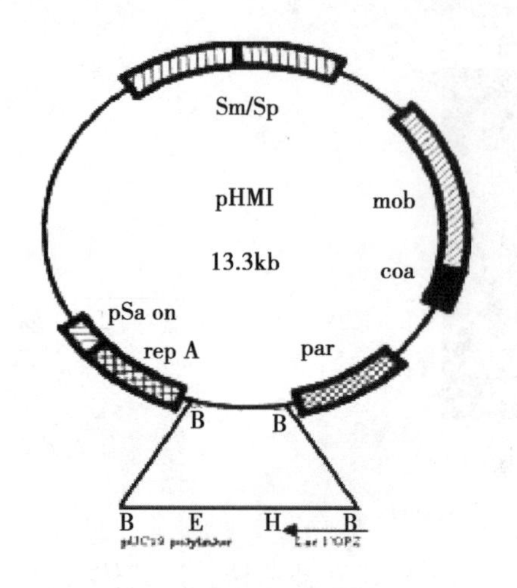

图 3 – 11　互补分析载体 pHM1

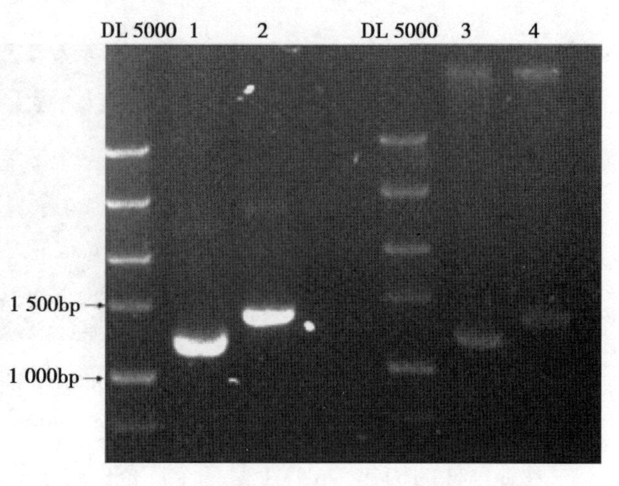

图 3 – 12　互补菌株 pHM*luxI*，pHM*luxR* PCR 和双酶切验证

1，2. 互补菌株 pHM*luxI*，pHM*luxR* PCR 验证；
3，4. 互补菌株 pHM*luxI*，pHM*luxR* 酶切验证。

致病性和过敏性测定。用野生菌株 Aac-5、突变菌株 Δ*luxI*、Δ*luxR*、Δ*luxR/I*，互补菌株 Δ*luxI*-*luxI*、Δ*luxR*-*luxR* 喷雾接种于西瓜、甜瓜和黄瓜的子叶和真叶上，以清水做对照，接种 5d 后调查发病情况。发病症状见图 3 – 13 至图 3 – 16，与野生型相比，突变菌株的致病性明显降低，互补菌株恢复了部分致病能力，说明群体感应系统基因与致病性密切相关。接种甜瓜和黄瓜所得结果一致。

图 3 – 13　野生菌株 Aac-5、突变菌株 Δ*luxI*、Δ*luxR*、Δ*luxR/I* 在西瓜真叶、子叶上的致病性测定

A ~ E. Aac-5、Δ*luxI*、Δ*luxR*、Δ*luxR/I*、CK；a-e. Aac-5、Δ*luxI*、Δ*luxR*、Δ*luxR/I*、CK。

图 3－14　野生菌株 Aac-5、突变菌株 Δ*luxI*、Δ*luxR*、Δ*luxR/I* 在甜瓜真叶的致病性测定

A～E. Aac-5、Δ*luxI*、Δ*luxR*、Δ*luxR/I*、CK。

图 3－15　野生菌株 Aac-5、突变菌株 Δ*luxI*、Δ*luxR*、Δ*luxR/I* 在黄瓜真叶上的致病性测定

A～E. Aac-5、Δ*luxI*、Δ*luxR*、Δ*luxR/I*、CK。

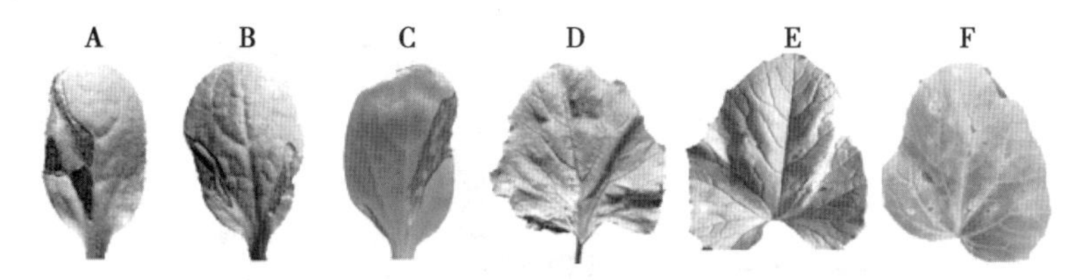

图 3－16　野生菌株 Aac-5、互补菌株 Δ*luxI-luxI*、Δ*luxR-luxR* 在甜瓜真叶上的致病性测定

A～F. Aac-5、Δ*luxI-luxI*、Δ*luxR-luxR*、Aac-5、Δ*luxI-luxI*、Δ*luxR-luxR*。

过敏性反应结果显示：野生型菌株、突变菌株及互补菌株均可产生过敏性反应，无明显差异。

群体感应测定（图 3－17）。通过测定野生菌株 Aac-5、突变菌株 Δ*luxI*、Δ*luxR*、Δ*luxR/I*，互补菌株 Δ*luxI-luxI*、Δ*luxR-luxR* 的群体感应信号，结果见图 3－18：突变菌株 Δ*luxI*、Δ*luxR/I* 丧失不能够产生群体感应信号物质，没有蓝色显色反应，突变菌株 Δ*luxR* 依然能够产生群体感应信号物质，有蓝色显色反应，互补菌株有恢复到野生型的状态。

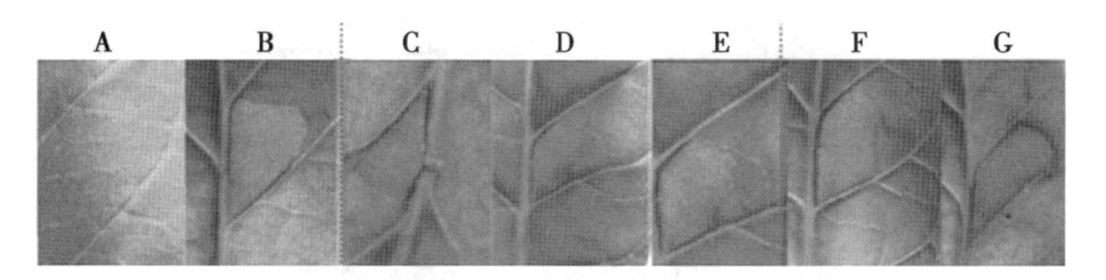

图 3－17　CK、野生菌株 Aac-5、突变菌株 Δ*luxI*、Δ*luxR*、Δ*luxR/I*、Δ*luxI-luxI*、Δ*luxR-luxR* 过敏性反应测定

A～G. CK、Aac-5、Δ*luxI*、Δ*luxR*、Δ*luxR/I*、Δ*luxI-luxI*、Δ*luxR-luxR*。

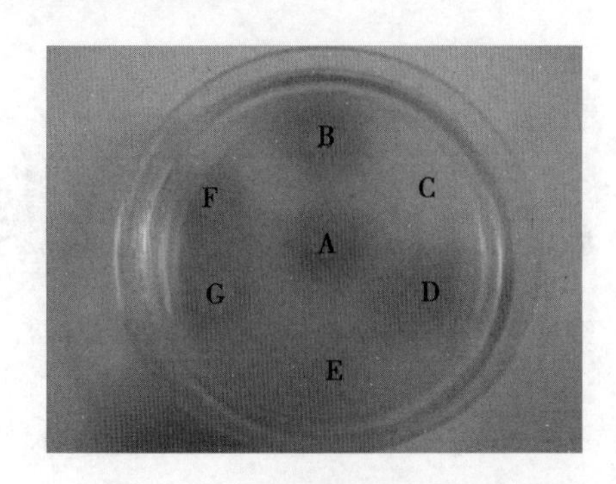

图 3－18　群体感应信号检测

A～G. ECC-3、Aac-5、Δ*luxI*、Δ*luxR*、Δ*luxR/I*、Δ*luxI-luxI*、Δ*luxR-luxR*。

生长曲线测定。以横坐标为时间，以纵坐标为活菌数的对数，可绘制出一条生长曲线（图 3－19），该曲线显示了细菌在 KB 培养基中从生长繁殖到稳定衰老的 4 个时期，结果显示：突变菌株与野生型的生长速度无显著差异，到对数生长期（22h）以后，生长速度明显低于野生型。

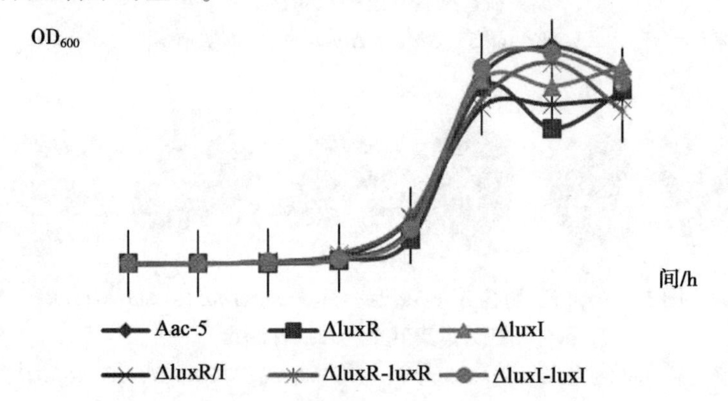

图 3－19　Aac-5、*ΔluxI*、*ΔluxR*、*ΔluxR/I*、*ΔluxI-luxI*、*ΔluxR-luxR* 的生长曲线测定

运动性测定。在含 0.3% 琼脂的 KB 半固体培养基上检测细菌的运动性，三天后，结果发现突变菌株的运动能力比野生菌株 Aac-5 有所减弱，但是差异不明显，互补菌株与野生型一致（图 3－20）。

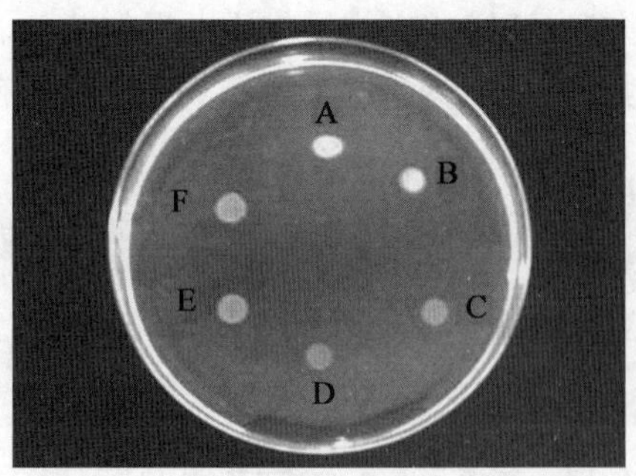

图 3－20　运动性测定

A～F. Aac-5、Δ*luxI*、Δ*luxR*、Δ*luxR/I*、Δ*luxI-luxI*、Δ*luxR-luxR*。

胞外多糖测定。称量20ml的菌液析出的EPS干重，差值为EPS净重。从图3－21中结果可以看到，三者之间产生EPS的量并没有太大差别，说明*luxI*基因、*luxR*基因，即群体感应系统与胞外多糖的产生没有关系。

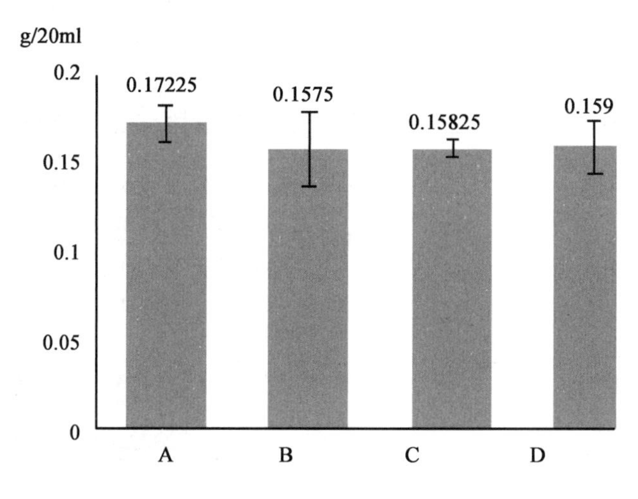

图3－21 胞外多糖测定

A～D. Aac-5、Δ*luxI*、Δ*luxR*、Δ*luxR/I*。

革兰氏阴性菌的*luxR/luxI*型QS系统是一类比较常见的群体感应系统，以自体诱导物酰基高丝氨酸内酯（AHLs）为信号物质，感知种内数量以调节相关基因的表达。该系统主要由两个功能基因组成：*luxI*基因是自体诱导物合成基因，能够合成此类信号分子；*luxR*基因控制细胞质内自体诱导物感受因子的合成，其与信号物质结合后的复合物能激发相关基因转录表达。群体感应系统可以调节细菌的许多行为，如生物膜的形成、毒性因子分泌、运动性等。

通过同源重组置换的方法，获得基因缺失突变菌株，并对缺失基因进行功能互补是研究基因功能常用的方法。该方法中选择合适的自杀载体是实验成功的关键。本实验选择的pK18mobsacB质粒是一个自杀载体，含有卡那霉素抗性基因（Kan^R）和蔗糖致死基因，因此重组质粒在含有卡那霉素和蔗糖的培养基上不能生长，方便了我们筛选突变体。构建好的pK18mobsacB自杀质粒DNA导入Aac-5细胞后，庆大霉素基因两侧的目的基因片段与染色体上相应的片段发生双交换，导致庆大霉素基因等位置换目的基因。通过抗性平板筛选获得了突变菌株Δ*luxI*、Δ*luxR*、Δ*luxR/luxI*。

*luxR*基因，全长729bp；*luxI*基因，全长636bp，两个基因之间相差188bp。互补菌株中，为了保证获得启动子在内的片段，多扩增了目的片段上游500bp左右的片段，将其用电击法导入突变菌株中恢复野生型的部分功能。

致病性测定结果显示：突变菌株与野生型相比，致病力明显减弱；烟草过敏性反应证明突变菌株与野生菌株间无明显差异，说明群体感应系统的功能基因与果斑病菌的致病力关系密切。

*luxI*基因的缺失突变导致了果斑病菌群体感应信号的丧失，作为*luxR/luxI*型群体感应系统中产生信号物质的基因，该基因的缺失，导致了突变菌株Δ*luxI*、Δ*luxR/luxI*

无法合成群体感应信号物质，而 *luxR* 基因作为信号物质接受体，其缺失对信号物质的产生并无直接影响。

突变株与野生菌株间的生长速度在对数生长期前一致，到稳定期，明显低于野生菌株，这有可能成为其致病性降低的原因之一；突变菌株的运动能力及胞外多糖的产生量与野生菌株没有差异。

（二）*luxR/luxI* 群体感应系统对相关毒性基因表达量的影响

突变菌株中相关基因的表达。将同一浓度的 RNA 反转录合成第一链 cDNA，进行实时定量 PCR 检测。扩增曲线见图 3 - 22，从实时定量 PCR 结果报告图中可以看出，各基因的熔解曲线具有单一峰值，说明产物为特异性产物（图 3 - 23）。

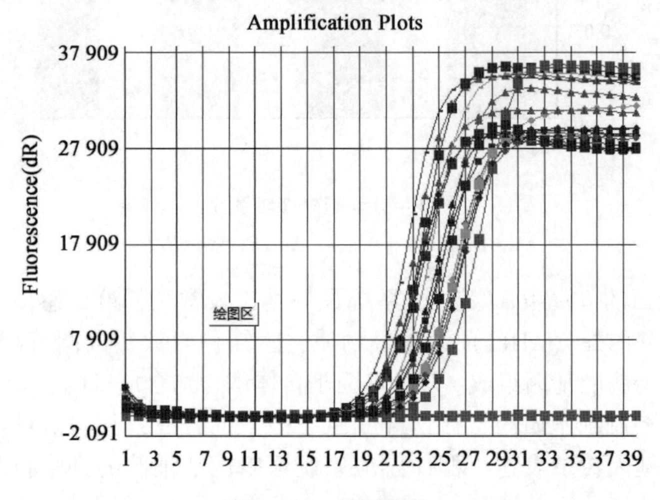

图 3 - 22　扩增曲线

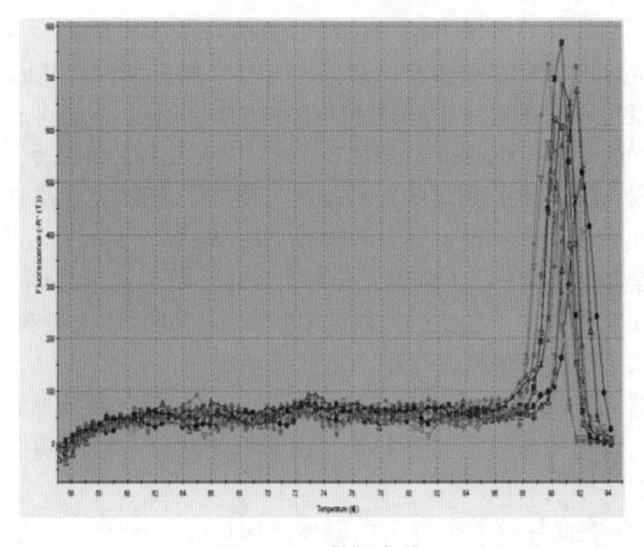

图 3 - 23　熔解曲线

将野生菌株 Aac-5 各个基因的表达量看做 1，根据扩增结果得到的 Ct 值，用 $2^{-\Delta\Delta CT}$ 法计算 YP_ 969062（cobyrinic acid a，c-diamide synthase）、YP_ 969101（conjugal transfer protein TrbC）、YP_ 969103（conjugal transfer ATPase TrbE）、YP_ 970169（multicopper oxidase，type 3）、YP_ 970751（zonular occludens toxin），及两个群体感应系统功能基因 *luxI*、*luxR*，共 7 个基因在突变菌株 Δ*luxI*、Δ*luxR*、Δ*luxR/luxI* 中的相对表达量。结果 7 个基因的表达量均下调，见图 3－24。

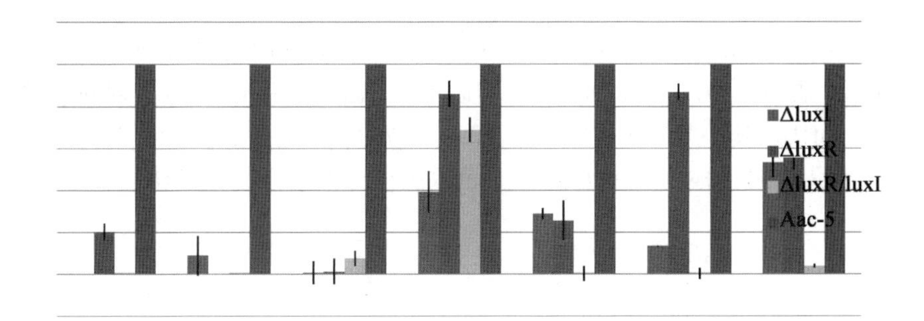

图 3－24　Aac-5、Δ*luxI*、Δ*luxR*、Δ*luxR/luxI* 相关表达量测定

实时荧光定量 PCR（Real-Time qPCR）技术，是指将荧光基团加入到 PCR 反应体系中，随着整个 PCR 的进程荧光信号可以被积累，最后通过标准曲线或 $2^{-\Delta\Delta}$CT 算法对未知模板进行定量分析。该技术与常规的 PCR 技术相比，具有较强的特异性，检测灵敏度高，实现了荧光信号的随时检测和积累，并将整个过程实时地记录在软件中，反应结束后就可以进行自行分析。荧光定量 PCR 可以应用于经过生物处理、化学处理、药物处理等样本中某些基因之间的表达差异。

在本实验中，选取的 5 个毒性基因表达量均下调，说明群体感应系统均是正调控这 5 个基因。该实验结果与突变菌株的致病力下降现象一致，其他相关毒性基因的表达情况需要进一步的定量分析。

群体感应系统功能基因 *luxI* 在突变菌株 Δ*luxI*、Δ*luxR/luxI* 中没有表达，在 Δ*luxR* 突变株中表达量降低；*luxR* 基因在 Δ*luxR*、Δ*luxR/luxI* 中没有表达，在 Δ*luxI* 突变株中表达量降低，证明了相应的缺失突变菌株中的目的基因的确缺失，与前述检测结果一致。并可得到结论，群体感应系统中一个功能基因的缺失，可以导致另一个功能基因表达量降低。

（三）群体感应信号物质的鉴定及功能研究

运用超高效液相色谱与质谱联用（UPLC-MS/MS）的方法，定性定量的鉴定了瓜类细菌性果斑病菌群体感应信号物质，预测其结构并粗略估计其浓度。将该信号物质按照预测浓度与 Δ*luxI* 单基因缺失突变菌株混合，接种于健康瓜苗上，用野生菌株 Aac-5，质谱纯甲醇，清水做对照，观察致病性是否恢复。

检测条件的选择。实验结果表明，选择流动相为乙腈和 0.2% 的甲酸水溶液，采用二元梯度洗脱；同时，质谱的扫描范围 m/z 为 50～500amu，选择的离子源为电喷雾离子源（ESI-）；在选择监控离子、锥孔电压及碰撞能量下，电喷雾离子化可以使 HHL 以及 OOHL 具有较好的电离效果并获得比较稳定的［M－H］特征离子峰，HHL 较稳定且丰度较高特征离子为 m/z 168 和 140，OOHL 较稳定且丰度较高特征离子为 m/z 139 和 115。在上述液相及质谱条件下，可以使 HHL 以及 OOHL 得到较高的灵敏度、较好的分离效果、重现性及峰形。

信号物质鉴定。由图 3－25 中可以看出，瓜类细菌性细菌性果斑病菌信号物质的出峰时间与 N-（3-Oxo-octanoyl）-L-homoserine lactone（OOHL）出峰时间一致，均为 1.42min，而 N-Hexanoyl-L-homoserine lactone（HHL）出峰时间为 1.28min，在该时间处，瓜类细菌性果斑病菌信号物质没有明显的峰图出现，所以，初步判断该群体感应信号物质为 OOHL。其中 OOHL 的峰图面积为 16 793，HHL 的峰图面积为 1 100，待测样品的峰图面积为 50，根据 OOHL 的峰图面积比较计算信号物质的浓度为 0.6mg/L。

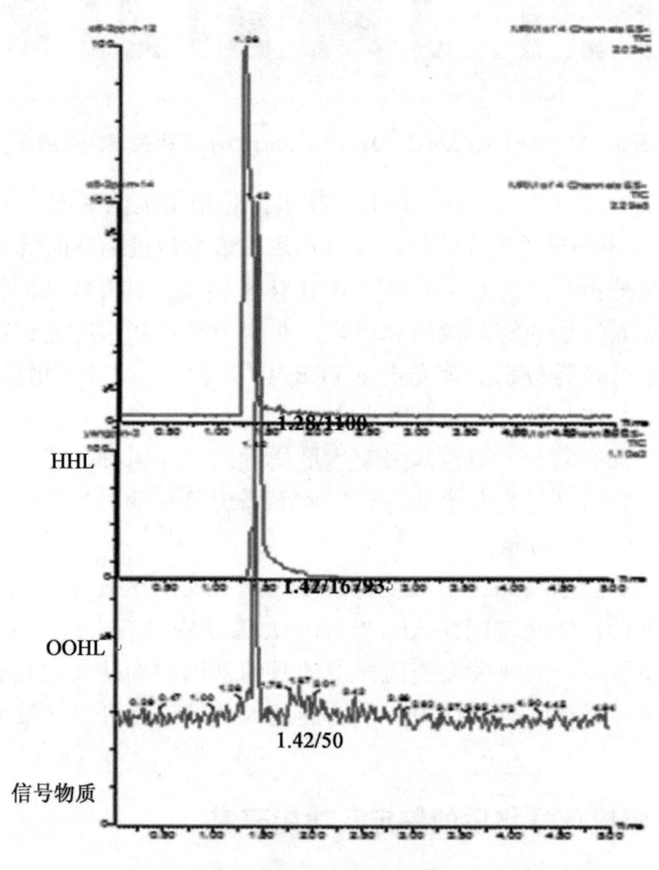

图 3－25　群体感应信号的质的 MRM 图

从图 3－26 中可以看出，瓜类细菌性果斑病菌的群体感应信号物质同时含有两种标准品的特征离子碎片，与液相图结合分析结果推测：瓜类细菌性果斑病菌的群体感应信号物质中可能同时含有 N-（3-Oxo-octanoyl）-L-homoserine lactone（OOHL）和 N-Hexanoyl-L-homoserine lactone（HHL）两种信号物质，而 OOHL 响应值较高，丰度较高；而 HHL 的丰度较低，在液相图中出峰不明显。

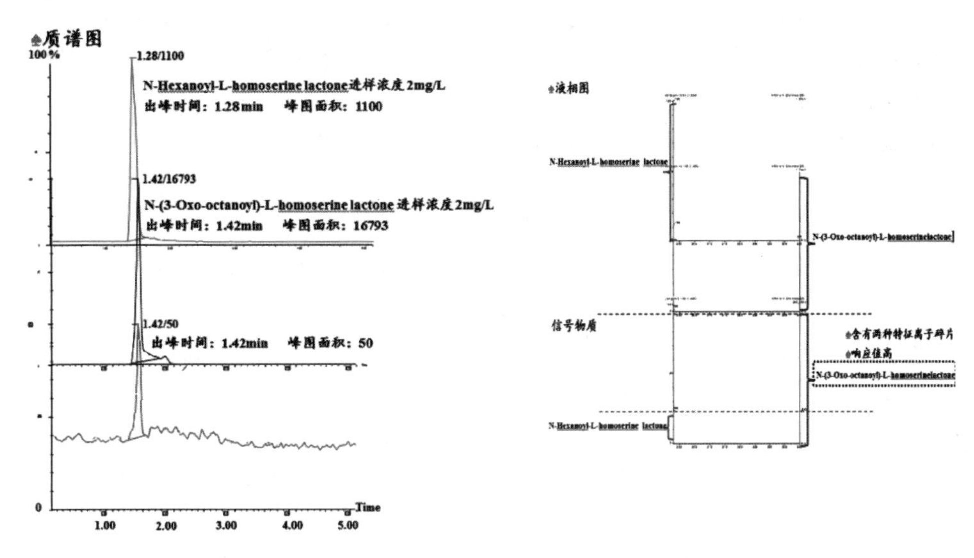

图 3－26　群体感应信号物质的质谱图和液相图

信号物质作用验证。群体感应信号物质回接实验结果表明（图 3－27）：将 OOHL 按照测定浓度物质浓度约为 0.6mg/L（菌液 OD_{600} = 4.134），混入单基因突变菌株 Δ*luxI* 菌液，喷雾接种于甜瓜叶片上，突变菌株恢复部分致病性，但是致病力仍没有完全恢复至野生型。

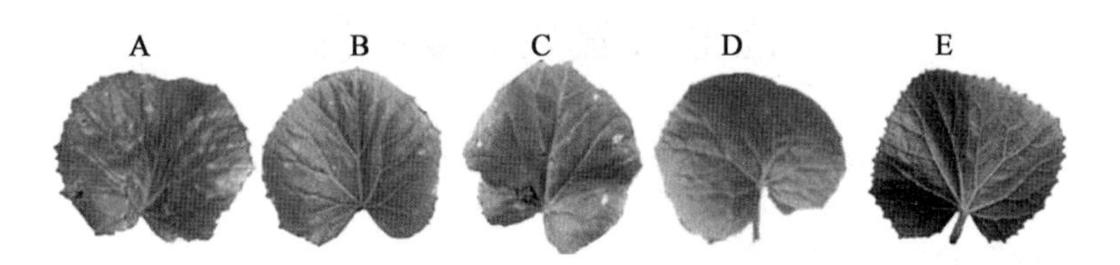

图 3－27　野生菌株 Aac-5、Δ*luxI*、Δ*luxI*-OOHL、甲醇、CK 在甜瓜真叶上的致病性测定

A ~ E. Aac-5、Δ*luxI*、Δ*luxI*-OOHL、Methanol、CK。

用同源标记置换法，构建了群体感应信号系统功能相关基因 3 个突变菌株：Δ*luxI* 单基因缺失突变株、Δ*luxR* 单基因缺失突变株以及 Δ*luxR*/*luxI* 双基因缺失突变株，通过比较野生型和突变体菌株间的差异，研究 *luxR*/*luxI* 群体感应系统的功能，得出以下结论：

（1）对突变菌株和野生菌株进行了群体感应信号的检测，与野生菌株相比，突变菌株 Δ*luxI* 和 Δ*luxR*/*luxI* 中 *luxI* 基因的缺失突变导致了果斑病菌群体感应信号的丧失，作为 *luxR*/*luxI* 型群体感应系统中产生信号物质的基因，该基因的缺失，导致了突变菌株 Δ*luxI*、Δ*luxR*/*luxI* 无法合成群体感应信号物质，而 *luxR* 基因作为信号物质接受体，其缺失对信号物质的产生并无直接影响，所以，Δ*luxR* 菌株仍可产生蓝色显色反应。该实验结果与 *luxI* 基因是产生信号物质的基因，而 *luxR* 是合成信号接受载体的物质的结论一致。

（2）致病性测定结果显示：突变菌株与野生型相比，致病力明显减弱；烟草过敏性反应证明突变菌株与野生菌株间无明显差异，说明群体感应系统的功能基因在细菌的致病力方面起着极其重要的作用。

（3）Δ*luxI*、Δ*luxR*、Δ*luxR/luxI* 突变菌株比野生型菌株在 KB 培养基中生长能力稍微变弱，而互补菌株基本恢复至野生型。

（4）以看家基因 *pilT* 为内参基因，用 Real-Time PCR 的方法，选取瓜类细菌性果斑病菌 5 个相关的毒性基因及 2 个群体感应相关基因在果斑病菌在突变菌株及野生菌株中的表达情况。结果显示：所选取的 7 个基因在突变菌株中的表达量均下调，均为正调控关系。并且，群体感应系统功能基因 luxI 在突变菌株 Δ*luxI*、Δ*luxR/luxI* 中没有表达，在 Δ*luxR* 突变株中表达量降低；*luxR* 基因在 Δ*luxR*、Δ*luxR/luxI* 中没有表达，在 Δ*luxI* 突变株中表达量降低，证明了相应的缺失突变菌株中的目的基因的确缺失，与致病性测定实验结果一致。说明群体感应系统中一个功能基因的缺失，可以导致另一个功能基因表达量降低。

（5）萃取瓜类细菌性果斑病菌的信号物质，利用 UPLC-MS/MS 方法鉴定结果：主要为 N-（3-Oxo-octanoyl）-L-homoserine lactone（OOHL），将该物质与 Δ*luxI* 单基因缺失突变株混合接种，致病力恢复，实验结果表明群体感应信号物质与果斑病菌的致病性相关，为正调控，与致病性测定实验结果一致。

二、果斑病菌突变体库的构件及致病相关基因功能研究

（一）果斑病菌 Tn5 突变体库的构建及相关基因的功能研究

1. 果斑病菌突变文库的构建

通过转化将 Tn5 转座子转入到西瓜细菌性果斑病菌中，获得了约 6 000 株克隆子，并随机挑取克隆子进行果斑病菌特异性引物和卡那基因扩增验证，结果表明所验证的克隆子均能扩增到单一条带［果斑病菌 360bp（图 3－28），卡那基因 586bp（图 3－29），说明所获得克隆子均为果斑病病菌，而且均带有 Tn5 转座子。

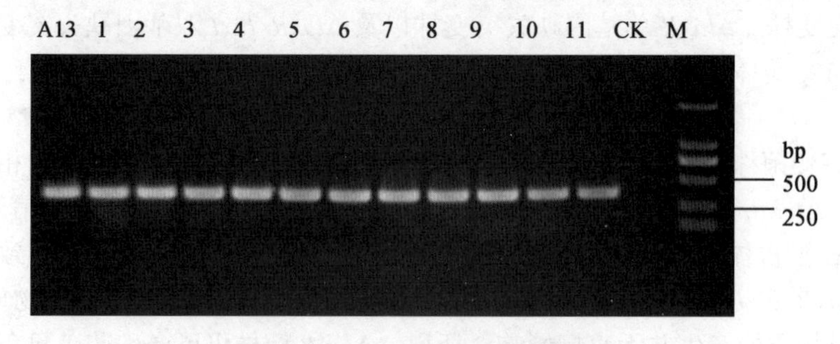

图 3－28 特异性 PCR 检测结果

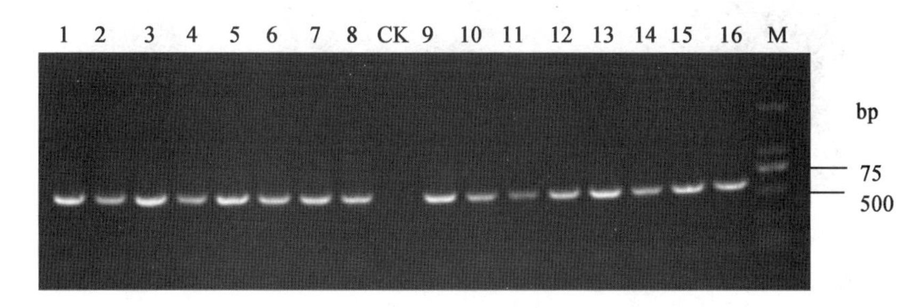

图 3－29　Tn5-Km 引物 PCR 结果

2. 致病性缺失突变株的筛选

运动性、胞外蛋白活性和纤维素酶活性等进行筛选，成功得到了一株纤维素酶活性丧失的菌株 13～30（图 3－30）。采用离体接种方法对所获得的克隆子进行致病性测定，结果表明，从突变体库中共筛选到 118 株突变株完全丧失了致病性，153 株突变株的致病性显著低于野生菌株减弱（图 3－31 至图 3－33）；对上述在西瓜果实上丧失致病性的菌株进一步进行活体致病性测定，从中获得 10 株在西瓜和甜瓜苗上完全丧失致病性的菌株，挑选 5 株进一步进行生物学测定、亚克隆分析以及互补验证。

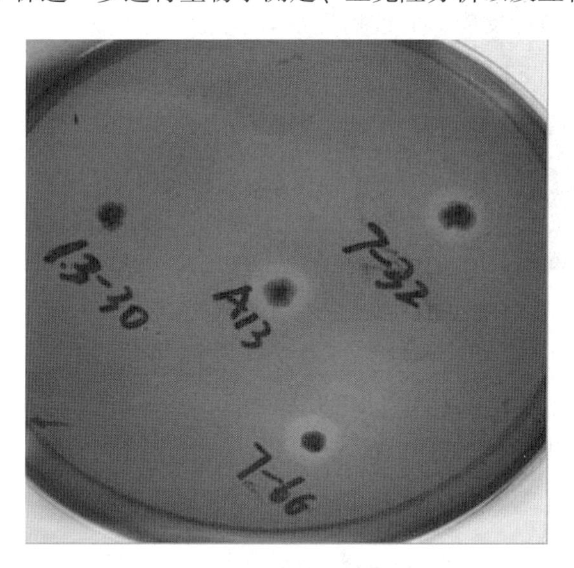

图 3－30　纤维素酶活性筛选结果

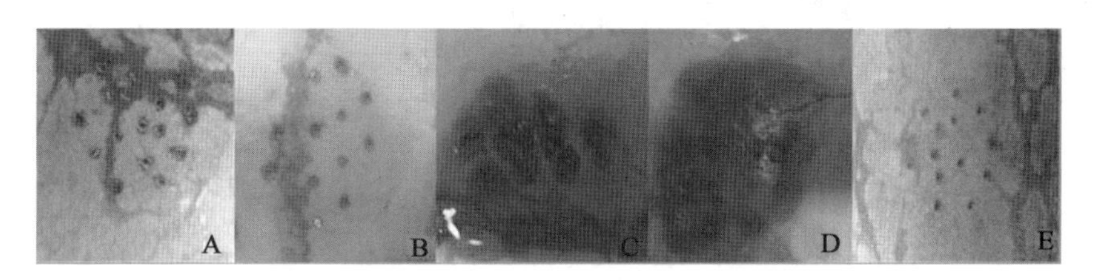

图 3－31　突变子在西瓜果实上致病性反应

A～C. 突变株；D. 野生菌株；E. CK。

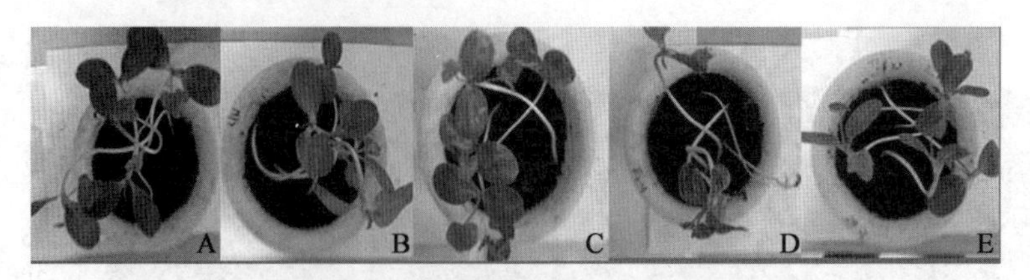

图 3－32　突变子在西瓜幼苗上的致病性反应

A～C. 突变株；D. 野生菌株；E. CK。

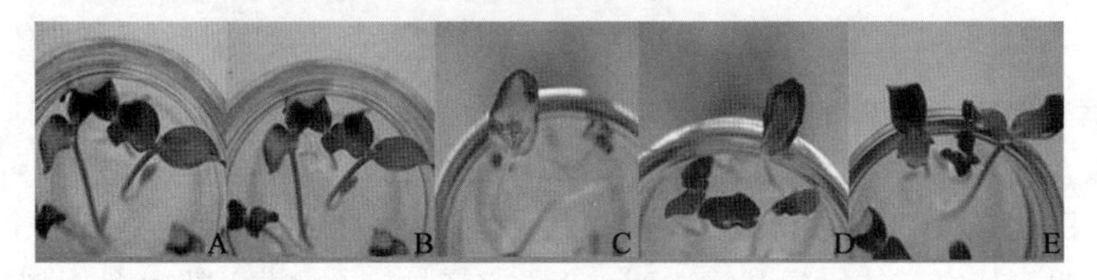

图 3－33　突变子在甜瓜幼苗上的致病性反应

A～C. 突变株；D. 野生菌株；E. CK。

过敏性反应测定。对 5 株突变体进行过敏性反应测定结果表明，致病性缺失的突变株在烟上丧失了过敏性反应，而致病性没有丧失的突变株的过敏性反应与野生菌株相同（图 3－34）。

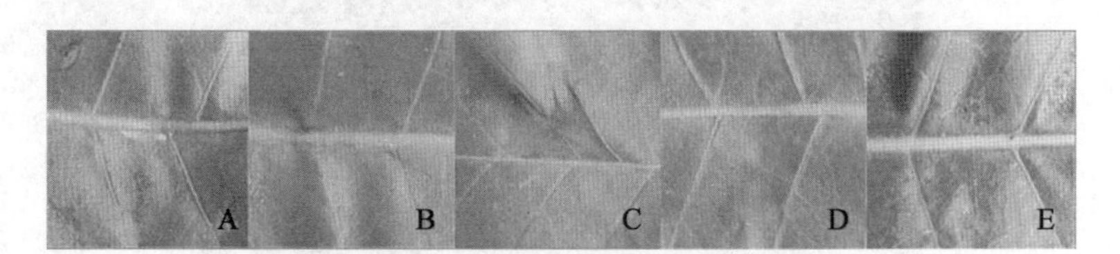

图 3－34　突变子在烟草上的过敏性反应

A～C. 突变株；D. 野生菌株；E. CK。

生长曲线的测定。突变菌株的生长情况测定结果表明（图 3－35），突变株的生长速度和变化趋势与野生菌株基本一致。

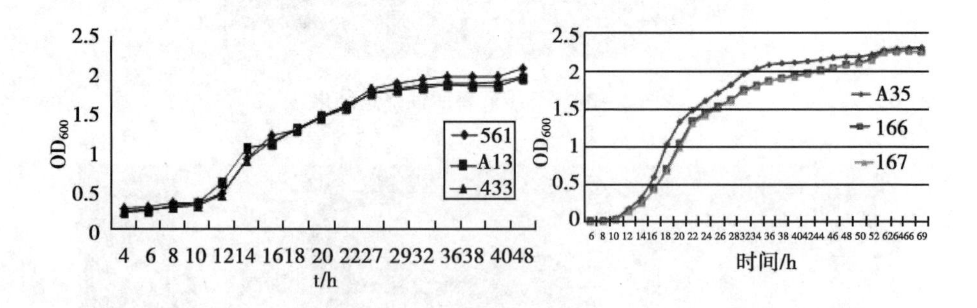

图 3－35　突变菌株的生长曲线

生物膜的测定。生物膜测定结果显示，致病性丧失的突变菌株形成生物膜能力较强（图 3－36）。

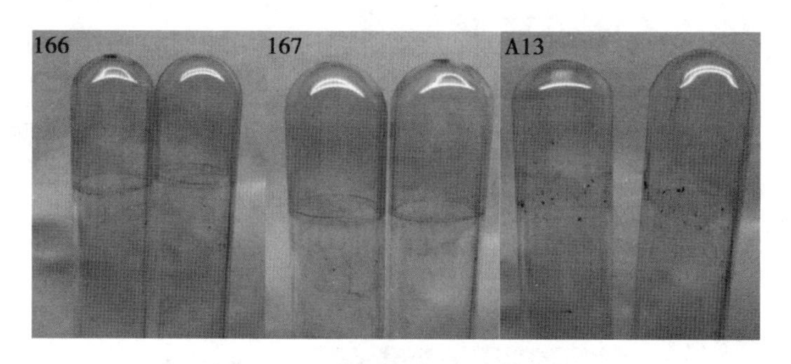

图 3－36　突变子的生物膜测定

胞外多糖的测定。对突变菌株进行胞外多糖测定，称量 50ml 的菌液析出的 EPS 净重量，与野生型相比，突变株株突变体析出的胞外多糖重量略少于野生型或与野生型一致。

菌落形态。致病性丧失突变子在 NA 和 KB 固体培养基上培养 7d 后，与野生型相比，突变株菌落颜色呈现浅黄色，与野生菌株不同；通过显微镜对突变子的菌落形态的观察发现，与野生型相比，突变株的菌落外围不光滑，菌落颜色透明，而野生菌株的菌落周围光滑并且颜色暗深（图 3－37）。

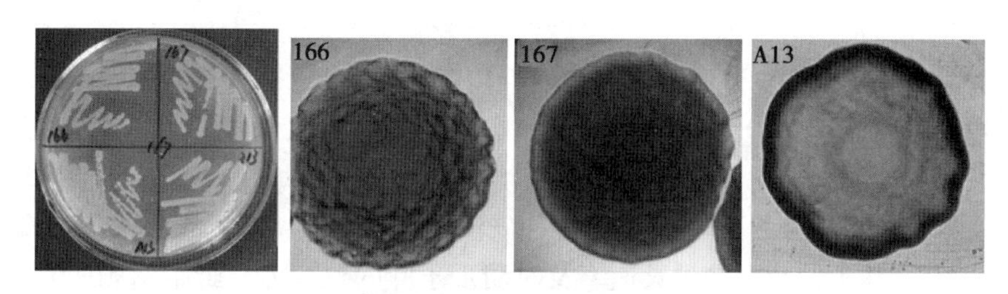

图 3－37　突变株的菌落特征

致病性缺失突变体的插入基因分析以及互补实验。用限制性内切酶 *Pst* I 完全酶切突变株的基因组 DNA，与相同酶切的 pBluescript II SK（＋）载体相连接，采用热激方法转化大肠杆菌感受态。在含有 Amp 和 Km 的 LB 平板上进行筛选，挑取阳性克隆子进行酶切验证（图 3－38）。验证正确的克隆子送去测序，通过 NCBI 序列比对，结果表明：166 菌株的 Tn5 插入位置是一个假设蛋白；167 菌株的 Tn5 插入位置是 methyl-accepting chemotaxis sensory transducer；313 菌株的 Tn5 插入位置是 alanine racemase domain protein；614 菌株的 Tn5 插入位置是 hypothetical protein general secretion pathway protein D；522 菌株的 Tn5 插入位置是 *pilT* 基因。

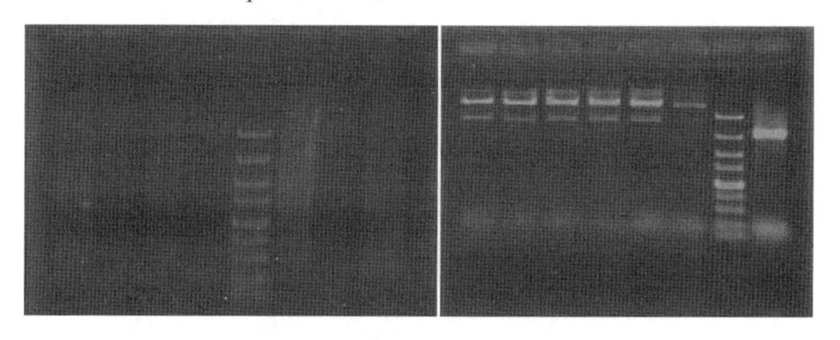

图 3－38　突变株总 DNA 酶切（左）和转化克隆子酶切（右）图

为了进一步明确致病性丧失的原因，本研究通过互补实验进行验证。本研究构建互补菌株所用质粒载体为 pBBR1MCS-5，设计引物，采用 PCR 方法获得目的基因片段，并将目的基因片段连接到 pMD19-T 载体，挑取阳性克隆子进行酶切和测序验证，验证正确后，通过双酶切连接到相同酶切的 pBBR1MCS-5 质粒载体，构建互补质粒载体，通过三亲杂交方式将互补质粒载体导入突变株中，挑取阳性克隆子进行验证（图 3 - 39）。互补菌株的生物学测定正在进行。

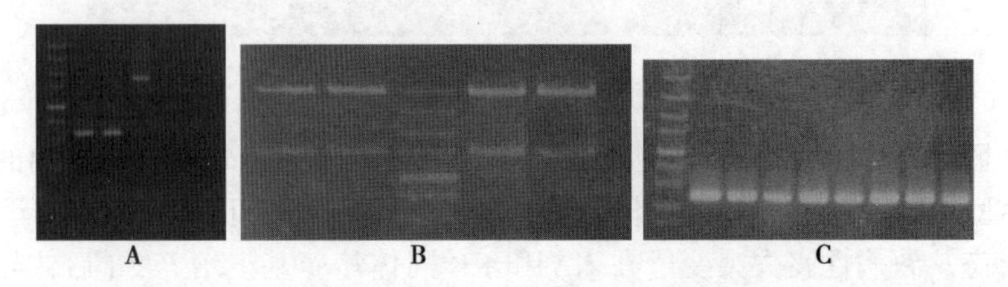

图 3 - 39　目的片段扩增（A），互补载体酶切验证（B）和互补菌株的果斑病菌特异性引物验证（C）

3. 部分致病基因的功能研究

亮氨酸生物合成关键基因 *leuB*。亮氨酸生物合成是 *A. citrulli* MH21 在寄主中生长和发挥致病力的必要因子。*leuB* 基因编码亮氨酸生物合成中的一个关键酶：3-异丙基苹果酸脱氢酶。生物学测定显示 *leuB* 基因突变体 MΔ*leuB* 与 MJ22-3 均不能在缺乏亮氨酸的基本培养基上生长，游动能力受到了抑制，然而生物膜的形成与在烟草上引起过敏性坏死反应的能力未受到影响。当对甜瓜子叶注射接种低浓度（10^4CFU/ml）的 *leuB* 基因缺失突变体时，MΔ*leuB* 在甜瓜幼苗上的生长速率及对甜瓜子叶的致病力与野生菌 MH21 相比显著下降。然而对甜瓜子叶注射高浓度的突变体或低浓度突变体添加 0.01% 的亮氨酸细菌悬液时，甜瓜子叶的发病程度及突变体的生长量与野生菌相当。研究结果表明亮氨酸生物合成对 *A. citrulli* MH21 的生长及对甜瓜幼苗的致病力方面至关重要（图 3 - 40）。

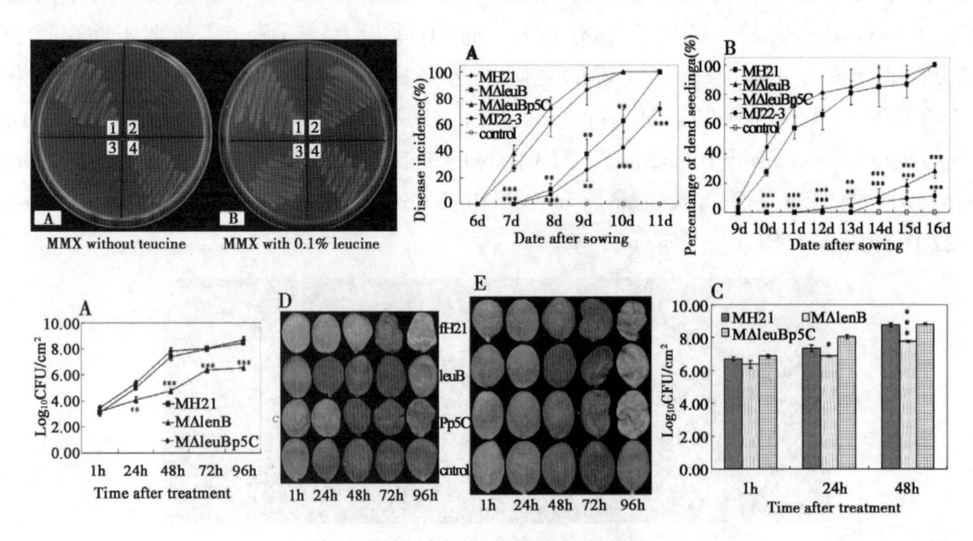

图 3 - 40　*leuB* 缺失菌株对甜瓜幼苗致病力的影响

群体感应系统基因。群体感应系统对 *A. citrulli* MH21 致病性有显著影响。果斑病菌中含有以 N-乙酰高丝氨酸内酯（N-acyl-homoserine lactone，AHL）为信号分子的 QS 系统是很多病原细菌的重要致病性调控因子。本试验自甜瓜果斑病菌 MH21 中克隆到 AHL 信号合成基因 *luxIMH*21，并构建了其缺失突变体 MΔ*luxI*MH21 及转有 AHL 信号降解酶编码基因 *aiiA* 和 *aidH* 的工程菌株 MAiiA 和 MAidH。结果显示 MΔ*lux*IMH21、MAiiA 和 MAidH 菌株均无 AHL 信号产生，细菌的游动能力及在基本培养基中的生长速率均显著下降，但细菌生物膜形成和在烟草上诱导过敏性坏死反应的能力没有影响。盆栽和子叶注射试验显示，经低浓度（10^4 CFU/ml）MΔ*lux*IMH21、MAiiA 和 MAidH 菌株处理的甜瓜种子萌发后幼苗死亡率、注射甜瓜子叶后在子叶中的繁殖速率及对子叶的致病力均显著低于野生型 MH21 和 *lux*IMH21 基因互补菌株 MΔ*lux*IMH21HB 的处理。而高浓度细菌（10^8 CFU/ml）处理后，除 MAidH 菌株处理的甜瓜种子萌发后幼苗死亡率及注射后对子叶的致病力明显低于野生型 MH21 处理外，其他菌株与野生型 MH21 没有显著差异。研究说明 QS 系统影响 *A. citrulli* MH21 在低细菌浓度下对甜瓜幼苗的致病力，这种作用可能与影响细菌生长有关（图 3－41）。

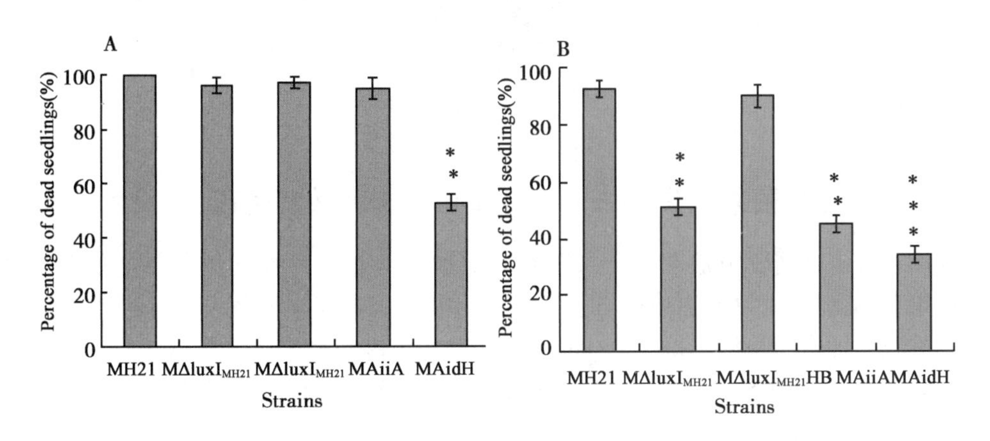

图 3－41　QS 系统影响 *A. citrulli* 低细菌浓度下对甜瓜幼苗的致病力

gamma-谷氨酰基转移酶 GGT1。gamma-谷氨酰基转移酶 GGT1 是西瓜食酸菌 MH21 的致病因子。*ggt*1 基因编码 gamma-谷氨酰转移酶，遗传试验证明 ggt1 缺失菌株的 gamma-谷氨酰基转肽活性和水解活性均下降，且利用 Glutamine 和 Glutathione 的能力降低。*GGT*1 的异源表达试验结果显示该蛋白主要表现水解活性而非转肽活性。与野生型和互补菌株相比 *ggt*1 缺失突变菌株对甜瓜幼苗的致病力及在甜瓜子叶上的定殖能力下降。研究从遗传学和生物学角度说明了 GGT1 是甜瓜细菌性果斑病菌 MH21 的重要致病因子（图 3－42 和图 3－43）。

gidA 基因。*gidA* 基因影响西瓜噬酸菌的致病性。*gidA* 基因编码 tRNA 尿嘧啶 5-羧甲基氨甲基修饰蛋白，对 *gidA* 进行定位突变和功能互补，突变体的甜瓜幼苗的生物学测定结果显示，*gidA* 基因突变后对甜瓜幼苗的致病力下降，对突变体的细胞形态的检测结果显示，*gidA* 基因突变体细胞呈丝状，细菌分裂受到影响，而 *gidA* 单基因互补能够恢复其对甜瓜幼苗的致病力和细胞形态（图 3－44）。

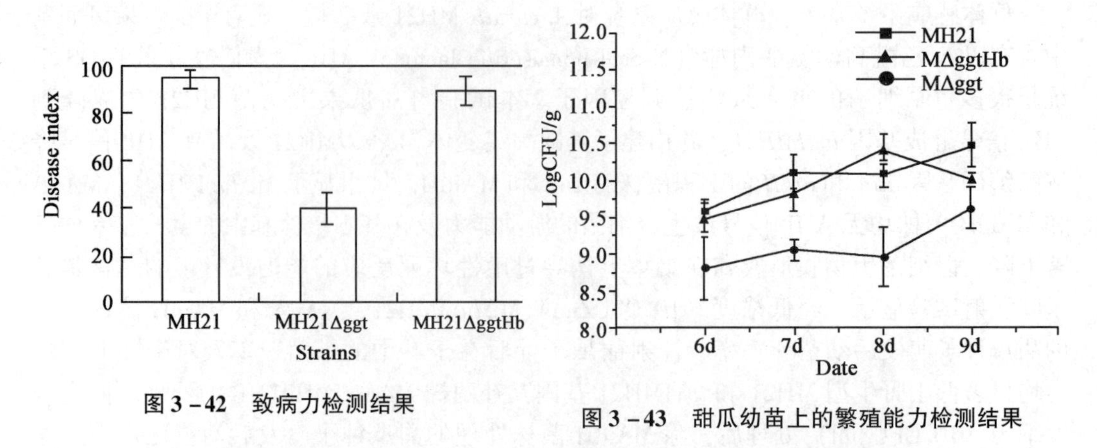

图 3－42　致病力检测结果

图 3－43　甜瓜幼苗上的繁殖能力检测结果

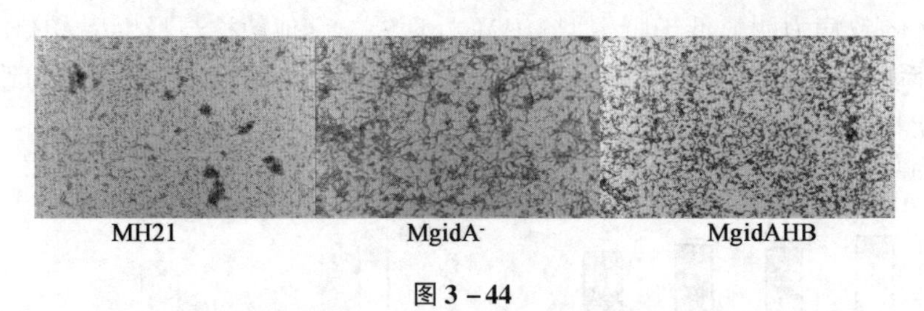

图 3－44

（二）果斑病菌果胶裂解酶 AcPel 蛋白结构和致病性研究

利用在分子遗传学方法明确了果胶裂解酶基因（*Acpel*）及其蛋白产物在西瓜甜瓜细菌性果斑病菌致病性中的作用。通过构建 *Acpel* 基因缺失突变体及其互补菌株，并且对二者的致病性进行检测，确定 AcPel 为该病菌的关键致病因子。将 Acpel 克隆至表达载体同时在 *E. coli* DH5α 中诱导表达，通过 Ni-NTA 亲和层析，凝胶排阻层析和阴离子交换层析等获得 AcPel 蛋白的微晶，进行衍射分析，最终获得 AcPel 蛋白三维结构。通过结构对比研究，对西瓜甜瓜细菌性果斑病菌的 AcPel 蛋白的结构与功能的相互关系有了更进一步的理解（图 3－45 至图3－47）。

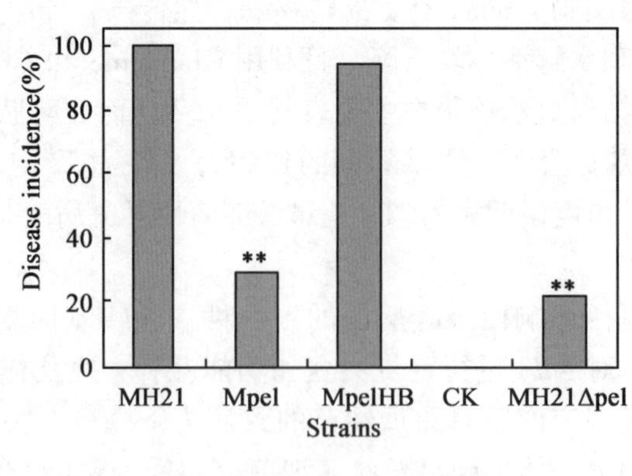

图 3－45　致病性检测

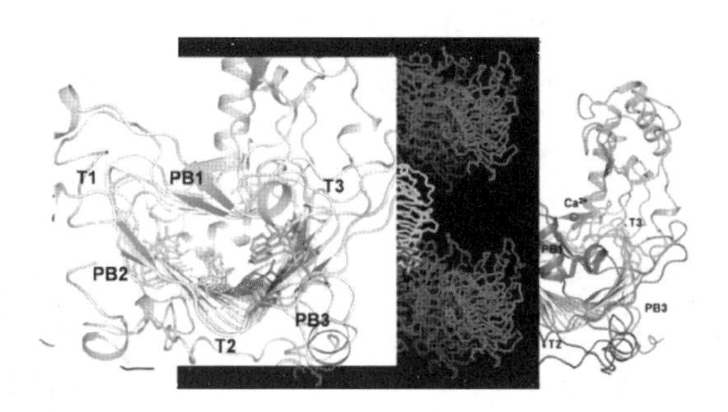

图 3－46　AcPel 蛋白的整体结构

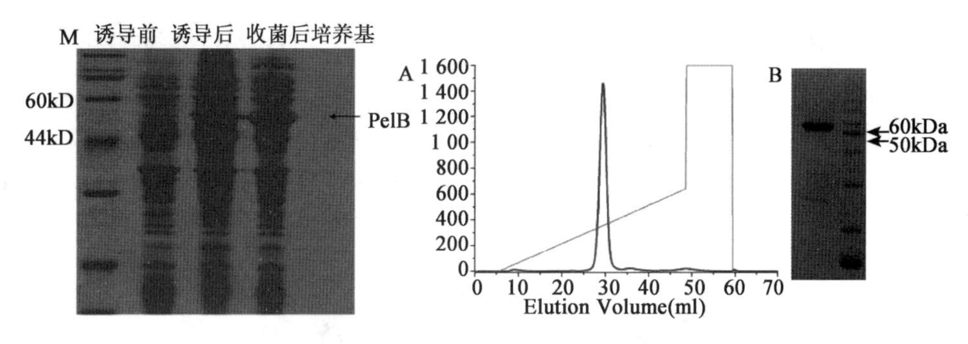

图 3－47　AcPel 蛋白的表达和纯化

（三）果斑病菌 III 型分泌系统及 *tatB* 基因的克隆与功能研究

1. III 型分泌系统 *hrcN* 基因的功能研究

hrcN 基因突变体的制备及验证。将质粒 pK18-*hrcN-Gm* 用电击的方法导入到果斑病菌 Aac5 中，因为质粒中 *Gm* 基因两侧的序列与果斑病菌中的 *hrcN* 具有同源性，因此，当他们共培养时可以发生同源重组双交换，将 *Gm* 基因置换进入果斑病菌 *hrcN* 基因中，同时剔除了 *hrcN* 内部 173bp 的碱基，使 *hrcN* 基因的表达不完整。用引物 *hrcN*S/*hrcN*A 对得到的突变体进行 PCR 验证（图 3－48）。以 pK18-*hrcN-Gm* 质粒和野生型 PCR 结果分别作为突变体和野生型的对照条带。理论上，由于 pK18*mobsacB* 质粒含有蔗糖致死基因 *sacB*，所以在含有蔗糖的平板上该质粒不能正常生长，但是，实践证明 pK18*mobsacB* 对蔗糖的敏感性不强，PCR 得到没有交换成功的条带（图 3－48 泳道 3），同时也得到了交换成功的条带（图 3－48 泳道 4）。通过继代培养筛选交换成功的突变

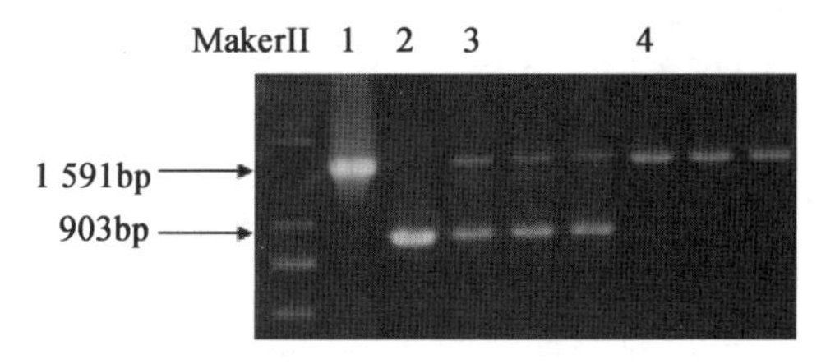

图 3－48　突变体 PCR 扩增结果

1. pK18-*hrcN-Gm*；2. Aac5；3. Not successful mutants；4. Successful mutants

体，用 *hrcN*S/*hrcN*A 引物进行菌液 PCR，得到了 1 591bp 的单一片段（图 3－49）。同时用果斑病菌特异性引物 WFB1/WFB2 进行 PCR 验证，得到了 360bp 的特异性条带（图 3－50），说明所得菌为果斑病菌。

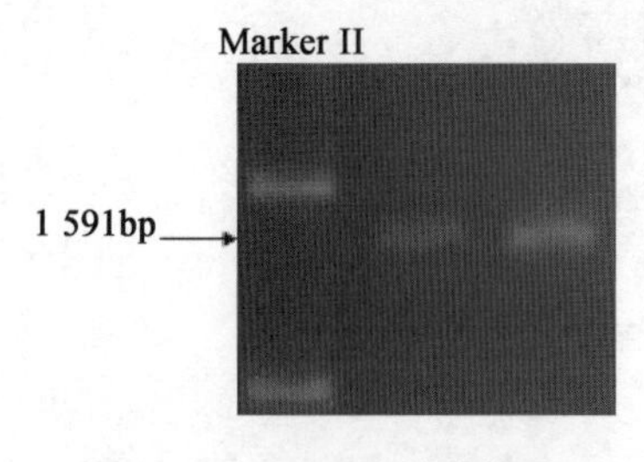

图 3－49　Δ*hrcN* 扩增结果

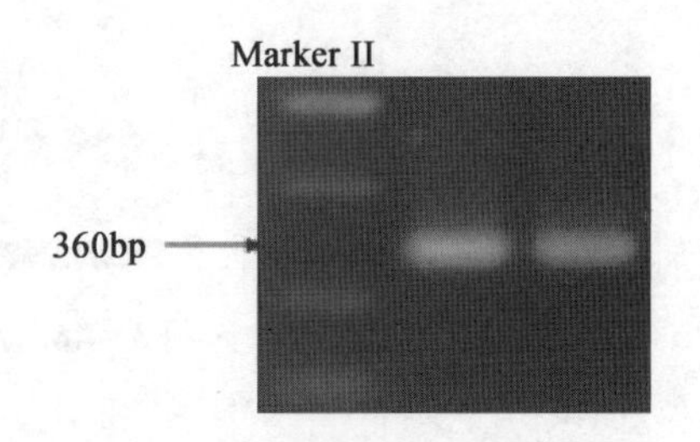

图 3－50　WFB1/WFB2 引物检测结果

本实验以 *Gm* 基因作为探针，杂交插入到突变体当中的 *Gm* 基因，用两组不同的酶酶切突变体基因组，酶切结果可以看到整个基因组呈弥散的条带。野生型中不存在 *Gm* 基因，所以没有杂交到 *Gm* 基因，而在突变体中可以杂交到不同大小条带的 *Gm* 基因（图 3－51）。这说明我们获得了 *hrcN* 基因突变株。

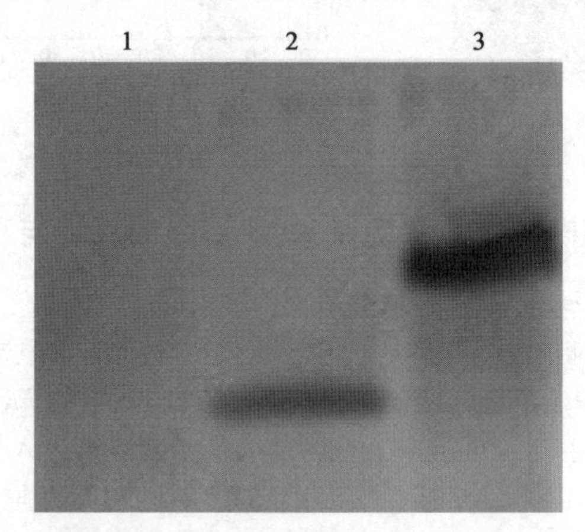

图 3－51　Aac5、ΔAac5 的 Southern 杂交

1. The *Eco*RI、*Hind*III enzyme digestion of Aac5；2. The *Eco*RI、*Pst*I enzyme digestion of ΔAac5；3. The *Eco*RI、*Hind*III enzyme digestion of ΔAac5。

互补菌株的构建及验证。pHM1 是一个广范围寄主载体，用于构建互补菌株，该载体含有链霉素和壮观霉素抗性，为便于克隆，质粒上存在一个 pUC19 的多克隆位点，其中 *Eco*R I、*Sac* I、*Kpn* I、*Sal* I、*Pst* I、*Hin*d III 为单一位点，可通过蓝白斑筛选的方法获得重组克隆。以 *Aac*5 基因组 DNA 为模板，以 H*hrcN*S，H*hrcN*A 为引物，扩增 *hrcN* 基因包含自身启动子在内的 1 887bp 的片段，引物自身包含 *Hin*dIII 和 *Sal*I 酶切位点，先连接到 pMD18-T 载体上，转化大肠杆菌后 PCR 验证有 1 887bp 的片段存在，测序结果完全正确。用 *Hin*dIII 和 *Sal*I 双酶切回收 1 887bp 片段，连接到经过同样双酶切处理的 pHM1 载体上，转化大肠杆菌感受态细胞，得到互补质粒 pHM*hrcN*，将互补质粒 pHM*hrcN* 通过电击导入突变体感受态细胞中。在 KB + Str^R + Amp^R 抗性平板上多次筛选，从互补菌株中提取 pHM*hrcN* 质粒，进行 PCR 和双酶切分析，确保 pHM*hrcN* 成功转入到果斑病菌突变体中，酶切结果见图 3－52，得到了 1 887 bp 的互补片段，可知我们成功构建了互补菌株。

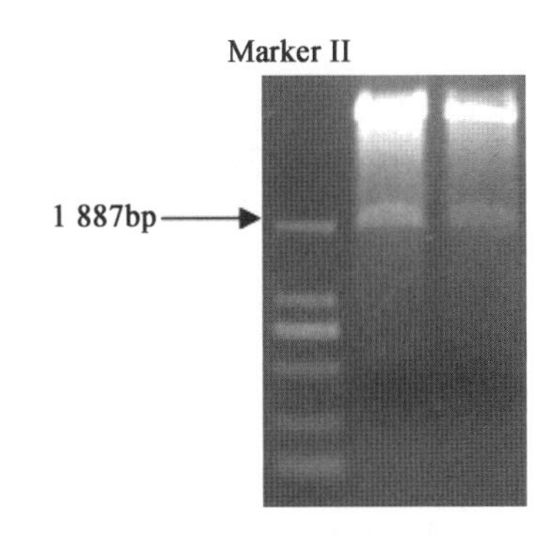

图 3－52 pHM*hrcN* 的双酶切分析

致病性测定。致病性测定结果显示：当用喷雾法接种时，突变菌株致病力丧失（图 3－53，图 3－54），当用针刺法接种时突变菌株有微弱致病力（图 3－55，图 3－56），说明 *hrcN* 基因与果斑病菌的致病力有关，而且不同的接种方法产生的致病力效果不同。*hrcN* 基因作为 III 型分泌系统中产生 ATPase 的基因，ATPase 可以催化 ATP 产生能量，因此 *hrcN* 基因的缺失必然导致某些需要能量转运的致病性蛋白的转运受阻，进而导致致病力下降。

喷雾法：

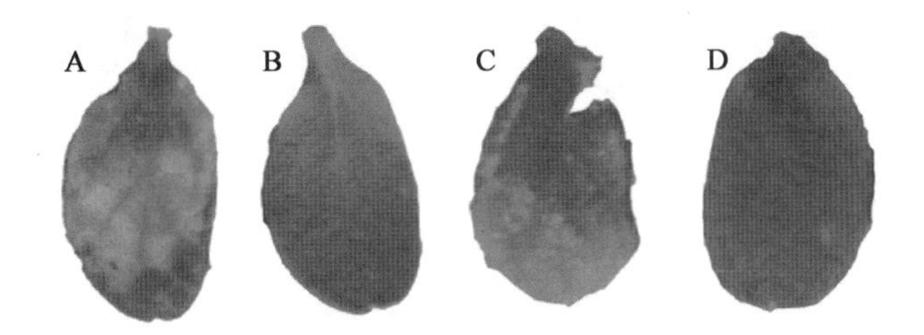

图 3－53 Δ*hrcN* 甜瓜子叶致病力测定

A. Aac5；B. Δ*hrcN*；C. Δ*hrcN*-C；D. CK。

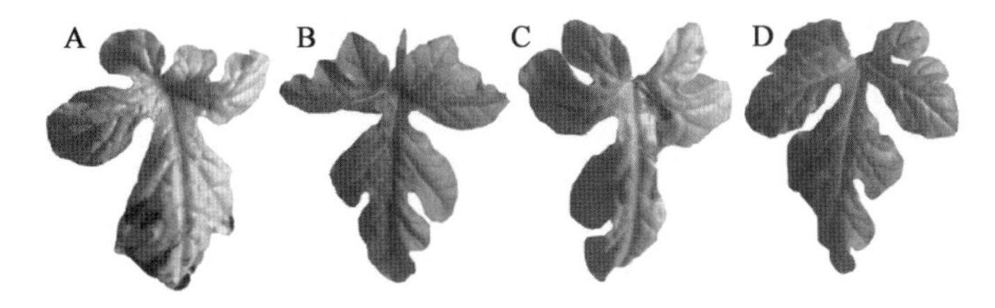

图 3－54 Δ*hrcN* 西瓜子叶致病力测定

A. Aac5；B. Δ*hrcN*；C. Δ*hrcN*-C；D. CK。

针刺法：

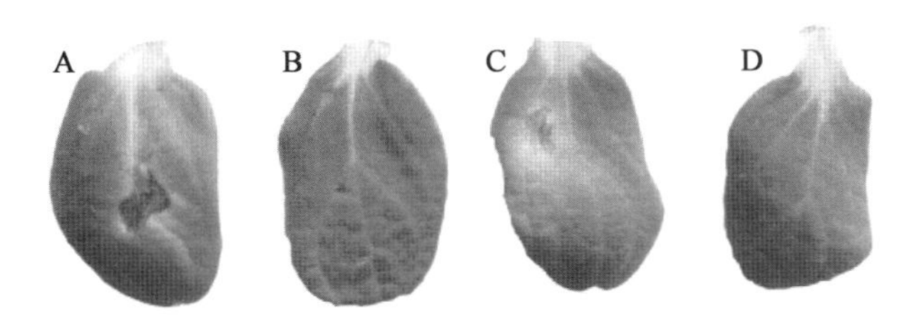

图 3－55 Δ*hrcN* 甜瓜子叶致病力测定

A. Aac5；B. Δ*hrcN*；C. Δ*hrcN*-C；D. CK。

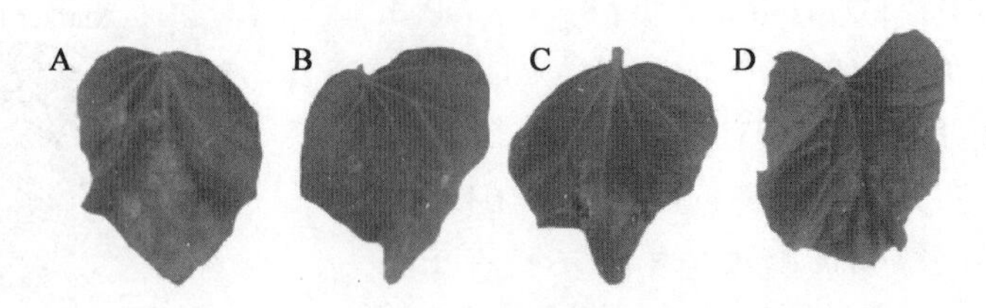

图 3－56　Δ*hrcN* 甜瓜真叶致病力测定

过敏性测定。烟草过敏性反应结果显示突变菌株对烟草的过敏性明显减弱（图 3－57），接种 24h 后，突变体没有出现过敏反应，互补菌株过敏反应不明显，48h 后，突变体出现轻微的过敏反应，互补菌株过敏反应明显，致病性和过敏性测定结果说明 *hrcN* 基因在细菌的致病力方面起着极其重要的作用。

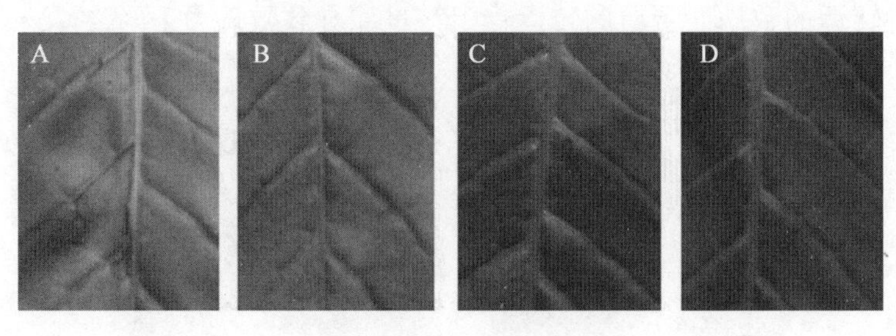

图 3－57　烟草过敏性反应

A. Aac5；B. Δ*hrcN*；C. Δ*hrcN*-C；D. CK。

群体感应信号测定。*hrcN* 基因的突变导致了果斑病菌群体感应信号的减弱（图 3－58），作为 III 型分泌系统中产生能量的基因，推测群体感应系统中某些信号可能通过 III 型分泌系统来分泌或者 III 型分泌系统间接地影响了群体感应系统。

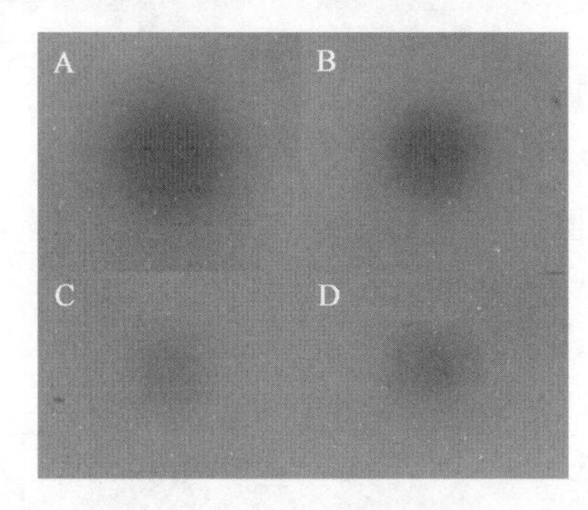

图 3－58　群体感应信号测定

A. *Ecc*-3；B. Aac5；C. Δ*hrcN*；D. Δ*hrcN*-C。

突变体比野生型菌株生长能力明显下降（图 3－59），而且生长周期明显缩短，在接近 30h 时野生型生长最旺盛而突变体已进入衰亡期，互补菌株恢复了部分生长能力。可能是因为 *hrcN* 基因的突变使得 III 型分泌系统中能量供应不足，一定程度上影响了细菌的生长能力。

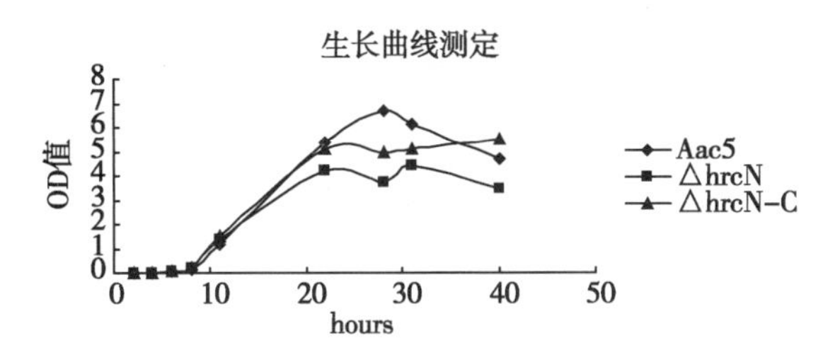

图 3－59 生产能力测定

胞外多糖测定。胞外多糖的产生量没有太大差异（图 3－60），说明 *hrcN* 基因与胞外多糖的产生没有明显的直接关系。

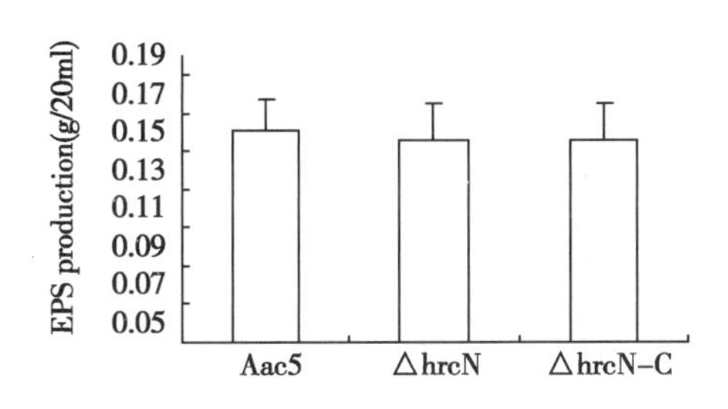

图 3－60 胞外多糖测定

运动性测定。突变体的运动能力也有所下降，推测 *hrcN* 基因可能影响了鞭毛的运动性（图 3－61），有资料显示编码Ⅲ型分泌系统的相关基因与编码鞭毛的相关基因具有一定的同源性，但两者之间有没有相互影响目前还不清楚。

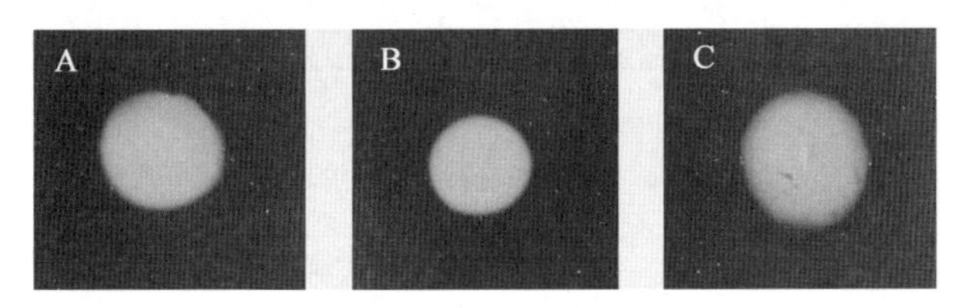

图 3－61 运动性测定

A. Aac5；B. Δ*hrcN*；C. Δ*hrcN*-C。

生物膜测定。突变体比野生型生物膜的生成能力稍有加强（图 3－62），具体原因有待进一步研究。

hrcN 基因对相关基因表达量的影响。提取细菌总 RNA，电泳结果可以清楚看到 23S，16S，5S 三条带（图 3－63），RNA 样品完整性良好，可用于做逆转录，将同一浓度的 RNA 反转录合成第一链 cDNA，建立荧光定量 PCR 反应体系。扩增曲线见图 3－64，从实时定量 PCR 结果报告图中可以看出，各基因的熔解曲线具有单一峰值，说明产物为特异性产物（图 3－65）。

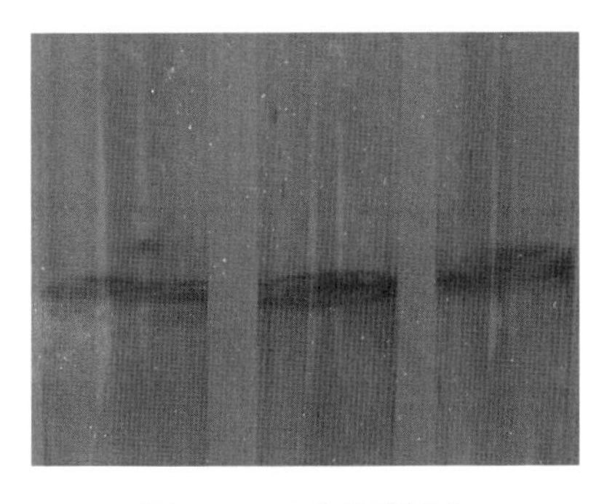

图 3－62 生物膜测定

A. Aac5；B. Δ*hrcN*；C. Δ*hrcN*-C

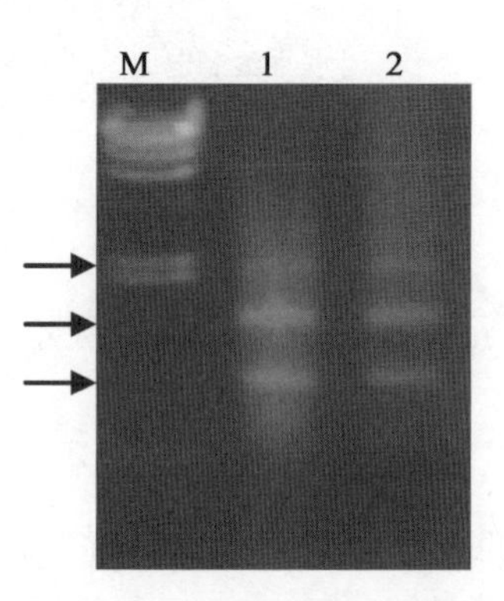

图 3-63　总 RNA 电泳结果

1. Aac5；2. Δ*hrcN*。

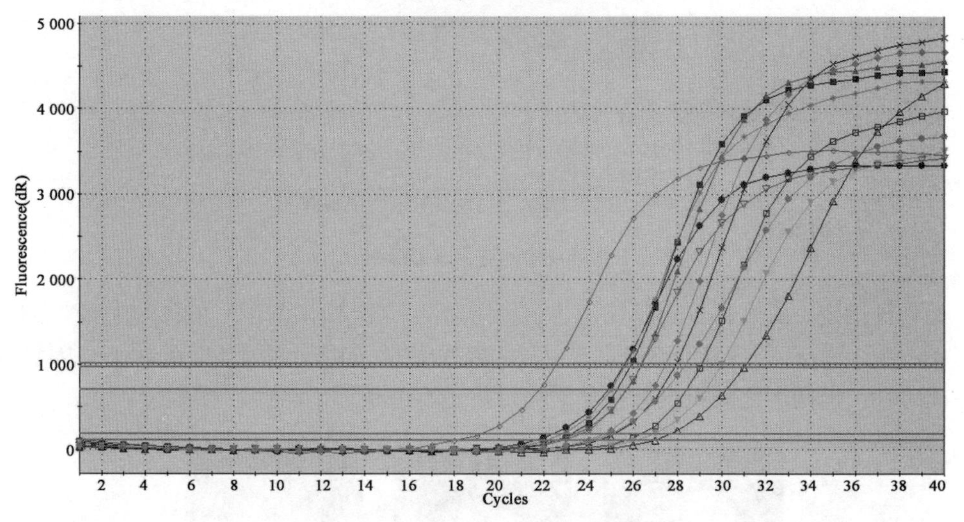

图 3-64　Real-Time PCR 扩增曲线

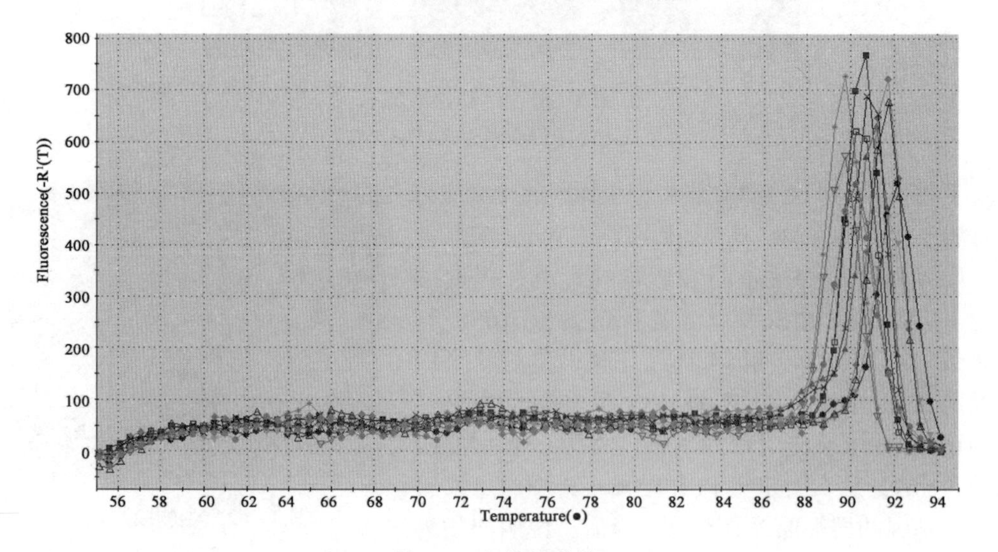

图 3-65　熔解曲线

根据扩增结果得到的 Ct 值，用 $2^{-\Delta\Delta CT}$ 法计算 *hrpA*、*hrcV*、*hrcU*、*LuxI*、*LuxR* 5 个基因在 Δ*hrcN* 中的相对表达量，各个基因分别上调 5.5 倍、7.06 倍、7.47 倍、10.03 倍、9.6 倍（图 3-66）。5 个基因在突变体中的表达量均上调，说明 *hrcN* 均是负调控这 5 个基因。

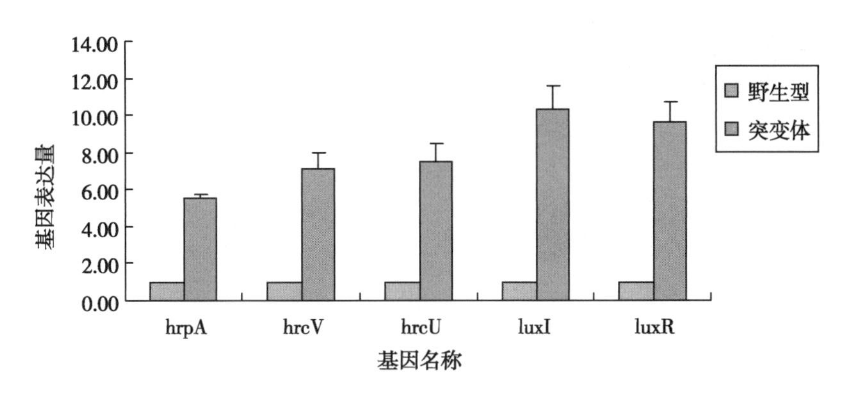

图 3-66 *hrpA*、*hrcV*、*hrcU*、*LuxI*、*LuxR* 基因表达影响

果斑病菌中 *hrpA* 基因是依赖 ATP 的解旋酶（ATP-dependent helicase *hrpA*），hrcV 和 hrcU 是组成 III 型分泌系统的蛋白，LuxI 蛋白是自体诱导物合成酶，能够合成酰基高丝氨酸内酯（AHL）类信号分子，也就是产生群体感应信号的物质，LuxR 蛋白是细胞内自体诱导物感受因子，也就是接受信号的物质，当胞外的 AHLs 信号达到临界值时就与 LuxR 蛋白结合，结合物能激发相关基因的表达。

2. 瓜类细菌性果斑病菌 *hrpE* 基因的克隆及功能研究

瓜类细菌性果斑病菌为西瓜噬酸菌，其 III 型分泌系统由 *hrp* 基因簇编码。本研究通过同源重组置换的方法将果斑病菌 Aac-5 菌株的 *hrpE* 基因敲除，构建 *hrpE* 基因突变体（Δ*hrpE*），对其功能进行分析。实验结果表明：Δ*hrpE* 与野生型菌株相比，对寄主的致病能力以及对非寄主植物的过敏性反应的能力缺失，生物膜和运动性的形成能力增强，胞外多糖和胞外纤维素酶的形成能力没有显著变化。RTQ-PCR 结果为，*hrpE* 的缺失导致其上游基因 *hrcN* 基因表达量升高，而 *hrcJ*、*TrbC*、*VirB4* 基因的表达量降低。对 *hrpE* 基因进行生物信息学分析，结果 *hrpE* 基因编码氨基酸与其他植物病原细菌的氨基酸同源性不高。

hrpE 基因突变体的构建和分子验证。利用果斑病菌特异性引物 WFB1/WFB2，PCR 检测突变菌株 Δ*hrpE*，扩增条带为 360bp，证明为果斑病菌。分别利用 hrpE-J/Gm-R，hrpE-F/ hrpE-R，PCR 检测突变体，结果缺失片段长度为 834bp。以 *Gm* 基因片段作探针进行 Southern 杂交，图中显示为 Δ*hrpE* 杂交条带正确，野生型没有条带，证明在突变株基因组中存在 *Gm* 片段。说明本研究成功构建获得了果斑病菌 Aac5 的 *hrpE* 基因缺失突变体（图 3-67）。

互补菌株的构建与验证。将含有启动子片段的 *hrpE* 基因片段连接到 pBBR1MCS-2 质粒载体上，通过电击转化，平板筛选，PCR 验证（图 3-68），测序验证，得到正确的 *hrpE* 基因功能互补菌株。

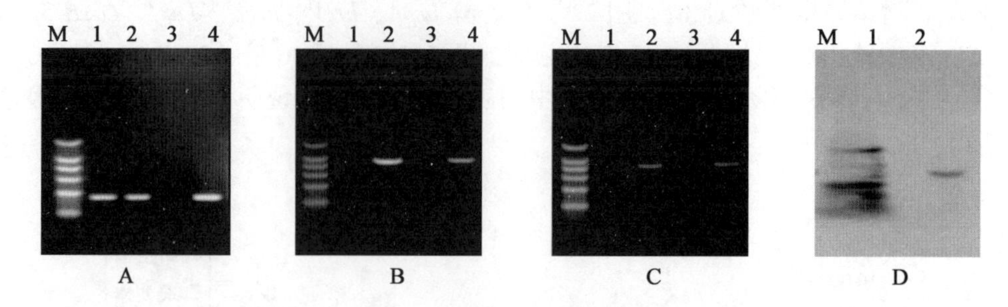

图 3-67 突变株的 PCR 及 Southern blot 验证

（A. 果斑病特异性引物 WFB1/WFB2 检测；B. 检测引物 hrpE-J/Gm-R 检测；C. 目的基因引物检测；D. Southern blot 验证，1. 野生型菌株 Aac5；2. Δ*hrpE*；3. 阴性对照；4. 互补菌株；M：MarkerⅢ）

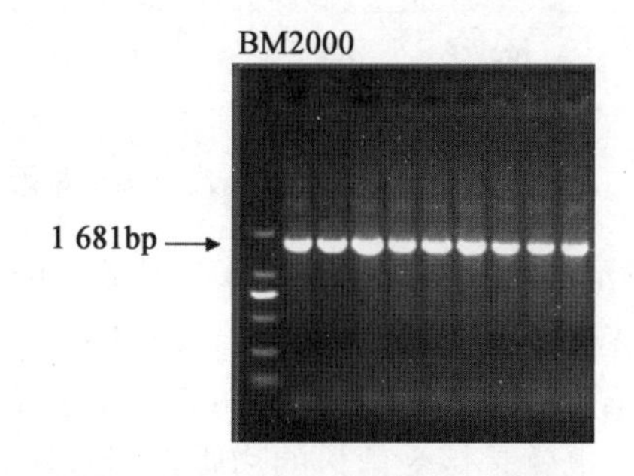

图 3-68 互补菌株的 PCR 验证

对生长能力的影响。图 3-69 显示，在生长对数期间，Δ*hrpE* 与互补菌株的生长速率较野生菌株略快，说明 *hrpE* 基因对西瓜噬酸菌的生长能力起负调控作用。

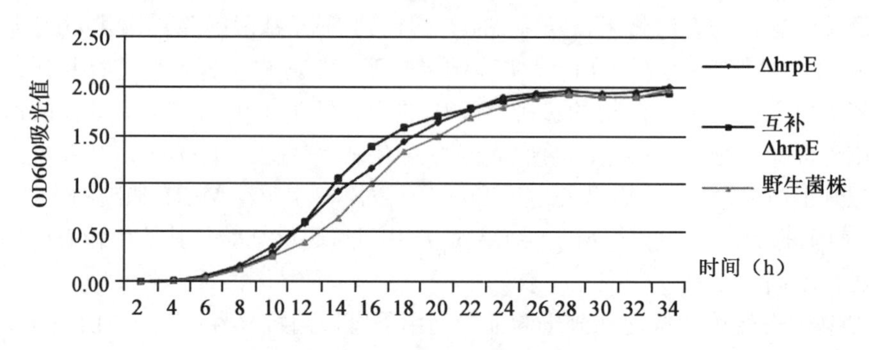

图 3-69 供试菌株生长曲线的测定

对过敏性反应和致病能力的影响。在接种非寄主植物烟草 24h 后，野生型 Aac5 激发 HR 反应，突变菌株 Δ*hrpE* 丧失了激发 HR 反应的能力，互补菌株恢复激发 HR 反应的能力（图 3-70）。

对西瓜和甜瓜幼苗喷雾接种，检测各菌株的致病能力。接种 4d 后，突变菌株 ΔhrpE 不产生病斑，无果斑病典型症状出现；而互补菌株相对于野生型 Aac5 发病略轻，基本恢复野生型菌株的致病能力（图 3-70 至图 3-72）。

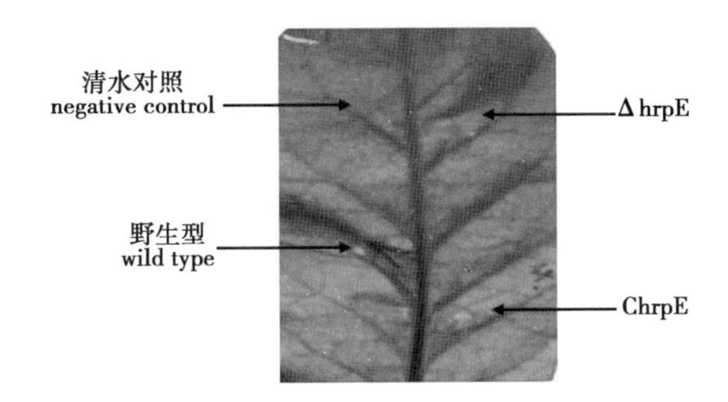

图 3－70　烟草上的过敏性反应

实验结果显示，*hrpE* 基因对西瓜噬酸菌在非寄主植物上产生过敏性反应和寄主植物的致病能力上起关键作用。

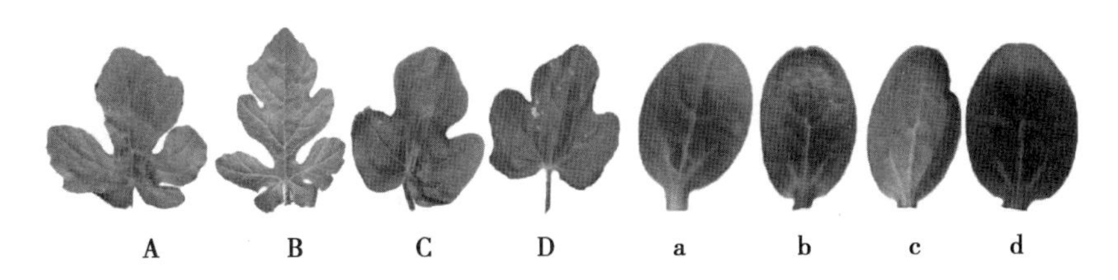

图 3－71　西瓜真叶、子叶上的致病性测定

A、a. 野生型菌株；B、b. *hrpE* 基因缺失突变株；C、c. *hrpE* 基因缺失互补菌株；D、d. 清水对照。

图 3－72　甜瓜真叶、子叶上的致病性测定

A、a. 野生型菌株；B、b. Δ*hrpE* 基因缺失突变株；C、c. 互补菌株；D、d. 清水对照。

对生物膜和运动性的影响。生物膜是微生物在遇到外界不良环境时，附着在固体表面包裹在胞外多糖内形成的一种复杂多层的类似于膜的结构。通过结晶紫染色，在菌液与空气的交接处细菌形成坚固附着膜。生物膜测定显示，野生型 Aac5 菌株生成的生物膜较少，而 Δ*hrpE* 突变菌株较野生型菌株产生更多的生物膜，互补菌株产生生物膜的能力较野生型略增强（图 3－73）。

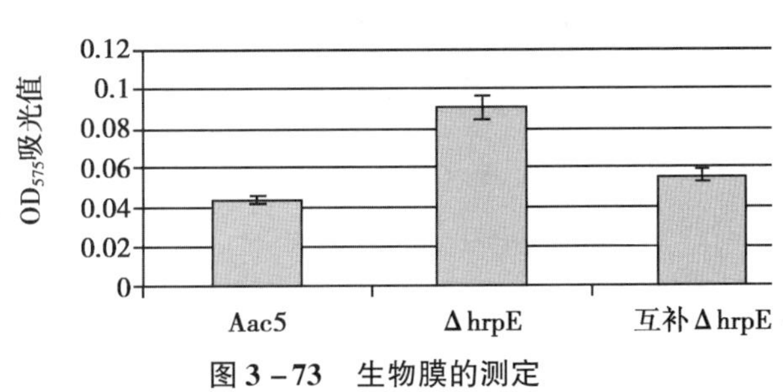

图 3－73　生物膜的测定

运动性的测定结果显示，Δ*hrpE* 突变株比野生菌株的运动性强，产生的晕圈更大，互补菌株比野生菌株产生的晕圈略大，运动性的能力也略强于野生型。通过测定

表明 *hrpE* 基因对生物膜的形成和运动性起负调控作用（图 3 – 74）。

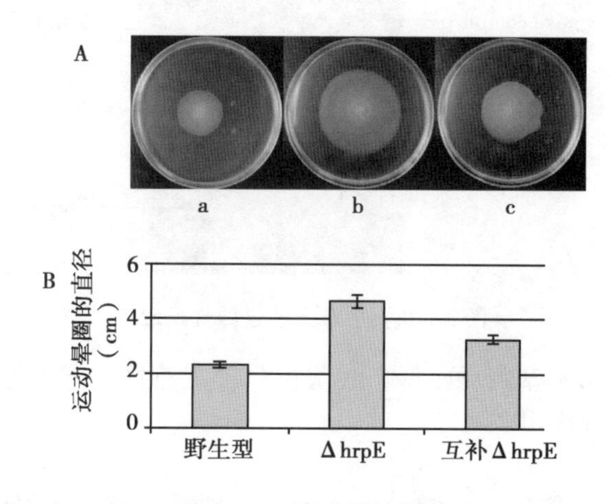

图 3 – 74　运动性的测定

（a. 野生型菌株；b. *hrpE* 基因缺失突变菌株；c. *hrpE* 基因突变互补菌株）

对产生胞外多糖的影响。野生型、*hrpE* 基因突变株和互补菌株三者经测定的胞外多糖的干重没有明显区别。说明 *hrpE* 基因对果斑病菌的胞外多糖的产生没有显著影响（图 3 – 75）。

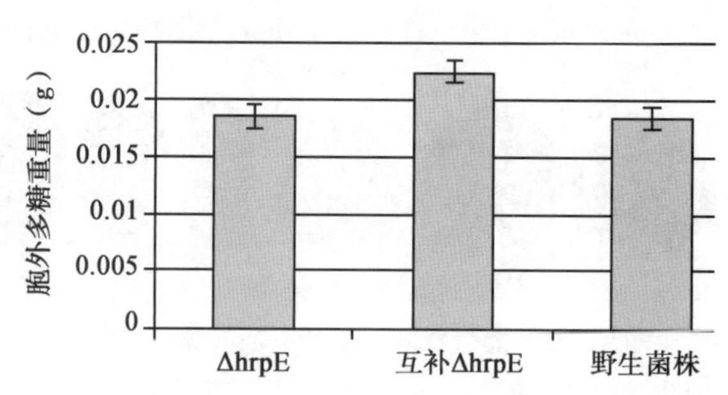

图 3 – 75　胞外多糖的测定

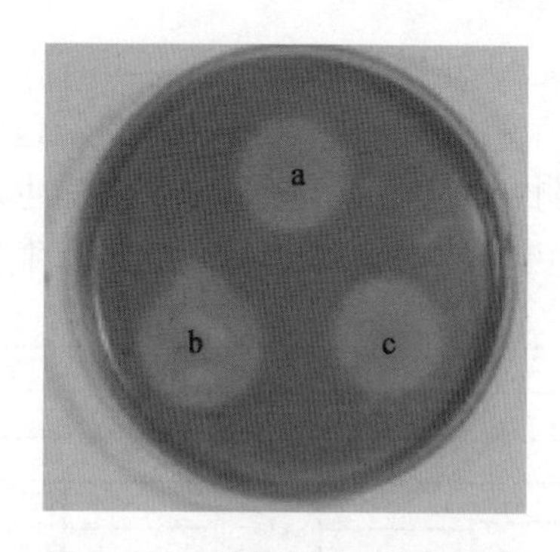

图 3 – 76　胞外纤维素酶的测定

（a. 野生型菌株；b. *hrpE* 基因缺失互补菌株；c. *hrpE* 基因缺失菌株）

对产生胞外纤维素酶的影响。观察菌落周围透明圈的大小，*hrpE* 基因突变株的胞外纤维素酶与野生型和其互补菌株没有明显差别，说明 *hrpE* 基因对胞外纤维酶的产生没有影响（图 3 – 76）。

hrpE 基因的缺失对相关基因的表达的影响。将野生型菌株的各个基因表达量定为 1，则各个基因在 *hrpE* 基因缺失突变株的相对表达量为：*hrcN*（Aave_ 0463，type III secretion apparatus，ATPase）基因表达量上调，其他基因的表达量均下调（图 3 – 77）。说明 *hrpE* 基

因对 *hrcN* 基因起负调控作用，*hrpE* 的缺失导致 *hrcN* 基因表达量升高，而对 *hrcJ*（Aave_ 0466，type III secretion apparatus lipoprotein），*trbC*（Aave-0727，conjugal transfer protein），*VirB*4（Aave-0729，conjugal transfer ATPase）基因起正调控作用，*hrpE* 基因的缺失导致这些基因的表达量降低。

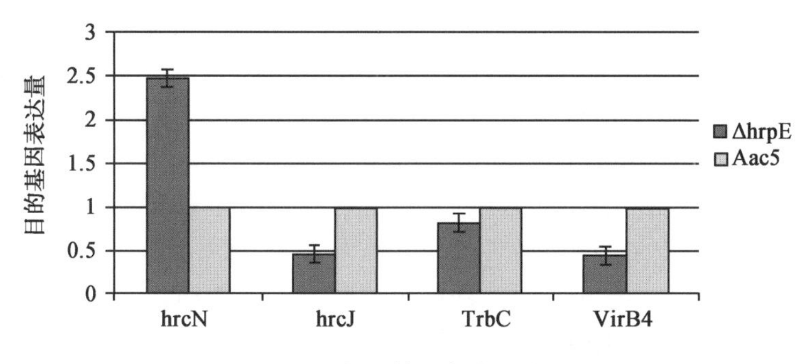

图 3－77　相关基因表达量分析

Ac 中 *hrpE* 基因与其他植物病原细菌的 *hrpE* 基因同源性分析。西瓜噬酸菌 Aac-5 菌株 *hrpE* 基因产物分别与 *X. campestris pv. vesicatoria*、*P. syringae* 等9 株植物病原细菌的 *hrpE* 基因编码产物的氨基酸序列进行比对，并构建遗传系统发育树。结果显示 Ac 与9 株病原细菌具有 3.61% ~18.05% 的一致性（图 3－78）；与 *P. syringae* pv. *tomato* 相似度最高，与 *X. oryzae* pv. *oryzicola* BLS256、*X. oryzae* pv. *oryzae* 的相似度最低（图 3－79）。

```
Acodpvprax cotriulli                             AARQAQALRDQAAADAAALVDQARADARLLAEQAVADASEDAARRWHAE..FAALQASHDAAMAGMEKRLAAVVAMAVER  152
Pseudomonas syringae                             NSLLARDVLADAQRQAEQMLVLEQQKADLVHQ....QALASFWENANAF..LAELQVQREVLQQQAMAAVEELLSESLRH  117
Pseudomonas syringae pv. syringae                DVALASEHLQRARAEARALLADAQVEVERMLA....EAQADFWARADAF..LGDWEAERQAQRDALVEQAQGLLSQTLKT  210
Pseudomonas syringae pv. tomato str. DC3000      DSLLARDILADARQQATQILALEQEKAEHLQQ....QALAQFWENANAF..LGELQVQREALQEQAMTAVEELLSESLRH  128
Xanthomonas campestris pv. vesicatoria           ....................XANTHMNASCAMP...ESTRISPVVESIC..ATRIAMQ....IFPEVSSWRSRVGQGMDC  51
Xanthomonas campestrig pv. campestris str. ATCC  ....................XANTHMNASCAMP...ESTRISPVCAMPE..STRISSTRATCCMLNLQSIVPRLGQARDL  55
Xanthomonas oryzae pv. oryzicola BLS256          ....................XANTHMNASRYZA....EPVRYZ.....IC..LABLSME....ILPQISSLNSRFEQGMDG  46
Xanthomonas oryzae pv. oryzae                    ....................XANTHMNASRYZA....EPVRY............ZAEME....ILPQISSLNSRFQQGMDG  41
Erwinia amylovora                                IQQQGQDILEQARQQAQAMLEEAERQAEVEMLNAQQRAEQAFWQQADTL..LQSWQQQYQQLEAQVLEVMDSVLTQALDQ  118
Ralstonia solanacearum                           CATSDRTAVERAKAAYVGTAVAEYFRDQGLRVLLMMDSLTRFARAQREIGLAAGEPPTRRGFPPSVFAELPRLLERAGMS  320
Consensus

Acodpvprax cotriulli                             MVLAEPRQALLQRAVLTIRDTLGDARTARLRVHPDDADAARAALSAIGSDPDAPRVQVEADADLPPGSSIFDADIGRLDT  232
Pseudomonas syringae                             LLDDTTLAERARALVKNLAASQLNEAVATLSVHPDMAEPVTEWLADS...RFAQYWQLKRDASLTTERLRLSDANGAFDI  194
Pseudomonas syringae pv. syringae                LLDEFPQEQRALALVRQLDQSQSRPVRATLRCAVDMHEPVEAWLQH....QPRAHWQLERDTGLASGTLLLSTEQGDFGL  286
Pseudomonas syringae pv. tomato str. DC3000      LLDDTTLAERARALARNLAASQLNEAVATLSVHPQIADAVAEWLADS...RFSEHWQLKRDATIASDSLRLSDANGAFDI  205
Xanthomonas campestris pv. vesicatoria           FTGGLSNGISGAAALSGAN.GQMDSLLGDMSASDEAQKSMNNKITML...KNDLDFNVALNKFIGKAGDNAKQLVGQ...  124
Xanthomonas campestrig pv. campestris str. ATCC  LGSDLSSRFDNHTATQTSD.NQMDSLMGGIGKSAAAQERMNNYLTAK...KNELDFNVALNKFIGKAGDNAKQLVGQ...  128
Xanthomonas oryzae pv. oryzicola BLS256          YTGGVAGGISGASALSGSN.GQMGSLLSDMGASDEAQKSMNNKITQL...KNDLDFNVALNKFIGKAGDNAKQLVGQ...  119
Xanthomonas oryzae pv. oryzae                    YTGGVANGISGASALSGSN.GQMGSLLGDMSASDEAQKSMNNKITQL...KNDLDFNVALNKFIGKAGDNAKQLVGQ...  114
Erwinia amylovora                                LLTDVPQTQRLAAILRQLLRAKTLTEQGSLYCHPAQHLEIADWLRS....HDHLAWQLQPDESLAQDSLKLVTANGELSL  194
Ralstonia solanacearum                           AAGSITAHYTVLAEDESGNDPVAEEVRGILDGHLILSRDIAARNRYP.AIDILNSLSRVMTQVMPRDHCDAAGRMRQLLA  399
Consensus
```

图 3－78　Aac 中 *hrpE* 基因与其他植物病原菌 *hrpE* 基因氨基酸序列比较

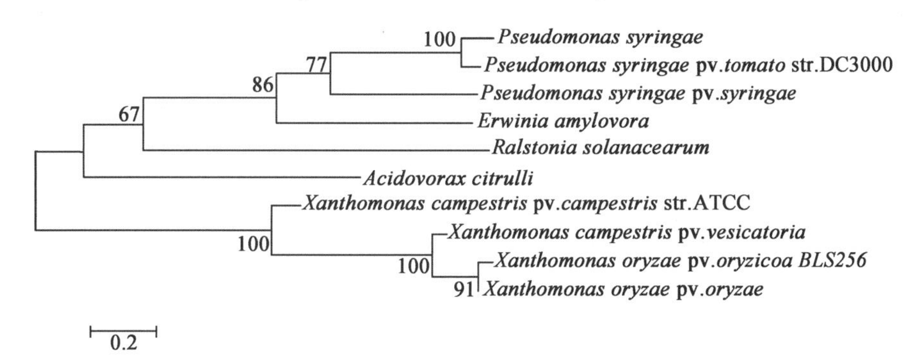

图 3－79　Aac 中 *hrpE* 基因与其他植物病原菌 *hrpE* 基因的系统发育树

瓜类细菌性果斑病为世界性检疫病害，严重影响瓜类作物的产量，现已威胁到中国的西瓜甜瓜产业的发展。西瓜噬酸菌为瓜类细菌性果斑病病原菌，目前该病原菌的研究并不深入，尤其对致病机理研究甚少。

植物病原细菌依赖于寄主细胞繁殖，并且寻找可以避免或者调控寄主免疫反应的方式。许多革兰氏阴性的植物或动物的病原细菌具有 III 型分泌系统，并分泌毒力因子进入寄主细胞（Abramovitch and Martin，2004）。T3SS 由 *hrp*（hypersensitive response and pathogenicity）基因簇编码，*hrp* 基因簇由 20 多个基因组成，其中编码 III 型泌出通道的 *hrp*（HR and pathogenicity）和 *hrc*（HR and conserved）基因、编码效应蛋白的 *avr*（avirulence）和 *hop*（Hrp-dependent out protein），依赖 *hrp* 的泌出蛋白基因，决定着植物病原细菌在非寄主植物上的过敏性反应和寄主植物上的亲和反应（Staskawicz B J et al.，2001）。T3SS 装置是一种细菌表面的附属物，主要由跨过细菌内外膜的针筒状基座和一个胞外的针状结构（Hrp pilus）以及一个结合于寄主细胞膜上的蛋白转位装置（translocator）组成。Hrp pilus 是 T3SS 的一种胞外针状的装置结构，在病原菌中将致病性效应蛋白注入植物细胞过程中起重要作用（Jin Q et al.，2001；Weber E *et al.*，2005）。T3SS 装置能够将病原细菌的致病性效应蛋白（T3SS effectors）注入植物细胞中，导致寄主植物产生抗（感）病性（Galan J E et al.，1999）。

本实验利用同源重组双交换方法构建了 *hrpE* 基因的单基因缺失突变株，并利用 pBRR1MCS-2 表达载体构建了 *hrpE* 基因的互补菌株。致病力测定结果表明，相对于 Aac5 野生型菌株，*hrpE* 基因缺失突变株的致病力明显下降，而互补菌株恢复了野生型菌株的致病能力，且同时影响了其对非寄主的过敏性反应。因此，推测 *hrpE* 基因对于西瓜噬酸菌 Aac5 菌株的致病性及过敏反应都具有一定作用，这个结果与其他病原细菌的研究结果相同。*hrpE* 基因缺失突变株以及相应的互补菌株的基础生物学特征分析结果表明，该基因对于 Aac-5 菌株的生物膜和运动性以及生长能力起负调控作用，在有些细菌中细菌的固定需要借助鞭毛的粘附，而运动性和生物膜的形成也有关联，多数为正调控，但有些细菌为负调控。且细菌的运动性和细菌的侵染和定殖有着重要的关联，故推测该基因在西瓜噬酸菌在侵染寄主及与寄主的互作过程中起到重要作用。

RTQ-PCR 测定显示，*hrpE* 基因的缺失使 T3SS 装置相关基因 *hrcJ* 表达量下调，而使 T3SS 中产生 ATPase 的基因 *hrcN* 表达量上调，由此推测 *hrpE* 基因的缺失影响 T3SS 装置的形成，但不影响 T3SS 分泌系统的运行状况。两个毒性基因 *trbC*、*VirB*4 的表达量下调说明，*hrpE* 基因可能调控某些毒性因子的表达和转录。进而推测，*hrpE* 基因影响 T3SS 装置的形成，并影响着某些毒性蛋白的形成，从而导致其对致病性和过敏性反应的影响。

水稻条斑病菌（*X. oryzae* pv. *oryzicola*，*Xooc*）的 *hrpE* 基因突变后，不能与水稻细胞互作，建立营养寄生关系，且生长能力受到限制，不引起水稻产生水渍症丧失在水稻上的致病性和在非寄主烟草上产生 HR 的能力，分析其主要原因是 *hrpE* 基因突变后，病菌不能形成 Hrp pilus。此研究结果与 *X. campestris* pv. *vesicatoria* 的结果是一致的。在 *P. syringae* 和 *Erwinia amylovora* 中编码 hrp pilus 是 *hrpA* 基因（He S Y et al.，2003；Jin

Q et al.，2001；Brown I R et al.，2001；Weber E et al.，2005）。Alfano J R 等根据病原细菌的相似基因、操纵子结构和调节系统将 T3SS 分为 2 个不同的类群，假单胞菌等为第一类群，而西瓜噬酸菌与黄单胞菌为第二类群（Alfano J R et al.，1997）。然而对西瓜噬酸菌 *hrpE* 基因编码的氨基酸构建遗传发育树显示，西瓜噬酸菌的 *hrpE* 基因与假单胞菌、欧文氏菌同在一个分支，遗传距离黄单胞菌较远，这与 Alfano J R 的结论不同。因此，在西瓜噬酸菌中，*hrpE* 基因是否是 T3SS 装置中重要组件，是否参与形成 hrp pilus 蛋白，还需要进一步深入研究。

3. 瓜类细菌性果斑病菌 *hrcJ* 基因的分子克隆及功能性分析

通过同源重组置换的方法将果斑病菌 Aac-5 菌株的 *hrcJ* 基因敲除，构建 *hrcJ* 基因突变体（Δ*hrcJ*），对其功能进行分析。实验结果表明：Δ*hrcJ* 与野生型菌株相比，对寄主的致病能力以及对非寄主植物的过敏性反应的能力缺失，生长能力略提高，生物膜和运动性的形成能力增强，胞外纤维素酶活性增强，胞外多糖形成能力没有显著变化。RTQ-PCR 结果为，*hrcJ* 的缺失导致其 *hrcN* 以及 *hrpE* 基因表达量升高，而 *TrbC*、*VirB*4 基因的表达量降低。对 *hrcJ* 基因进行生物信息学分析，显示 *hrcJ* 基因编码的氨基酸与其他植物病原细菌的氨基酸同源性较高。

突变体的构建和分子验证。利用果斑病菌特异性引物 WFB1/WFB2，PCR 检测突变菌株 Δ*hrpE*，扩增条带为 360bp，证明为果斑病菌。分别利用 *hrcJ*-J/*Gm*-R、*hrcJ*-F/*hrcJ*-R、PCR 检测突变体，结果缺失片段长度为 864bp。用 Gm 基因片段作探针进行 Southern 杂交，图中显示为 Δ*hrcJ* 杂交条带正确，野生型没有条带，证明在突变株基因组中存在 *Gm* 片段。说明本研究成功构建获得了果斑病菌 Aac5 的 *hrcJ* 基因缺失突变体（图 3－80）。

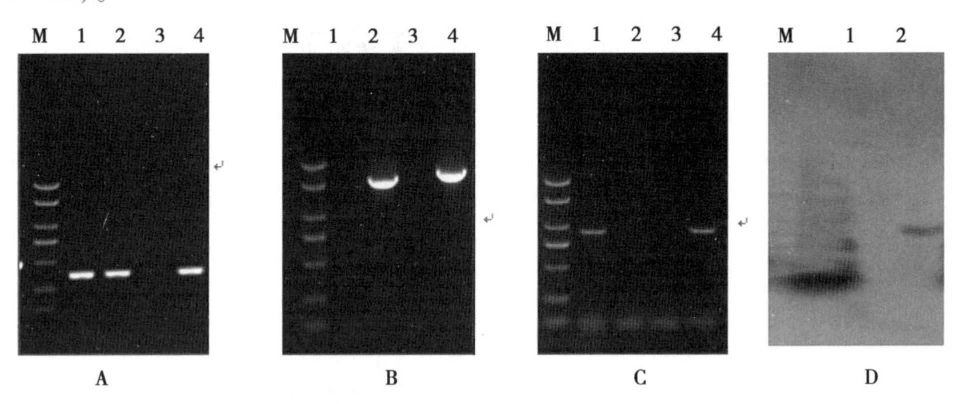

图 3－80 突变株的 PCR 及 Southern blot 验证

A. 果斑病特异性引物 WFB1/WFB2 检测；B. 检测引物 hrpE-J/Gm-R 检测；C. 目的基因引物检测；D. Southern blot 验证，1. 野生型菌株 Aac5；2. Δ*hrpE*；3. 阴性对照；4. 互补菌株；M：MarkerⅢ。

互补菌株的构建与验证。将含有启动子片段的 *hrcJ* 基因片段连接到 pBBR1MCS-2 质粒载体上，通过电击转化，平板筛选，PCR 验证（图 3－81），测序验证，得到正确的 *hrcJ* 基因功能互补菌株。

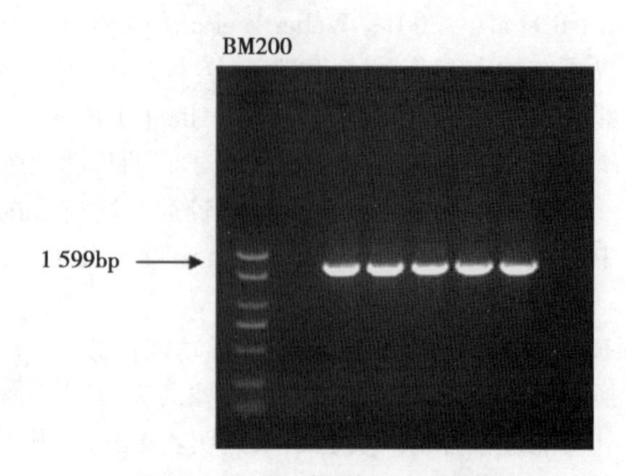

图3－81　互补菌株的PCR验证

生长曲线的测定。以细菌菌数为纵坐标，以培养时间做横坐标，绘制生长曲线。从图中可以看出在生长对数期间，*hrcJ* 突变菌株较野生型菌株生长能力增强，互补菌株的生长能力较突变菌株弱，但较野生菌株略增加（图3－82），说明 *hrcJ* 基因对果斑病菌的生长能力起负调控作用。

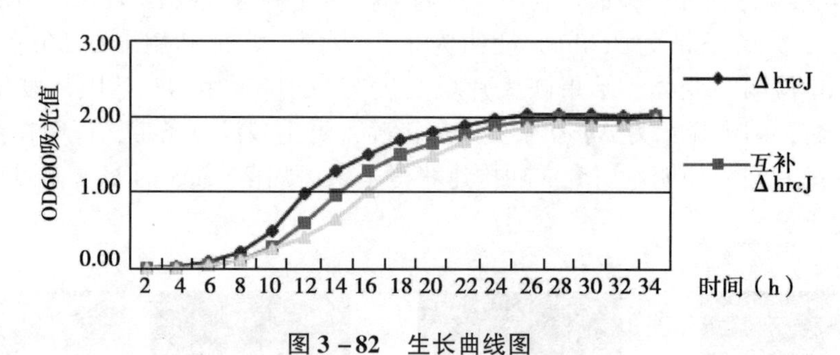

图3－82　生长曲线图

过敏性反应的测定。测定野生型菌株，突变菌株和互补菌株的过敏性反应，以清水做阴性对照。结果显示：*hrcJ* 基因缺失突变株失去激发植物过敏性反应的能力，其互补菌株能恢复激发过敏性反应的能力（图3－83）。

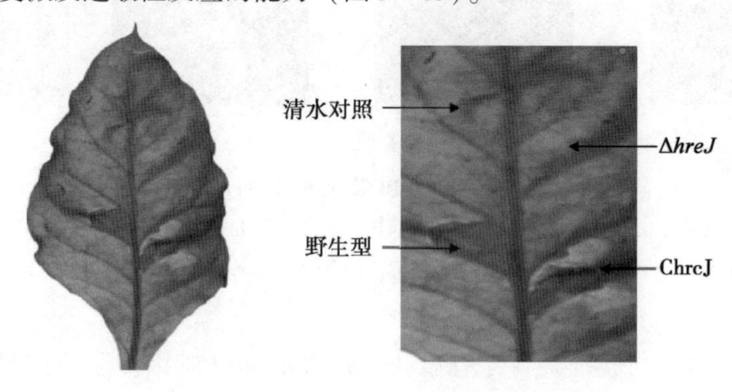

图3－83　在烟草上的过敏性反应

致病性的测定。喷雾接种西瓜、甜瓜幼苗，利用清水做阴性对照，接种 72h 后调查发病情况。通过调查发现，西瓜、甜瓜的真叶和子叶中，接种 *hrcJ* 基因缺失突变株的不发病，互补菌株发病较轻，能够部分恢复野生型致病能力，野生型对照发病较重，清水对照不发病（图 3－84；图 3－85）。说明 *hrcJ* 基因对果斑病菌对西瓜、甜瓜的致病力起关键性作用。

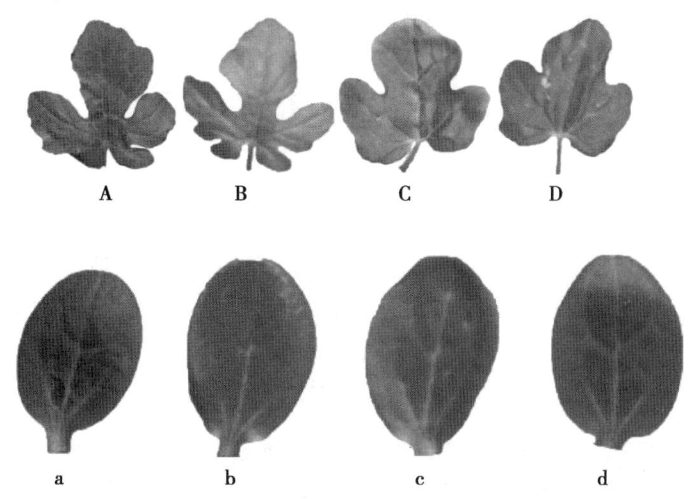

图 3－84　在西瓜真叶、子叶上的致病性测定

A、a. 野生型菌株；B、b. Δ*hrcJ*；C、c. C*hrcJ*；D、d. 清水对照。

图 3－85　在甜瓜真叶、子叶上的致病性测定

A、a. 野生型菌株；B、b. Δ*hrcJ*；C、c. C*hrcJ*；D、d. 清水对照。

胞外多糖的测定。将培养至 $OD_{600}=0.5$ 的野生型、*hrcJ* 基因突变株和互补菌株，称量 20ml 菌液析出胞外多糖的干重。结果显示，野生型、*hrcJ* 基因突变株和互补菌株三者经测定胞外多糖的干重没有明显区别（图 3－86），说明 *hrcJ* 基因对果斑病菌的胞外多糖的产生没有明显影响。

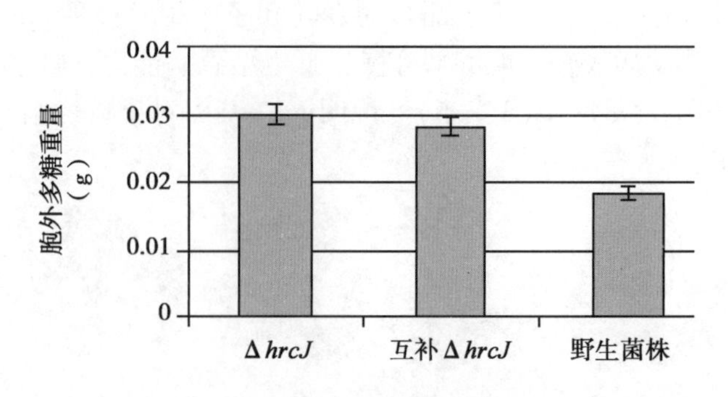

图 3-86　胞外多糖的测定

运动性的测定。将培养至 $OD_{600}=0.5$ 的野生型菌株、*hrcJ* 基因突变菌株和其互补菌株点接于半固体培养基上，培养 48h 后观察，测量运动晕圈直径。如图 3-87 所见，*hrcJ* 基因突变菌株的运动性较野生菌株增强，运动晕圈较大，互补菌株部分恢复野生型菌株性状。说明 *hrcJ* 基因对果斑病菌的运动性起负调控作用。

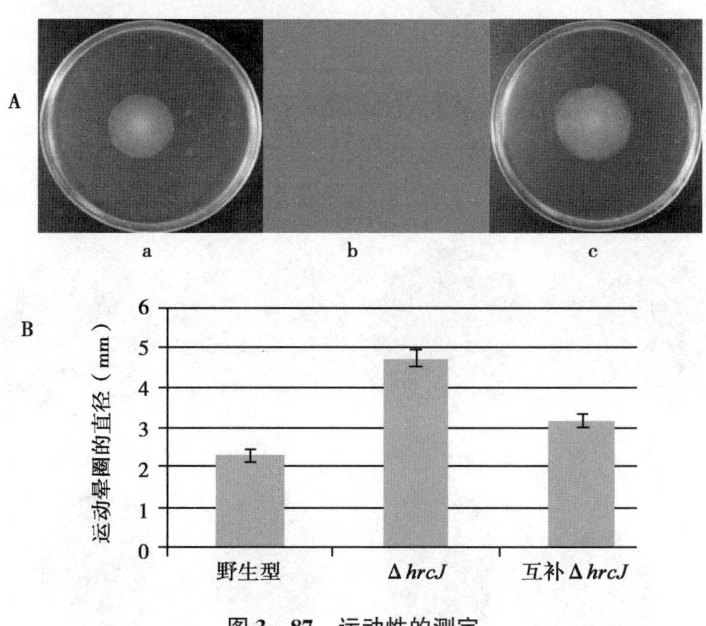

图 3-87　运动性的测定

a. 野生型菌株；b. Δ*hrcJ*；c. C*hrcJ*；

A. 在半固体培养基中生长；B. 游动直径（mm）大小。

生物膜的测定。生物膜是微生物在遇到外界不良环境时，附着在固体表面包裹在胞外多糖内形成的一种复杂多层的类似于膜的结构。通过结晶紫染色，在菌液与空气的交接处细菌形成坚固附着膜。通过试验发现：Δ*hrcJ* 产生的生物膜较野生型和突变菌株较多（图 3-88）。说明 *hrcJ* 基因缺失突变菌株产生的生物膜的能力比野生型和互补菌株强，*hrcJ* 基因对果斑病菌生物膜的生成起负调控的作用。

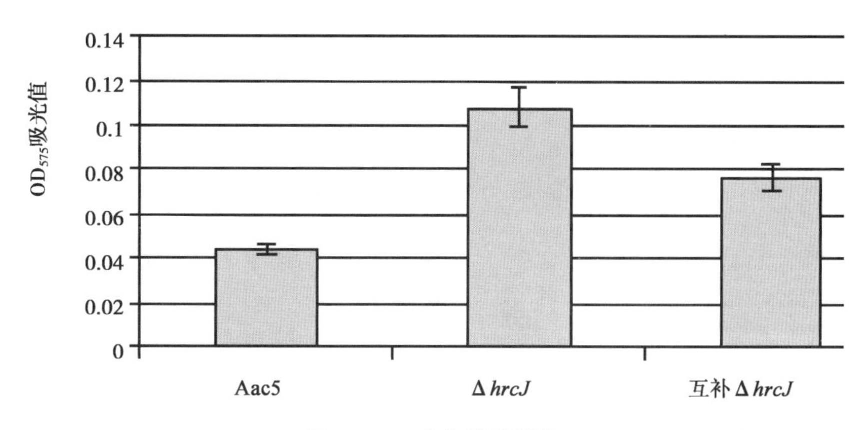

图 3-88 生物膜的测定

胞外纤维素酶的测定。刚果红能染色羧甲基纤维素为红色。测定结果：*hrcJ* 基因缺失突变菌株较野生型和互补菌株产生的透明晕圈大小基本相同（图 3-89），说明 *hrcJ* 基因对果斑病菌的胞外纤维素酶生成能力不起作用。

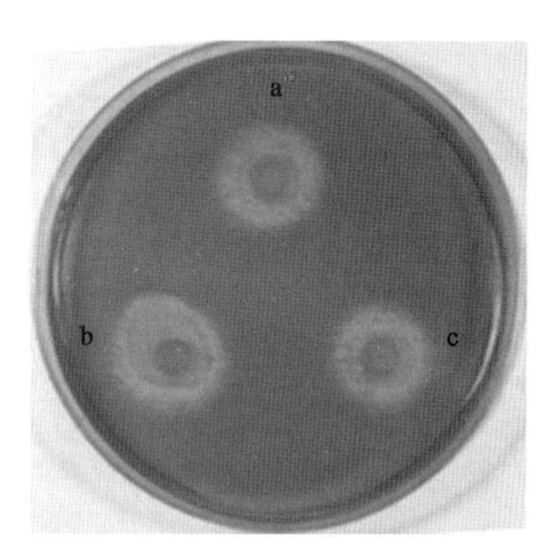

图 3-89 胞外纤维素酶的测定

a. 野生型菌株；b. Δ*hrc*J；c：*ChrcJ*。

hrcJ 基因的缺失对相关基因的表达的影响。将野生型菌株的各个基因表达量定为 1，则各个基因在 *hrcJ* 基因缺失突变株的相对表达量为：*hrcN*（Aave_ 0463，type III secretion apparatus，ATPase）和 *hrcJ*（Aave_ 0464，type III secretion apparatus protein）基因表达量上调，说明 *hrcJ* 基因对 *hrcN* 和 *hrpE* 基因起负调控作用，*hrcJ* 的缺失导致 *hrcN* 和 *hrpE* 基因表达量升高。而对 *TrbC*（Aave-0727，conjugal transfer protein）、*VirB*4（Aave-0729，conjugal transfer ATPase）基因起正调控作用，*hrcJ* 基因的缺失导致这些基因的表达量降低（图 3-90）。

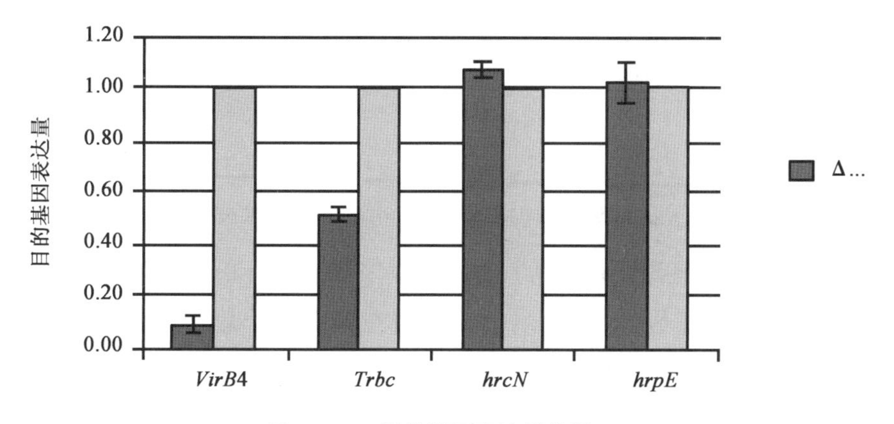

图 3-90 相关基因表达量分析

Ac 中 *hrcJ* 基因与其他植物病原细菌的 *hrcJ* 基因同源性分析。西瓜噬酸菌 Aac-5 菌株 *hrcJ* 基因产物分别与 *X. campestris pv. vesicatoria*、*P. syringae* 等 9 株植物病原细菌的 *hrcJ* 基因编码产物的氨基酸序列进行比对，并构建遗传系统发育树。结果显示 Ac 与 9 株病原细菌具有 29.55% ~45.93% 的一致性（图 3 -91）；与 *X. oryzae* pv. *oryzae* 相似度最高，与 *Erwinia amylovora* 的相似度最低（图 3 -92）。

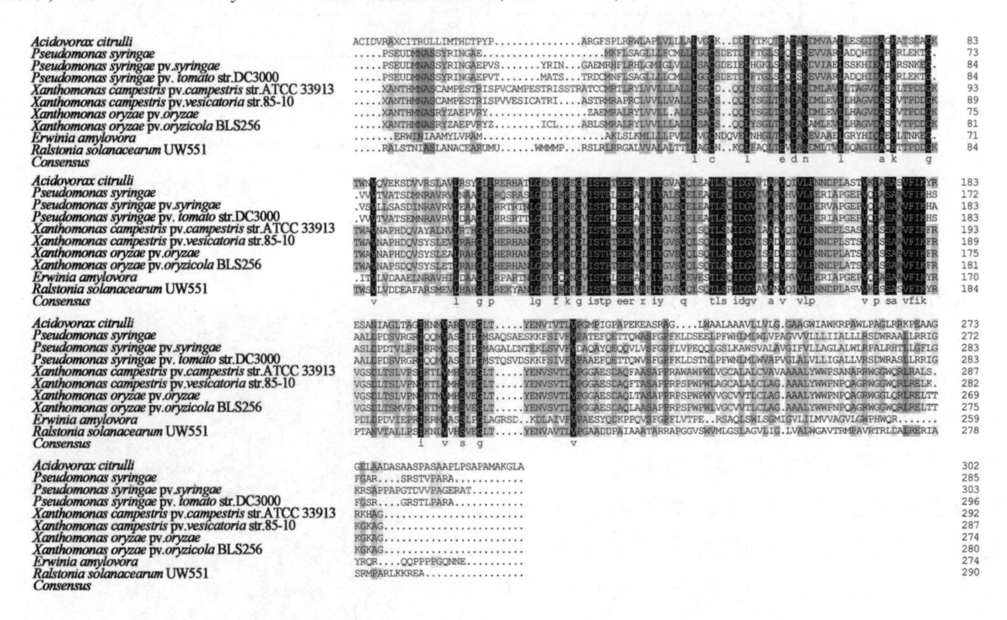

图 3 -91　Aac 中 *hrcJ* 基因与其他植物病原菌 *hrcJ* 基因氨基酸序列比较

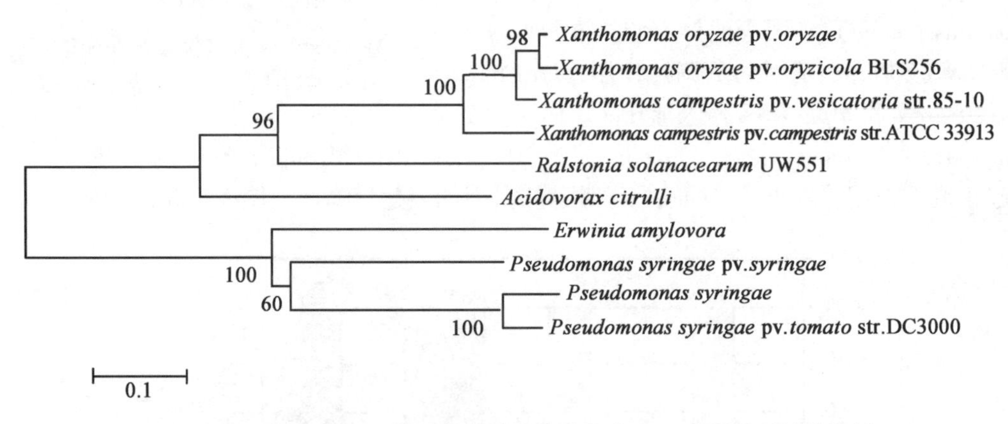

图 3 -92　Aac 中 *hrcJ* 基因与其他植物病原菌 *hrcJ* 基因的系统发育树

通过对 *hrcJ* 基因进行克隆分析构建突变体，并利用 pBRR1MCS-2 表达载体构建上述基因的互补菌株，初步明确了果斑病菌中 *hrcJ* 基因的功能，及其在 III 型分泌系统中的重要作用，为进一步探究果斑病菌 III 型分泌系统的致病机制以及探索分泌系统在细菌致病过程中的作用奠定基础。致病力和 HR 反应测定结果表明，相对于 Aac5 野生型菌株，*hrcJ* 基因缺失突变株的致病力明显下降，同时影响其对非寄主的过敏性反应，而互补菌株恢复了野生型菌株的致病能力和过敏性反应，说明 *hrcJ* 基因对于西瓜噬酸菌 Aac5 菌株的致病力和激发 HR 反应的能力有着重要影响，这个结果与黄单胞菌、假单胞菌、欧文氏杆菌的研究结果相同（ZHAO W et al.，2010；Deng W L et al.，1999；Rantakari A et al.，2001）。*hrcJ* 基因缺失突变株以及相应的互补菌株的基础生物学特征分析结果表明，该基因对于 Aac-5 菌株的生物膜、运动性起负调控作用，在有些细菌中，细菌的固定需要借助鞭毛的粘附，而运动性和生物膜的形成也有关联，多数为正调控，但有些细菌为负调控。且细菌的运动性和细菌的侵染和定殖有着重要的关联。故上述结果推测该基因在西瓜噬酸菌侵染寄主及与寄主的互作过程中起到重要作用。

RTQ-PCR 测定显示，*hrcJ* 基因的缺失使 T3SS 相关基因 *hrcN* 和 *hrpE* 基因的表达量上调，*hrcN* 基因是在 T3SS 中产生 ATPase，*hrpE* 基因属于 T3SS 的装置基因，由此推测 *hrcJ* 基因的缺失影响 T3SS 系统的运行，但具体如何影响还有待研究。两个毒性基因 *trbC*、*VirB4* 的表达量下调说明，*hrcJ* 基因可能影响某些毒性因子的表达和转录。进而推测，*hrcJ* 基因影响 T3SS 的运行，并影响着某些毒性蛋白的形成，从而导致其对致病性和过敏性反应的影响。

在水稻条斑病菌（*X. oryzae* pv. *oryzicola*，Xoo）中 *hrcJ* 基因是致病性和非寄主上激发 HR 的关键因子，且水稻条斑病菌 HrcJ 蛋白为其 T3SS 装置的外膜蛋白，其 N 端脂蛋白部分与 HrcC 蛋白互作和其 C 端的跨膜结构域部分与 HrcV 蛋白互作，参与 T3SS 的形成（ZHAO W et al.，2010）。在对假单胞菌（*P. syringae* pv. *syringae*）的研究表明 *hrcJ* 基因对其致病性和过敏性反应同样起着至关重要的作用，但是其 HrcJ 蛋白位于内外膜之间（Deng W L et al.，1999）。Alfano J R 等根据病原细菌的相似基因、操纵子结构和调节系统将 T3SS 分为 2 个不同的类群，假单胞菌等为第一类群，而西瓜噬酸菌与黄单胞菌为第二类群（Alfano J R et al.，1997）。通过对果斑病菌 *hrcJ* 基因表达的氨基酸进行分析，同时与其他植物病原细菌进行比较，发现西瓜噬酸菌中的 *HrcJ* 与其他植物病原菌的氨基酸相似度高，同源性一致性大，且与黄单胞的同源性高于假单胞。由此推测，西瓜噬酸菌的 hrcJ 基因编码 T3SS 装置的外膜蛋白，但具体如何起作用还有待进一步研究。

4. 明确 *hpaA*、*hrcT*、*hrcC* 和 *hrpG* 基因与 Ac 致病性相关

从瓜类细菌性果斑病菌的 *hrp* 基因簇中克隆了 *hpaA*、*hrcT*、*hrcC* 和 *hrpG* 基因，通过同源重组的方法，分别构建了其突变体。结果发现：

为了了解 *hpaA*、*hrcT*、*hrcC*、*hrpG* 基因突变是否影响果斑菌在植物组织中的正常生长和定殖能力，我们测定了 AM、TM、CM、GM 在哈密瓜叶片上的生长繁殖的数量变化，并绘制生长曲线，以野生型 xjl12 作为对照。将在 LB 内培养好的 xjl12，AM、TM、CM、GM 菌液稀释至相同浓度（OD_{600} 相同）后按比例注射接种于哈密瓜叶片上，分别在 0h、12h、24h、36h、42h 和 48h 检测各菌株的生长定殖能力。结果显示，与野生型菌株相比，突变体 AM、TM、CM、GM 的定殖生长能力显著下降，而互补菌株能将突变株的生长能力恢复至野生型（图 3－93）。这表明，*hpaA*、*hrcT*、*hrcC*、*hrpG* 基因突变对果斑菌的生长定殖能力有显著影响。

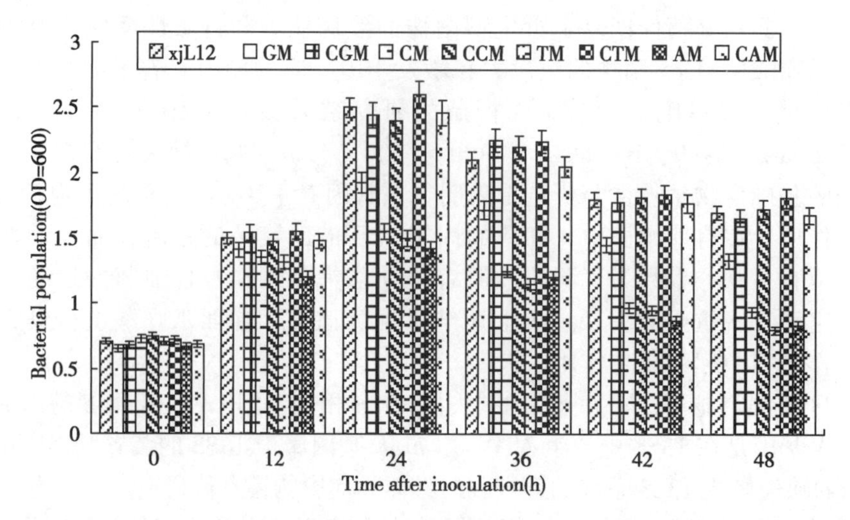

图 3-93 哈密瓜组织中病菌生长能力测定

为了进一步验证 *hpaA*、*hrcT*、*hrcC*、*hrpG* 基因突变是否影响果斑菌的致病性和能引起烟草过敏反应能力，本研究对其进行了致病性和烟草过敏反应测试。将在 LB 内培养好的 xjl12、AM、TM、CM、GM、CAM、CTM、CCM、CGM 菌液用灭菌水洗 3 次后稀释至 $OD_{600}=0.8$，分别定量接种哈密瓜种苗子叶，在相同生长条件下检测其致病情况。结果发现，接种 1 d 后，与野生型相比，突变体 AM、TM、CM 均未发病，突变体 GM 的病斑明显减小；在整个检测过程中，互补菌株能将突变株的致病能力基本恢复至野生型（图 3-94A）。同时，将处理好的各菌液注射接种烟草叶片发现，突变体 AM、TM、CM 不能引起过敏性反应，突变体 GM 引起轻微的过敏性反应，互补菌株能将突变株激发过敏性反应的能力恢复至野生型（图 3-94B）。这表明，*hpaA*、*hrcT*、*hrcC*、*hrpG*基因影响果斑菌的致病性和对烟草过敏性反应的激发能力。

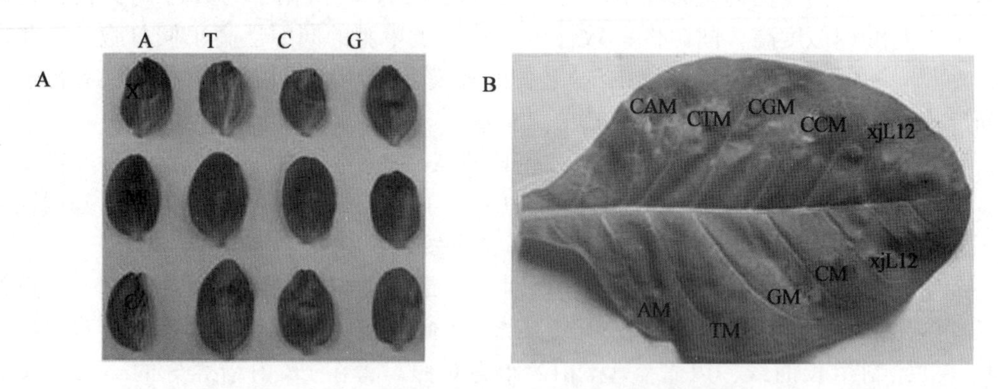

图 3-94 突变体过敏性反应和致病性检测结果

A. Pathogenicity of *A. avenae* subsp. citrulli strains. A, *hpaA*; T, *hrcT*; C, *hrcC*; G, *hrpG*; X, xjL12; M, mutant; C, complementation. B. Elicitation of HR by xjL12, AM, TM, CM, GM, CAM, CTM, CCM and CGM cells assayed by syringe infiltration of bacterial suspension. H_2O (-) was sterile water as blank control。

在电镜下观察发现，*hpaA*、*hrpG* 基因的突变体，鞭毛缺失且细胞形态与野生型比较发生了一定程度的改变，突变体细胞明显弯曲，细胞两极比野生型尖锐，*hrcT*、*hrpG* 基因的突变体鞭毛和细胞形态未发生变化，各互补菌株细胞与野生型菌株细胞形态保持一致（图 3－95）。这说明 *hpaA*、*hrpG* 基因的突变影响了果斑病菌的细胞形态。

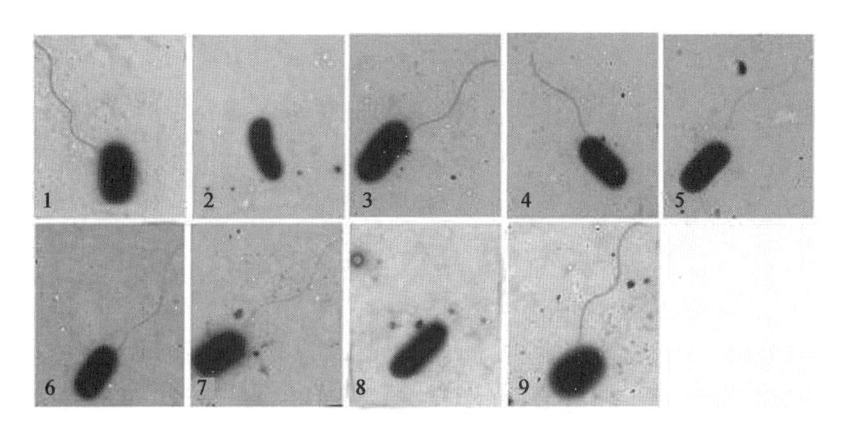

图 3－95　*hpaA*，*hrcT*，*hrcC* 和 *hrpG* 基因突变体对细胞形态和鞭毛的影响

1. XjL12；2. AM；3. CAM；4，TM；5. CTM；6. CM；7. CCM；8. GM；9. CGM。

5. 果斑病菌 *tatB* 基因的功能研究

Tat 系统在病原细菌与寄主互作过程中有着重要的作用。本试验通过对病原菌分泌系统相关基因 *tatB* 定向敲除，对 *tatB* 的功能进行分析，从分子遗传学角度揭示该基因与病原菌致病性的关系。

tatB 基因突变株的制备及验证。用引物对 *tatB*-up-F/*tatB*-dn-R 对筛选到的转化子和野生菌进行 PCR 验证，分别得到长度为 1 760bp 和 1 400bp 的条带；再用果斑病菌的特异性引物 WFB1/WFB2 进行 PCR 验证，得到 360bp 的特异性条带（图 3－96，图 3－97）。

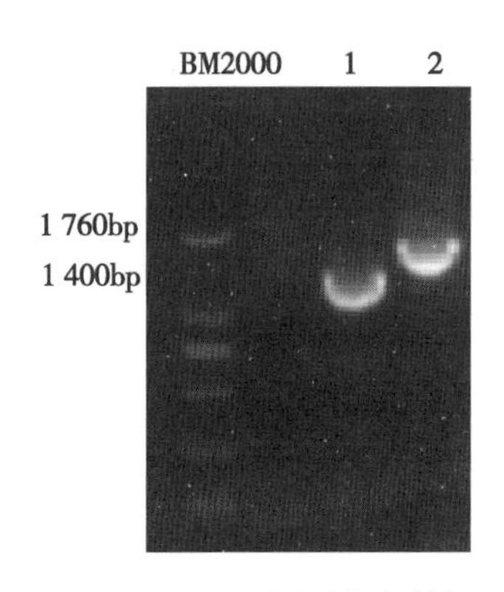

图 3－96　PCR 检测突变菌株

1. 阴性对照无菌水；2. Aac－5；3. Δ*tatB*。

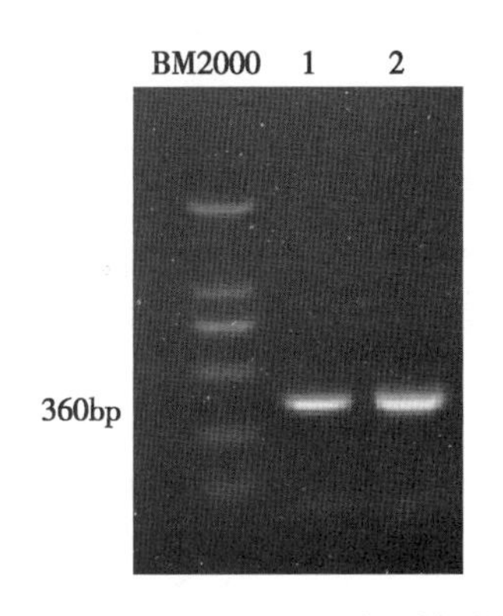

图 3－97　WFP1/WFP2 特异性引物 PCR 扩增结果

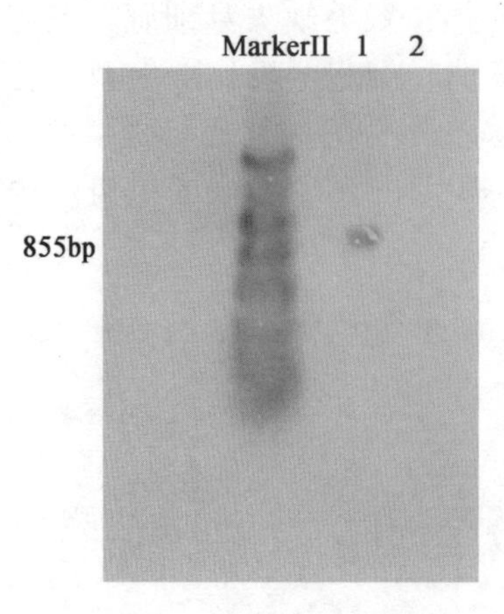

图 3-98 Southern 杂交验证

以抗 *Gm* 基因作为探针，杂交插入到突变体基因组中的抗 *Gm* 基因，野生型菌中不存在抗 *Gm* 基因，所以没有杂交到抗 *Gm* 基因（图 3-98），而在突变体中能够杂交到抗 *Gm* 基因的条带，证明突变体正确。

互补菌株的验证。提取互补菌株 *CtatB* 的质粒，用 *tatB*-F/*tatB*-R 引物对进行 PCR，同时进行双酶切分析，结果见图 3-99 和图 3-100。结果证明互补菌株构建正确。

tatB 基因突变对致病性和过敏性反应的影响。用野生菌株 Aac-5、突变菌株 Δ*tatB* 和互补菌株 *CtatB* 喷雾接种于西瓜子叶和真叶上，以清水作对照，接种 5d 后调查发病情况。发病症状见图 3-101，与野生型相比，突变菌株的致病性明显降低，互补菌株恢复了部分致病能力，说明 *tatB* 基因与致病性密切相关。

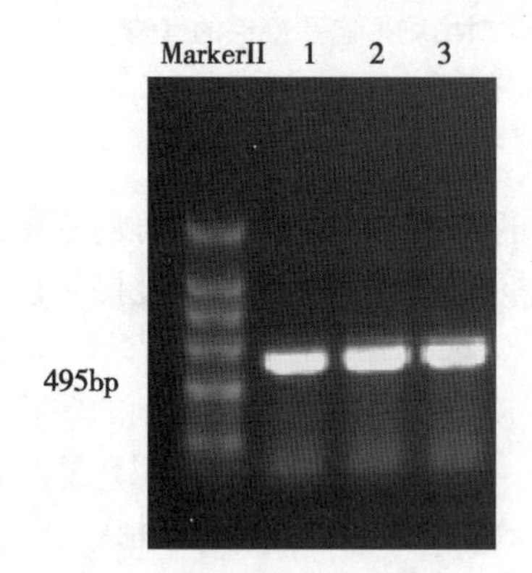

图 3-99 互补菌株 *CtatB* PCR 验证

1. Aac-5；2. *CtatB*；3. *CtatB* 质粒。

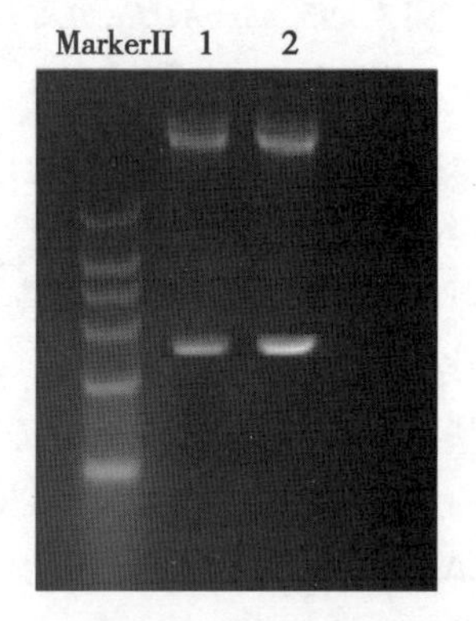

图 3-100 互补菌株 *CtatB* 酶切验证

1. 果斑菌 *CtatB* 质粒；2. 大肠杆菌 *CtatB* 质粒。

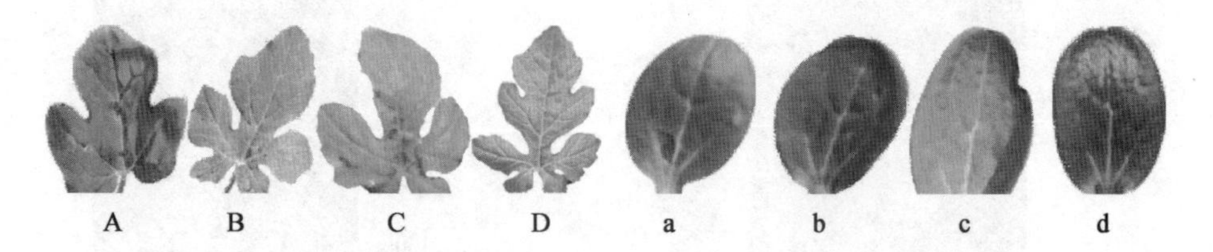

图 3-101 野生菌株 Aac-5、突变菌株 Δ*tatB*、互补菌株 *CtatB* 和清水 CK 在西瓜真叶、子叶上的致病性测定

A～D. Aac-5、Δ*tatB*、*CtatB*、CK；a～d. Aac-5、Δ*tatB*、*CtatB*、CK。

在非寄主烟草上的过敏性反应测定结果（图 3-102）表明，野生型菌株、突变菌株及互补菌株均可产生过敏性反应，无明显差异。

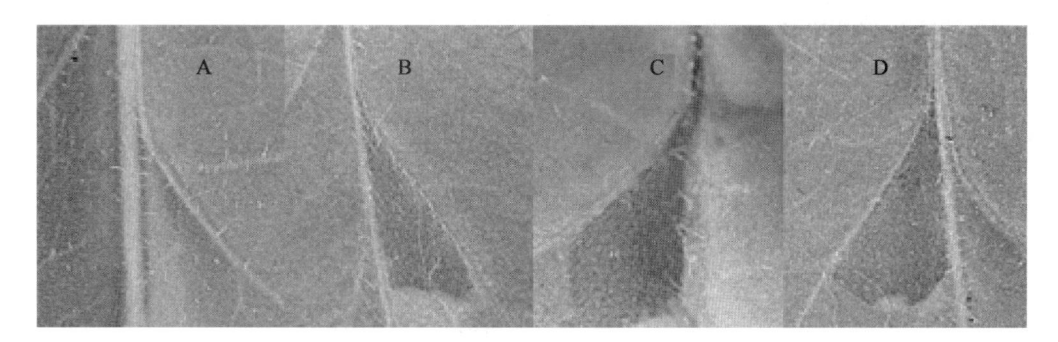

图 3－102　清水 CK、野生菌株 Aac-5、突变菌株 Δ*tatB* 和
互补菌株 CΔ*tatB* 的过敏性反应测定

A～D. CK、Aac－5、Δ*tatB*、C*tatB*。

tatB 基因突变对游动性的影响。在 0.3% 琼脂的 KB 半固体培养基上检测细菌的运动性。突变菌株形成的晕圈明显较小，说明突变体的运动能力比野生菌株 Aac-5 有所减弱，见图 3－103 和图 3－104。

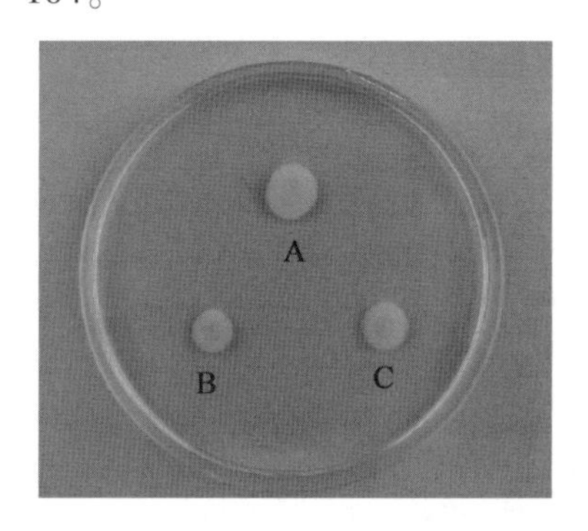

图 3－103　野生菌株 Aac－5、突变菌株 Δ*tatB*、互补菌株 C*tatB*

A～C：Aac－5、Δ*tatB*、C*tatB*。

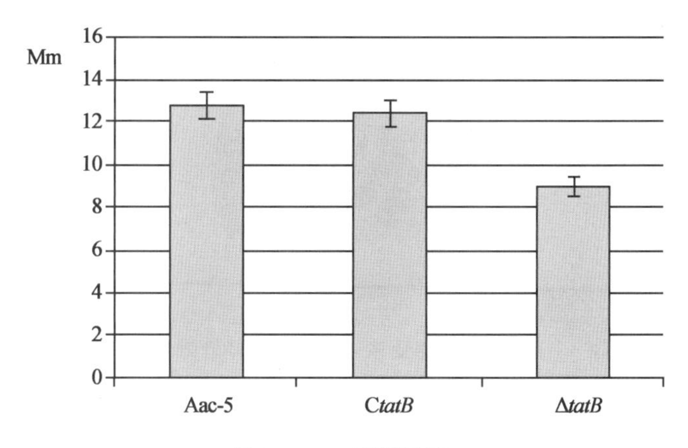

图 3－104　菌落直径

tatB 基因突变对胞外多糖分泌的影响。称量 20ml 的菌液析出的 EPS 干重，差值为 EPS 净重。从图 3－105 中结果可以看到，三者之间产生 EPS 的量并没有太大差别，说

明 *tatB* 基因与胞外多糖的产生无关。

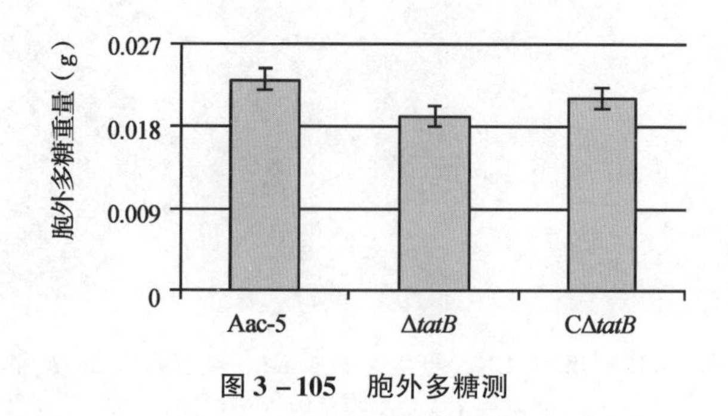

图 3－105　胞外多糖测

tatB 基因突变对果斑病菌生长速率的影响。以时间为横坐标，活菌数的对数为纵坐标，可绘制出一条生长曲线（图 3－106），该曲线显示了细菌在 KB 培养基中从生长繁殖到稳定生长时期，结果显示：突变菌株与野生型的稳定期生长速度无显著差异，对数生长期初期（4～14h），生长速度明显低于野生型。

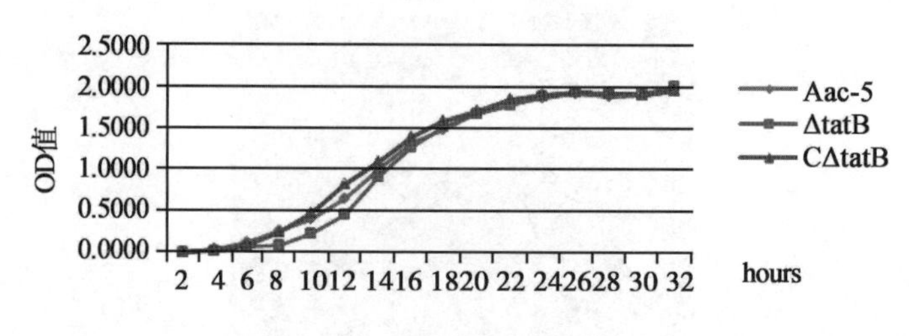

图 3－106　生长曲线测定

tatB 基因的缺失对胞外纤维素酶活性的影响。图 3－107 显示，突变株 Δ*tatB*、互补菌株 C*tatB* 野生菌株显示，都能在菌落周围形成一透明圈，并且透明圈的大小也没有显著差异，这表明 *tatB* 基因与西瓜噬酸菌的胞外纤维素酶活性没有关系。

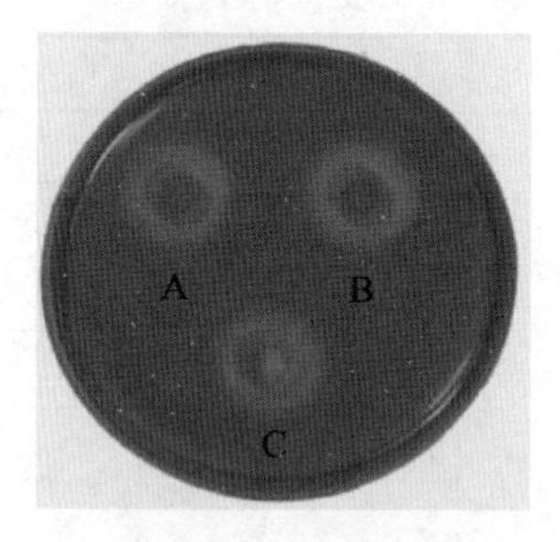

图 3－107　*tatB* 突变体 Δ*tatB* 的胞外纤维素酶检测

A～C. Aac－5、Δ*tatB*、C*tatB*。

tatB 基因突变对对生物膜形成的影响。生物膜是评价病原细菌定殖能力的一个指标。由图 3－108 可见，突变菌株与野生菌株和互补菌株相似，都能形成一圈紫色的生物膜；由图 3－109 的定量分析结果可以看出 *tatB* 基因与果斑病菌生物膜的形成无关。

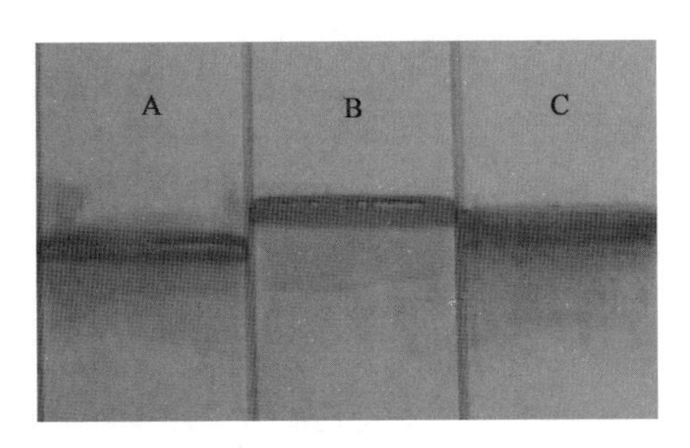

图 3-108　生物膜形成测定（载玻片）

A ~ C. Aac -5、Δ*tatB*、C*tatB*

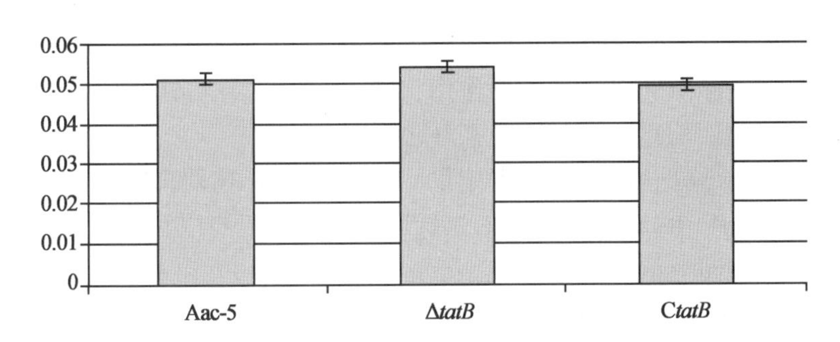

图 3-109　生物膜形成测定（96 孔聚苯乙烯微量板）

tatB 基因的缺失对相关基因的表达的影响。将野生型菌株的各个基因表达量定为 1，根据扩增结果得到 Ct 值，计算各个基因在 *tatB* 基因缺失突变株的相对表达量，发现 Aave_ 0034，Aave_ 1810，*hrpE* 三个基因的表达量下降，说明 *tatB* 基因对它们起正调控作用；*trbC* 以及 *hrcN* 基因的表达量上升，说明 *tatB* 基因对 *hrcN* 和 *TrbC* 基因起负调控作用（图 3-110）。

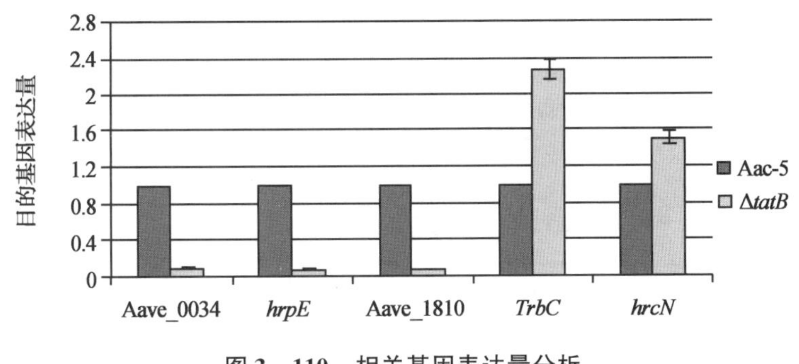

图 3-110　相关基因表达量分析

Tat 蛋白分泌系统是一个独立于 Sec 分泌系统的新型的膜锚定转运系统。组成它的蛋白质与含有辅因子的氧化还原蛋白进行互作，这些底物蛋白质具有典型的双精氨酸基序（S/TRRXFLK）。由 Tat 途径转运的底物蛋白质在转运出细胞膜之前处于折叠状甚至是寡聚化状的。Tat 转运途径在结构和机制上与类囊体的 ΔpH 途径类似，观察发现细菌和类囊体的 Tat 信号肽在 Tat 系统的保守性方面表现出可交换性质。与 Sec 系统相比 Tat 的显著优点是它自分泌正确折叠的蛋白质，所以保证了分泌产物在结构上的正确性。这个特点在重组蛋白的表达方面具有很好的应用前景。

据报道，很多植物病原细菌的致病性与 Tat 系统有密切的联系，如果将 Tat 系统的关键基因破坏掉，病原菌的致病性会有不同程度的降低。胡白石等人发现将梨火疫病菌（*Erwinia amylovora*）Tat 系统中的重要基因 *tatC* 破坏掉，会导致该菌的致病性丧失，同时游动能力明显降低。而在水稻白叶枯病菌中将 *tatB* 基因敲出会发现病菌的致病能力减弱，胞外多糖形成能力，游动能力和趋化能力也会不同程度降低。

本研究首次对西瓜噬酸菌的 Tat 系统的 *tatB* 基因进行研究。研究发现突变株的致病性较野生菌株有明显降低，这说明 *tatB* 基因能够影响西瓜噬酸菌对寄主的致病性。

此外，本实验也证明 *tatB* 基因对西瓜噬酸菌鞭毛的形成有一定的影响。通过游动能力检测实验发现，与野生型菌株相比突变菌株的游动能力明显下降，而游动性对病原菌在宿主体内的扩散和定殖有重要作用，因此可以认为 *tatB* 基因是通过影响细菌的运动性而间接影响西瓜噬酸菌的致病能力。

在 KB 液体培养基中的生长情况表明，Tat 系统会影响西瓜噬酸菌的正常生长。在对数生长期初期（4～14h），突变体的生长速度明显低于野生型。这与已报道的 *Pseudomonas syringae* pv. *tomato* DC3000、*P. syringae* pv. *maculicola* 以及 *Xoo* 不同。说明在不同的细菌中 Tat 系统对细胞生长的影响是有区别的。

与野生型菌株相比，我们发现 *tatB* 基因突变后其胞外纤维素酶的活性没有变化，胞外多糖的产生和生物膜的形成也没有受到影响。这表明在西瓜噬酸菌中，Tat 系统并不像在 *Xoo* 中与胞外多糖的形成有关，也不像在 *Pseudomonas aeruginosa* 中与生物膜的形成有关。

RTQ-PCR 结果为，*tatB* 的缺失导致 *trbC*、*hrcN* 基因表达量升高，而 Aave_ 1810，Aave_ 0034，*hrpE* 基因的表达量降低。*hrcN* 基因和 *hrpE* 基因属于细菌 III 型分泌系统，*trbC* 基因与细菌毒性相关，Aave_ 1810 和 Aave_ 0034 与 Tat 转运系统相关。重复实验结果显示 *tatB* 的缺失会大幅度地降低 *Tat* 相关基因的表达量，说明 *tatB* 对这些基因进行正向调控，目的基因缺失影响它们的表达。III 型分泌系统相关的两个基因的表达量一个降低一个升高，说明对 III 型分泌系统的调控作用比较复杂，具体情况还需进一步研究。

（四）一株西瓜果斑病菌的全基因组测序

鉴于前期研究发现我国西瓜果斑病菌几乎不形成生物膜，而美国已测定基因组的果斑病菌能形成生物膜，我们开展了不产生物膜果斑病菌的基因组测序工作（图 3－111）。

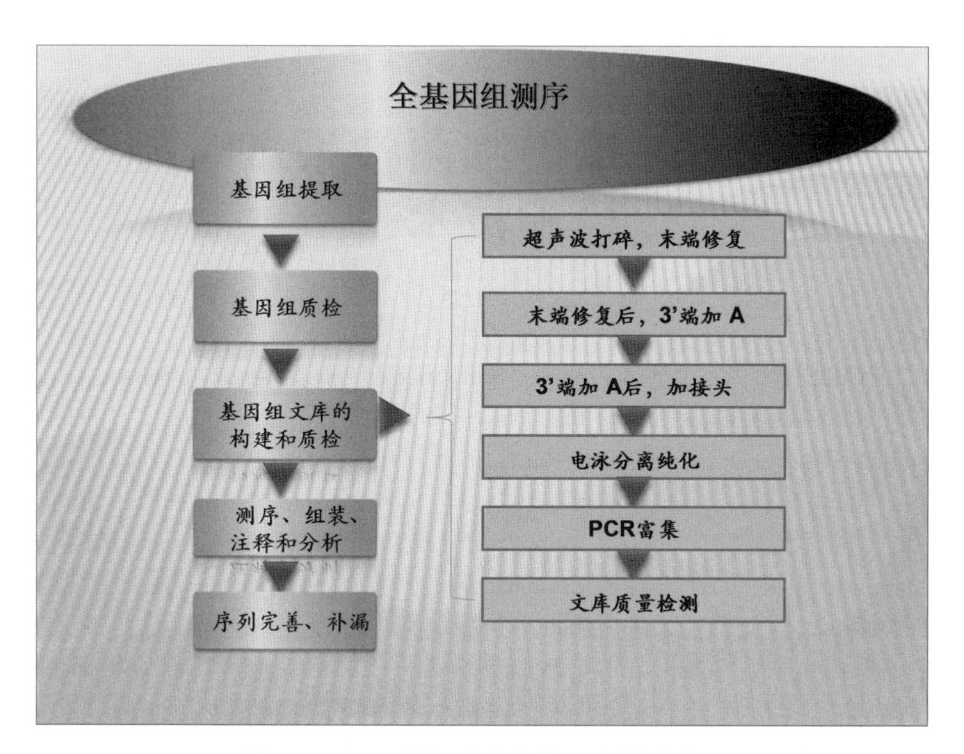

图 3－111　西瓜果斑病菌全基因组测序流程图

第四章 瓜类细菌性果斑病菌检测技术

瓜类细菌性果斑病菌学名为：*Acidovorax citrulli*（Schaad et al.）Schaad et al.，异名：*Acidovorax avenae* subsp. *citrulli*（Schaad et al.，1978）Willems et al.，1992，*Pseudomonas avenae* subsp. *citrulli*（Schaad et al.，1978）Hu et al.，1991，*Pseudomonas pseudoalcaligenes* subsp. *citrulli* Schaad et al.，1978。英文名为 bacterial fruit blotch。分类地位：细菌域 Bacteria，变形菌门 Proteobacteria，β-变形菌纲 Betaproteobacteria，伯克氏菌目 Burkholderiales，丛毛单胞菌科 Comamonadaceae，噬酸菌属 *Acidovorax*，西瓜种 *Acidovorax citrulli*。瓜类细菌性果斑病菌最早被命名为类产碱假单胞菌西瓜亚种（*Pseudomonas pseudoalcaligenes* subsp. *citrulli* Schaad et al.，1978）；1992 年 Willems 等根据 rRNA-RNA 和 DNA-DNA 分子杂交结果，将其改名为燕麦噬酸菌西瓜亚种（*Acidovorax avenae* subsp. *citrulli*（Schaad et al.，1978）Willems et al.，1992）；2008 年 Schaad 等又根据 16S rDNA、ITS 序列以及 AFLP 等分子数据和生理生化结果，将其命名为西瓜噬酸菌（*Acidovorax citrulli*）。

瓜类细菌性果斑病菌为我国进境植物检疫性有害生物，可通过种子进行远距离传播，健康种子是该病害防控最重要及最有效的手段，快速准确的检测技术是保证种子健康的重要措施。传统的检测技术主要包括分离培养、过敏性坏死反应、生理生化测定、免疫学检测及种植观察等，该类方法耗时长且灵敏度不高，难以满足检疫要求。分子生物学检测方法目前在该病原菌的检测中已广泛应用。本章内容主要介绍瓜类细菌性果斑病菌的分离培养、免疫学检测、分子生物学检测等技术，并对上述技术进行了比较评价。

一、生物学特性

瓜类细菌性果斑病菌为革兰氏阴性菌，菌体短杆状，大小为（0.2～0.8）μm ×（1.0～5.0）μm，严格好氧，极生单根鞭毛。在 KB 培养基上形成不透明、圆形、光滑、略有扇形扩展的边缘和突起的菌落，28℃培养 2～3d 菌落直径可达 1～2mm，不产生荧光。在 YDC 培养基上菌落呈黄褐色、凸起并边缘扩展为圆形的菌落，28℃培养 5d 直径可达 2～3mm。在 EBB 或者 EBBA 培养基中 37℃ 黑暗培养 5d，其菌落直径约为 1.5～2.0mm，微凸起、带有透明边缘的轻微扩展，菌落颜色呈绿色至蓝绿色，瓜类细菌性果斑病菌在不同的培养基上形态和颜色都有所不同，图 4－1 为瓜类细菌性果斑病菌在各种培养基上的菌落形态。

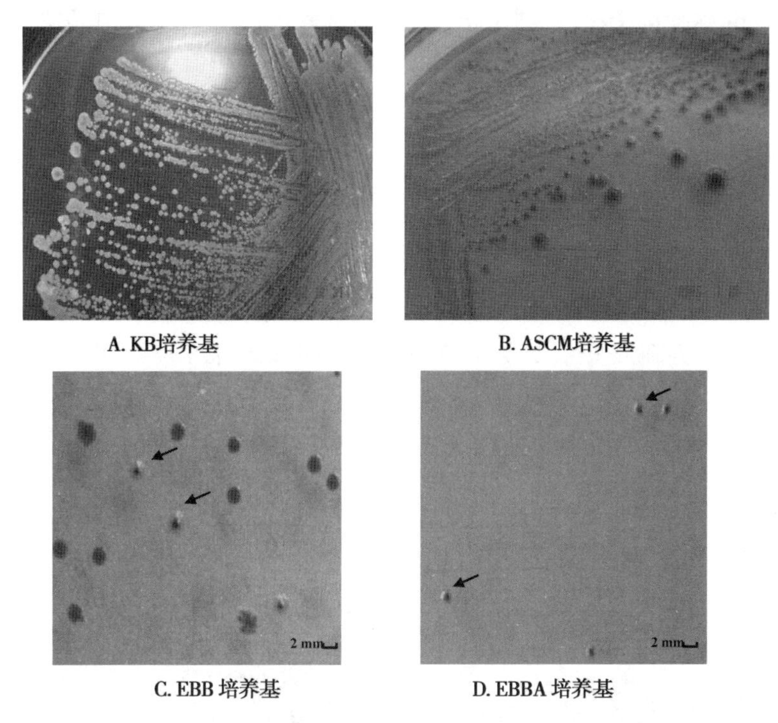

图4－1　瓜类细菌性果斑病菌在不同培养基上的菌落形态

（引自 Zhao 等，2009）

从新鲜疑似病叶和病果的病斑边缘切取部分病健交界组织，常规方法分离培养病原细菌。对于疑似带菌种子，可将其浸泡在 pH 值为 7.0 的磷酸缓冲液或 SEB-V 种子浸泡液（磷酸氢二钾 7.42g，磷酸二氢钾 2.02g，吐温 －20 100μl，蒸馏水定容至 1L，然后调节 pH 值为 7.0，121℃ 高温灭菌 15min 后冷却备用，使用前加入 1ml 的 20mg/ml 万古霉素溶液）中摇培，然后划线培养确定种子是否带菌。选择性培养基或半选择性培养基（例如改良 ASCM 培养基和 EBBA 培养基）有助于从田间采集的发病材料或种子上分离病原菌，提高瓜类细菌性果斑病菌分离的靶向性以及减少其他杂菌的干扰，但是制备这些培养基需要添加染料如甲基紫 B（methyl violet B）、酚红（phenol red）或者溴甲酚紫（bromcresol purple）等染料，和抗生素如放线菌酮（cycloheximide）、头孢克罗（cefaclor）或者硼酸（Boric acid）等，导致这些培养基都存在菌株重现率低等局限性。常用培养基如下：

King's B 培养基（KB）：蛋白胨 20g，七水硫酸镁 1.5g，磷酸氢二钾 1.5g，甘油 15ml，琼脂粉 15g，蒸馏水定容至 1 L。

Yeast extract-dextrose-$CaCO_3$（YDC）培养基：酵母粉 10g，碳酸钙超微粉末 20g，葡萄糖 20g，琼脂粉 15g，蒸馏水定容至 1 L，其中葡萄糖单独置于 100ml 蒸馏水中溶解，121℃高温灭菌 15min 后置于水浴锅后冷却至 55℃，将葡萄糖加入培养基中并充分摇匀后倒入培养皿或试管备用。

改良 ASCM 培养基：磷酸氢二钾 0.5g，十二水磷酸氢二钠 2.0g，硫酸铵 2.0g，己二酸二胺 5g，酵母浸膏 10g，七水硫酸镁 29mg，氯化钙 51mg，二水钼酸钠 25mg，溴麝香草酚蓝 12.5mg，琼脂 15g，蒸馏水定容至 1L。调 pH 值至 7.0～7.2，121℃灭菌 20min，冷却后加入：氨苄青霉素 20mg，苯氧乙基青霉素 100mg，新生霉素 5mg，放线菌酮 25mg。

EBB 培养基：磷酸二氢铵 1g，氯化钾 0.2g，七水硫酸镁 0.2g，酵母粉 0.3g，硼酸 0.25g，琼脂粉 16g，蒸馏水定容至 1 L。然后调节 pH 值为 5.3～5.5，加入 600μl 的 15mg/ml bromcresol purple 母液和 1ml 的 10mg/ml brilliant blue R 母液；121℃ 高温灭菌 15min 后冷却至 55℃，再加入 10ml 95% 的乙醇，1ml 过滤灭菌的 250mg/ml 放线菌酮，充分摇匀后倒入培养皿备用。若加入 1ml 10mg/ml 氨苄青霉素，即制备成 EBBA 培养基。

瓜类细菌性果斑病菌为产碱细菌，因此在含有 BTB 的 ASCM 固体培养基上形成的典型菌落为蓝绿色，而且随着细菌量的增多，培养基的碱性越高，颜色也越蓝，这与大部分植物病原菌有所不同。因此培养基的颜色变化及菌落形态、颜色的不同，亦可考虑作为此种分离培养检测方法的一个检测指标，见图 4－2。

图 4－2　空白（左）与长有果斑病菌的 ASCM 培养基（右）对比

经过多次实验摸索，修改配方后所制得的 ASCM 细菌性果斑病菌选择性固体和液体培养基，均可专一性地培养出哈密瓜细菌性果斑病菌，而且长势较好，而供试的其他近源或常见菌株在其上不能生长（图 4－3，长出菌落的为瓜类细菌性果斑病菌，无菌落的为其他对照病原菌）可初步达到分离培养的检测目的。

由于 ASCM 培养基提供了比较苛刻的抗生素条件，因此在一定程度上抑制了瓜类细菌性果斑病菌的生长，但同时提供了更加专一的选择性，可以更好地适用于实际检测中杂菌种类多、数量大的环境。放线菌酮的加入，可更好地抑制真菌的生长，避免真菌生长带来的干扰。基于瓜类细菌性果斑病菌为耐热菌这一特性，采用 37℃ 的培养温度，可以将大部分喜好低温的病原菌筛除。

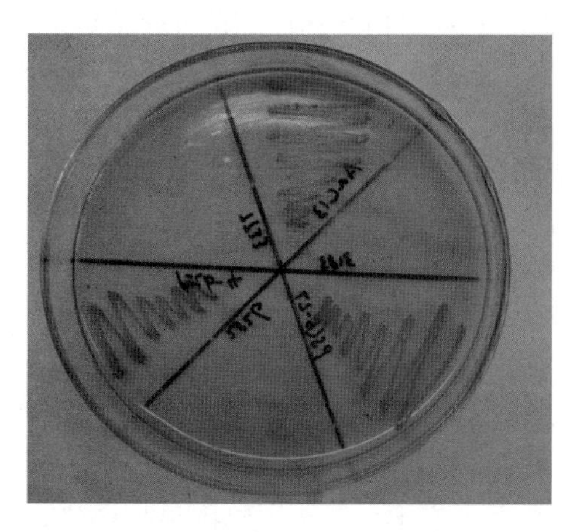

图4–3　ASCM培养基的选择性效果测定

尽管ASCM的选择性能较好，但由于细菌的种类繁多，且生长条件及偏好性比较相近，在实际检测工作中，难免会出现培养出非靶标菌的现象，而且要获得典型的菌落（或液体培养基明显变色）需要较长时间，凭肉眼观察也不尽准确，因此该培养基可以作为检测瓜类细菌性果斑病菌的初步手段，通过与其他检测方法配合使用来提高检测的精度。

二、理化特性

明胶液化力弱，氧化酶和2-酮葡糖酸试验阳性；精氨酸双水解酶阴性；在41℃下能生长，但不能在4℃下生长；能够利用丙氨酸、L-阿拉伯糖、己醇、果糖、甘油、葡萄糖、羟甲基纤维素、半乳糖、L-亮氨酸、海藻糖作为碳源；不能利用蔗糖、丙二酸、乳糖、山梨醇。表4–1为*Acidovorax*属内主要植物病原细菌的理化特征。

表4–1　*Acidovorax*属内主要植物病原细菌的理化特征比较情况

	A. avenae	*A. oryzae*	*A. citrulli*	*A. cattleyae*
D-阿拉伯醇	–	–	V^+	+
柠檬酸钠	+	–	+	+
麦芽糖	+	–	–	–
D-海藻糖	V^+	+	$(V^+)^3$	$-^2$
D-甘露醇	+	+	–	+
乙醇	–	+	+	+
脂肪酶产生	+	+	–	+
明胶液化	(+)	(+)	(+)	–
硝酸盐还原	+	+	–	+
石蕊牛乳	Alk	Alk	Alk（P）	Alk
来源寄主	玉米	水稻	葫芦科	兰花

注：+：80%以上菌株为阳性；(+)：延迟阳性；–：80%以上菌株为阴性；V^+：50%~79%阳性。

Biolog 微生物鉴定系统是目前对植物病原细菌理化鉴定中常用的鉴定方法。细菌利用 GEN III 鉴定板中的碳源时，会将四唑类氧化还原染色剂从无色还原成紫色，从而在鉴定微平板上形成该菌株特征性的反应模式或“指纹图谱”（图 4－4）。同一种类不同菌株的代谢过程会有所不同，其鉴定结果也会存在一定差异。因此，若数据库中同一种类的菌株数据越多，菌株之间的差异越大，利用该数据库进行鉴定的结果越可靠。Biolog 数据库中关于瓜类细菌性果斑病菌的数据资料比较有限，因此，在利用 Biolog 数据库对不同寄主及不同地理来源的果斑病菌进行鉴定的过程中，有一大部分菌株无法被准确鉴定为瓜类细菌性果斑病菌。Biolog 微生物鉴定系统软件有个优点，就是可以随时增加或修改数据库的数据。因此，一方面，我们可以补充更多的瓜类细菌性果斑病菌菌株数据到数据库中，使鉴定结果更加准确；另一方面，我们还可以补充更多的其他类似种类的菌株信息到该数据库中，使鉴定范围更加广泛。我们根据 31 株参试菌株鉴定结果的数据文件，建立了一个含有瓜类细菌性果斑病菌及其近似菌株 *Acidovorax avenae* subsp. *avenae*、*Acidovorax cattleyae*、*Acidovorax konjaci* 的自定义数据库文件。该自定义数据库是专门针对瓜类细菌性果斑病菌及其近似菌株而建立的，目的是通过该数据库准确鉴定出瓜类细菌性果斑病菌。

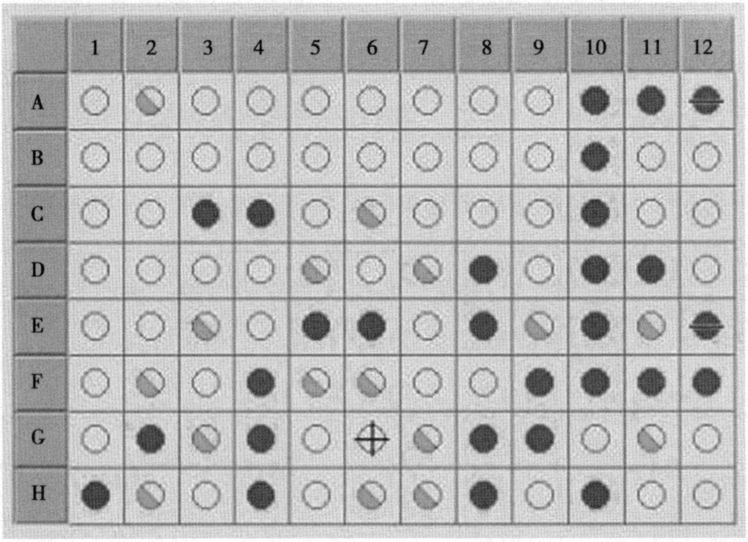

图 4－4　瓜类细菌性果斑病菌（ATCC 29625）培养 24h 后的指纹图谱

三、温室试种检测法

在温室内将 10 000～30 000粒种子播种在混合草炭土中，直到长出幼苗，并且控制幼苗密度，确保不会相互抑制。在严格控制温室环境条件下（温度 21～35℃，相对湿度 55%～90%），播种 18～21d 后全面检查幼苗是否存在瓜类细菌性果斑病的典型症状，随后对疑似病苗进行分离和实验室鉴定。目前，该温室试种法已得到国际种子检验协会（International Seed Test Association，ISTA）和美国农业部国家种子健康体系

（USDA National Seed Heath System）的认可，认为该方法最能反映实际环境下可能的发病情况，但缺点是条件难控制、需要较大空间、费时、费用高。保湿生长盒检测法（sweet-box test）用于替代温室试种法，即在透光的塑料盒中装入蛭石和珍珠岩，然后将种子散播在塑料盒中，密封后放入人工生长室（25℃，日光灯）中，大约 14 d 后即可检测。保湿生长盒检测法的优点是条件控制准确，占地小，易于规范化操作，准确性较高；缺点是有时会受苗期其他病害如猝倒病的干扰。

四、免疫学检测技术

免疫学检测技术以其简便、快速、灵敏、准确、实用的特点，非常适合于田间病害调查和口岸现场检疫的需求。目前报道的用于检测瓜类细菌性果斑病菌的血清学方法主要有酶联免疫吸附测定（Enzyme Linked Immunosorbent Assay，ELISA）、直接琼脂双扩散（Direct Double Diffusion，DDD）、免疫凝聚试纸条检测法（Immunostrip test）、滤膜免疫染色法（membrane filtration immunostaining）等免疫检测技术，应用最为广泛的主要有酶联免疫吸附测定、胶体金层析检测技术等。

酶联免疫吸附测定（enzyme linked immunosorbent assay，ELISA）技术是 1971 年由 Engvall 和 Perlman 建立的一种生物活性物质微量测定新技术，以其灵敏度高、特异性好等优点，在生命科学各领域得到广泛应用。近年来，该技术不断改进，形成了多种分析方法，并且在检测的灵敏度、特异性、操作简单化、高效性等方面都有很大提高。ELISA 法一方面是建立在抗原与抗体免疫学反应的基础上，具有特异性；而另一方面又由于酶标记抗原或抗体是酶分子与抗原或抗体分子的结合物，它可以催化底物分子发生反应，产生放大作用，因而具有较高的敏感性。

实验证明，使用免疫学方法可以将瓜类细菌性果斑病菌同绝大部分常见植物病原细菌区分开来，但一般不能区分燕麦噬酸菌属中的其他亚种。由于其他亚种的寄主均为非葫芦科植物，所以免疫学方法可以作为初筛方法。实验发现，全菌体抗原与菌体全蛋白抗原在进行 ELISA 过程中，结果无明显差异，但考虑到菌体全蛋白抗原经过纯化操作，在实际应用中产生交叉反应的可能性更小，因此间接 ELISA 所选用的 IgG 均是由抗全菌体蛋白的血清所提取的。在使用间接 ELISA 进行模拟种子带菌检测过程发现，种子悬液中的种子残渣等各类杂质对 ELISA 的结果影响较大，究其原因可能是在用抗原包被聚苯乙烯微量滴定板时，杂质的存在使得抗原不能很好地与滴定板进行结合，从而导致信号变弱。在瓜类细菌性果斑病菌浓度较低的情况下，ELISA 反应液的变色差异肉眼很难区分，需借助仪器读数，判断反应结果，不便于在田间进行快速检测。使用免疫学检测，尤其是间接 ELISA 法进行瓜类细菌性果斑病菌检测，耗时约 4h，远少于培养基培养检测的方法，且检测的样本越多，检测效率越高，一般情况下，TAS-ELISA 试剂盒的检测灵敏度 10^5 CFU/ml。用于 ELISA 的抗体虽较昂贵，但大多可稀释数千倍使用，成本较低。

免疫胶体金标记技术是以胶体金作为示踪标志物，应用于抗原抗体反应中的一种新型免疫标记技术，是当前最快速敏感的免疫检测技术之一，具有巨大的发展潜力和应用前景。胶体金试纸条用于肉眼水平的免疫检测中，具有以下优点：①样品不需要特殊处理，试剂和样本用量极小，样本量可低至 1 ~ 2μl；②敏感性和特异性高，既可用于抗原检测，也可用于抗体检测；③检测时间缩短，仅需 5 ~ 15min，大大提高了检测速度；④操作简单，不需荧光显微镜、酶标检测仪等贵重仪器，更适于现场应用；⑤实验结果可以长期保存。特别适合于广大基层单位、野外作业人员以及大批量时间紧的检测和大面积普查等。该试纸条的检测灵敏度一般为 10^5 ~ 10^6 CFU/ml（图 4 -5）。

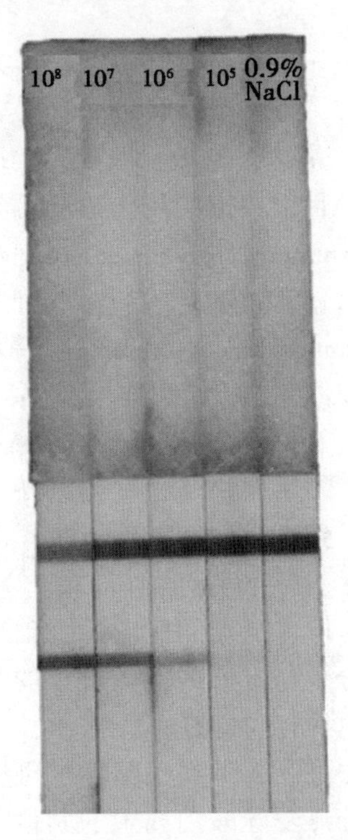

图 4 -5　胶体金试纸条灵敏度实验结果

五、分子检测技术

（一）PCR 及实时荧光 PCR 检测

目前，基于 PCR 及实时荧光的检测方法已广泛用于瓜类细菌性果斑病菌的检测，常见的引物和探针如下（表 4 -2）。

表 4 -2　用于检测瓜类细菌性果斑病菌的 PCR 引物和探针

引物名称	序列（5′-3′）	位置	大小（bp）	参考文献
WFB1	ACCAGCCACACTGGGAC	16S	360	Walcott 等，2000
WFB2	CTGCCGTACTCCAGCGAT			

（续表）

引物名称	序列（5′-3′）	位置	大小（bp）	参考文献
SEQID5	CCTCCACCAACCAATACGCT	ITS	246	Walcott 等，2003
SEQID4[m]	GTCATTACTGAATTTCAACA			
AACF3（SEQID5）	CCTCCACCAACCAATACGCT	ITS	246	Schaad 等，2000
AACR2（SEQID4）	TCGTCATTACTGAATTTCAACA			
AACP2	6FAM-CGGTAGGGCGAAGAAACC AACACC-TAMRA			
HuiF	GTTGGAAGAATTCGGTGCTACC	ITS	448	回文广等，2007
HuiR	ATTCGTCATTACTGAATTTCAACAAG			
HuiP	6FAM-ACGCTCTGCGG-TAGGGCGAAGAAACC-TAMRA			
BX-L1	CAGCTGGGAGCGATCTTCAT	BOX 片段	279	Bahar 等，2008
BX-S-R2	GCGTCAGGAGGGTGAGTAGCA			
BOXAACF	GCGTATGAGTCCCGAAGAAAT	BOX 片段	480	Ha 等，2009
BOXAACR2	GCATGCCTTGTATTCAGCTAT			
AACPROBE	6-FAM-CCGAAATCCGTATTGGACG-GATCGAA-BHQ1			
ACCAPRW[b]	BIO-TEG-GGCGAATTGCACGGTCGG CCCCAGCCCTACGGGGTTATGGTGTAT-GTCGCTATGAACTTGATC			
F3	TTGATTCACCGCCGAACG	*hrp*G-*hrp*X 基因间隔区（AY898625）		Oya 等，2008
B3	TTACAGACGATAAATGACCCGG			
FIP	TACGGCTGTCACAGTCGTAGCT-GACTCG-CATGATTTCCCCA			
BIP	TTGCACCTCATTGCAAATGCC-CCGTCTG-GAATGAACTAAGCT			
HB2F2	CCTCCAGCTGCCCGTATC	*hrp*B2	290	田艳丽等，2010
HB2R2	CGGACACCCGGTACATCAGC			

1. 常规 PCR

用于瓜类细菌性果斑病菌检测的 PCR 引物主要有：Walcott 等根据 16SrDNA 序列设计的 WFB1/WFB2，该引物对不能用于区分噬酸菌属的其他 3 个亚种；Walcott 等根据 16S-23SrRNA 的 ITS 区序列设计了 SEQID4/ SEQID5，该引物扩增时噬酸菌属的其他 3 个亚种都为阴性，只有瓜类细菌性果斑病菌可以扩增出 246 bp 大小的基因片段。回文广等利用 ITS 序列设计了特异性引物对果斑病菌进行检测，其灵敏度为 3×10^5 CFU/ml；Bahar 等人报道了一对引物 BX-L1/BX-S-R2，可检测出 5 000粒种子中 0.02% 携带有果斑病菌的种子；田艳丽等根据 hrpB2 基因序列设计特异性引物 HB2F2/HB2R2，检测瓜类细菌性果斑病菌灵敏度为 10^3 CFU/ml。此外，Oya 等利用过滤膜（membrane filtration）和环介导基因恒温扩增法检测果斑病菌，根据 *hrp*G-*hrp*X 基因的区间序列设计引物，检测灵敏度与实时荧光 PCR 相当。

2. 基于免疫学技术的 PCR 检测

将血清学中抗原抗体反应的特异性与 PCR 的强特异扩增能力结合起来，可以在短时间内精确地检测病原菌的存在，该技术称之免疫 PCR（Immuno-PCR）。即首先利用抗体捕捉目标病原菌，然后利用 PCR 扩增检测病原菌，根据扩增产物判断病原菌是否存在，既可以消除 PCR 抑制因子等干扰因素的影响，又能提高反应的特异性和灵敏度。赵丽涵等（2006）在此基础上利用免疫捕获 PCR 技术对携带细菌性果斑病菌的种子进行检测，结果表明其检测灵敏度为 50～100CFU/ml，比直接 PCR 的灵敏度高出 100 倍，且不受其他抑制因子的影响。此外，伴随着新型功能性材料—磁性免疫微球（immunomagnetic microsphere，IMMS）的出现，并将其结合 PCR 检测某一病原菌，形成了免疫磁性分离 PCR 技术（immunomagnetic separation andPolymerase chain reaction，IMS-PCR），即将病原细菌特异性抗体包被于 IMMS 表面，利用免疫磁分离（immunomagnetic separation，IMS）技术，通过抗原抗体的特异性反应，先从待检样品中吸附目标病原细菌，再经过培养或是直接进行 PCR 检测，从而判断靶标菌是否存在。由于 IMMS 粒径很小，比表面积大，偶联容量较高，悬浮稳定性较好，因此反应高效便捷；加之具有顺磁性，在外电场作用下，固液相容易分离，避免了过滤以及离心等繁杂操作，从而保证了检测的快速、可行度以及可靠度。Walcott 和 Gitaitis（2000）采用单克隆抗体免疫磁珠吸附与 PCR 相结合的技术，对瓜类细菌性果斑病菌快速检测进行研究，结果表明，与常规 PCR 方法相比，灵敏度提高了 100 倍，并且当菌液浓度达到 10CFU/ml 时，仍可以从西瓜种子浸泡液中检测到瓜类细菌性果斑病菌。董明明等（2011）将胶体金免疫层析方法（Gold Immunochromatographic Assay，GICA）与 PCR 技术相结合，建立了瓜类细菌性果斑病菌 GICA-PCR 检测方法，其检测结果表明，该方法在蛋白与核酸 2 个层面上从发病西瓜叶片上检测到瓜类细菌性果斑病菌，有效解决了试纸条检测的假阳性问题，提高了瓜类细菌性果斑病菌检测的准确性，值得推广应用。

3. 基于生物学技术的 PCR 检测

利用选择性或半选择性培养基生物富集结合 PCR 方法，进行病原细菌检测的技术称之为 BIO-PCR。该技术运用培养基既能抑制非靶标菌的生长，也能对靶标菌的富集，从而较大程度上提高检测灵敏度，可以达到 10CFU/ml；同时，在一定程度上还能减少植物组织提取液中的 PCR 抑制因子对检测结果的影响。Zhao 等（2009）构建了改良的半选择性培养基 EBBA，从待检种子批次中取 1 000粒种子，3 次重复，按每克种子浸泡在 1.7ml 的 SEB-V 浸泡缓冲液，在室温条件下 175r/min 摇培 2h；再用两层纱布过滤种子浸泡液，并将其稀释 100 倍；分别取 100μl 各处理的原液和 100 倍稀释液涂布于 2 个 9cm 直径的 EBBA 固体培养基平板，并分别置于 37℃黑暗培养 72h 后洗板进行 BIO-PCR 分析；同时分别取 100μl 各处理的原液和 100 倍稀释液涂布于 3 个 15cm 直径的 EBBA 固体培养基平板，分别置于 37℃ 黑暗培养 5～6d 后记录菌落数检测，并将疑似菌落进行 PCR 鉴定和致病性试验测定。当我们需要快速得到检测结果时，可以将实时荧光 PCR 结合 BIO-PCR，则能进一步提高检测灵敏度。

4. 基于荧光技术的 PCR 检测

该技术是指在 PCR 反应体系中加入荧光基团，利用荧光信号积累实时监测整个 PCR 进程，最后通过标准曲线对未知模板进行定量分析的方法，称之为实时荧光 PCR 方法。实时荧光 PCR 技术实现了 PCR 从定性到定量的飞跃，优点是自动化程度高、灵敏快速、操作简便、可做多重 PCR，缺点是仪器昂贵。冯建军等利用 TaqMan 探针实时荧光 PCR 检测瓜类细菌性果斑病菌，灵敏度达 10^3 ~ 10^4 CFU/ml。回文广等将生物学、免疫学和分子生物学方法有机结合起来，即将选择性培养基富集、IMS-PCR、实时荧光 PCR 技术结合起来，建立了瓜类细菌性果斑病菌快速检测的方法，可检测到每千粒种子中的一粒带菌种子。Ha 等将磁珠捕获法和多通道实时荧光 PCR 法相结合，用瓜类细菌性果斑病菌的混合物为模板，灵敏度分别为 10 CFU/ml，比直接实时荧光 PCR 灵敏 10 倍，可检测到 5 000粒种子中 0.02% 的带病种子。Zhao 等用选择性培养基 EBBA 对果斑病菌进行培养后，利用实时荧光 BIO-PCR 检测果斑病菌，可检测到 1 000粒种子中的 1 粒病种子。该方法灵敏度高，可排除杂菌的影响，具有较好的应用前景（图 4 -6）。

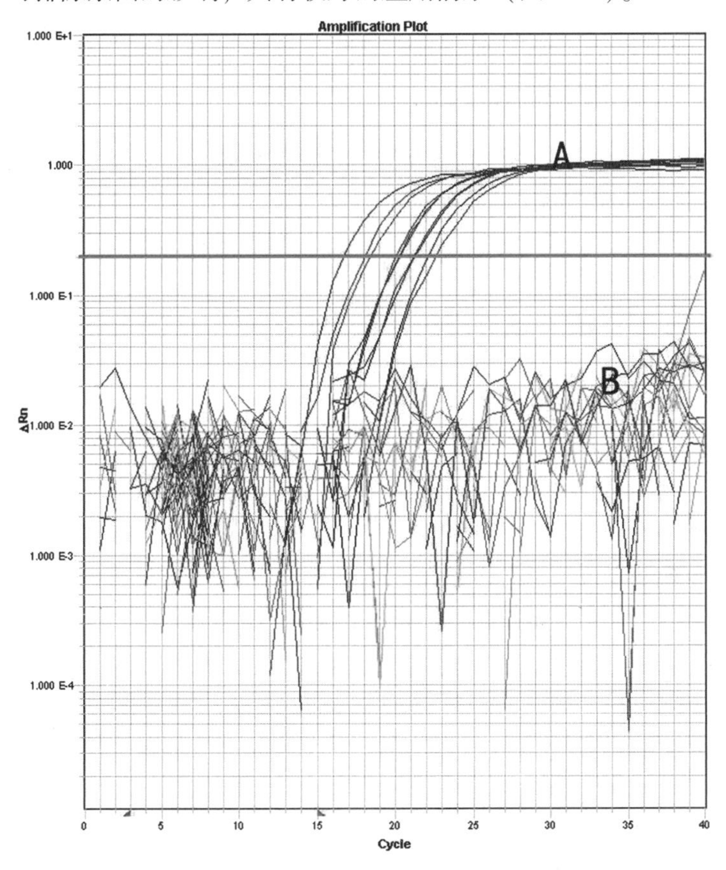

图 4 -6　实时荧光 PCR 特异性检测结果

A. 瓜类细菌性果斑病菌菌株；B. 近似种属细菌菌株。

在瓜类种子的分子检测中，前处理是非常重要的步骤。将瓜果斑病菌的分离、培养、免疫吸附、PCR 等步骤，可以有机地结合起来，保证检测的专一性，同时提高检测精度。在 Bio-PCR 检测方法中，比较了半选择性培养 ASCM、EBBA、AAFBD 和燕麦噬酸菌的选择性培养基 SMART-Aa 的回收率和选择性。结果表明，ASCM 和 EBBA 较 SMART-Aa 和 AAFBD 具有更高的回收率，ASCM 和 EBBA 以及 SMART-Aa 的选择性优于 AAFBD，EBBA 的灵敏度是 ASCM 的 10 倍。筛选了适用于西瓜和甜瓜种子的提取缓冲液，结果表明，MOPS 缓冲液回收纯菌数量显著高于 PBST 和 SEB 缓冲液；MOPS 提取西瓜种子携带果斑病菌检测灵敏度是 PBST 和 SEB 缓冲液的 10 倍，但提取甜瓜种子携带果斑病菌的检测灵敏度是 PBST 和 SEB 缓冲液的 1/10。对 ASCM 培养基进行了改良，结果表明，添加 0.1g/L 硼酸和调节 pH 值为 5.3～5.5 均不能显著提高 ASCM 的选择性，而通过将培养基中酵母浸粉含量由原来的 10.0g/L 降低为 7.50g/L，可以将 BIO-PCR 的检测灵敏度提高 10 倍。综合提取缓冲液和选择性培养基的研究结果，将改良后的种子携带果斑病菌检测规程与原规程进行了比较。检测结果表明，供试的 16 个批次来自田间的西瓜和甜瓜种子中，使用原规程检测均为果斑病菌阴性，使用改良后规程检测得到两个呈阳性的西瓜种子批次，表明改良后的检测规程在检出率上明显优于原规程。

（二）果斑病 LAMP 检测方法

LAMP 是近年来新出现的一种检测方法，具有操作简单、快速高效、特异性高、灵敏度高、对设备要求简单等优点，已经广泛地应用在了医学、食品、农业等多个行业的微生物检测。LAMP 反应成分较为复杂，因此，对反应体系的优化非常重要，对扩增结果有很大的影响。本研究对 LAMP 反应的体系进行了优化，尤其是甜菜碱的浓度和 Mg^{2+} 的浓度，并进行了最适扩增时间和反应温度的试验，从而构建了 LAMP 的快速检测方法，整个扩增过程在 1h 内完成。在反应体系中加入 SYBR Green I 荧光染料后，可直接通过肉眼观察颜色的变化来判定扩增结果，而且不需要使用电泳仪等专业设备，同时也避免了电泳过程中的污染，也使得整个检测过程更加简单、快速。因为，LAMP 扩增为等温扩增，故而不需要昂贵的 PCR 仪等设备，只需要水浴锅即可，从而为基层试验室进行果斑病菌的检测提供了便利条件。

1. 引物设计与合成

选择瓜类细菌性果斑病菌的看家基因，通过 BLAST 比对，挑选其特异性强的 DNA 序列，通过 LAMP 引物在线设计软件 PrimerExplorer V4，设计 LAMP 引物。本试验选择了 *spi*、*adk*、*gltA*、*pilT*、*glnA*、*glyA*、*ugpB* 等 7 个看家基因，进行 LAMP 引物的设计，通过 BLAST 比对和前期试验，最终选择以 *ugpB* 基因（胞外溶解结合蛋白家族 I）来设计引物，*ugpB* 基因（Aave_ 0609）位于基因组的 665967～667700。所设计的引物如下：

F3：GCTACCAGGACGTGGTTC；

B3：GCGGTAGAACTCGACCAGG；

FIP：GGTCTTG GCGGTCACGAACTG-CCACGACGCCAACAGG；

BIP：ACGTCGCTGAAGAAGACGCTG-ATCGGTCATGGCCTTGGAC；

LB：CTGACGCCGATCCGCGAAA。其中F3和B3为外引物，FIP和BIP为内引物，LB为环引物。

2. LAMP方法反应条件的优化

本方法采用25μl反应体系，对反应温度、反应时间、Mg^{2+}浓度和甜菜碱浓度等进行梯度试验，确定了最佳反应条件为：65℃ 45min；80℃ 10min，最佳反应体系见表4-3。

表4-3 LAMP反应体系中各组分及体积

组分	体积（μl）
F3/B3（10μM）	1
FIP/BIP（20μM）	2
LB（10μM）	1
10×*Bst* DNA polymerse buffer	2.5
dNTPs（10mM）	2.5
Mg^{2+}（25mM）	5
甜菜碱（5M）	4
Bst DNA polymerse（8U/μl）	1
扩增模板	3

在反应结束后的LAMP体系中，加入SYBR Green I荧光染料，通过肉眼观察可见，阳性的样品呈现黄绿色，而对照与阴性的样品呈现棕色，因此，通过显色的反应可以不借助任何仪器，仅用肉眼即可辨别反应结果（图4-7）。

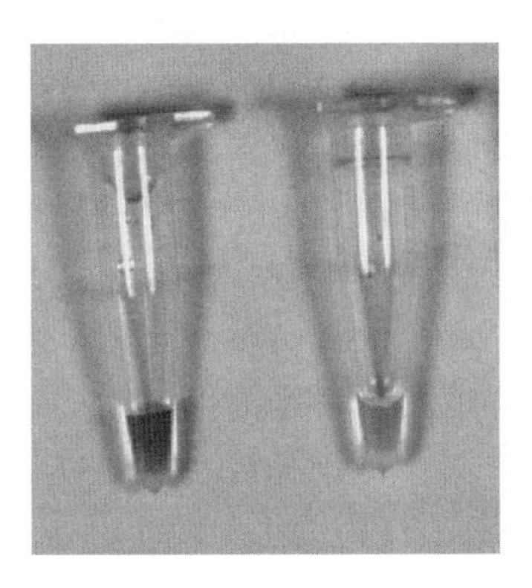

图4-7 LAMP产物的显色反应结果

1. 阴性扩增产物；2. 阳性扩增产物。

3. 特异性和灵敏度

本试验共选择了瓜类细菌性果斑病菌12个菌株，燕麦噬酸菌燕麦亚种（*Acidovorax avenae* subsp. *avenae*）1个菌株，燕麦噬酸菌魔芋亚种（*Acidovorax avenae* subsp. *konjaci*）

1 个菌株，燕麦噬酸菌卡特莱兰种（*Acidovorax cattleyae*）1 个菌株，丁香假单胞杆菌黄瓜角斑致病变种（*Pseudomonas syringae* pv. *lachrymans*）1 个菌株，*Xanthomonas campetris* pv. *vesicatoria* 4 个菌株，茄科雷尔氏菌（*Ralstonia solanacearum*）3 个菌株，作为待测样品。扩增结果显示，只有果斑病菌的 12 个菌株有扩增的梯形条带，其余的 6 种病原菌 11 个菌株以及阴性对照均没有扩增条带（图 4－8），表明引物对果斑病菌具有专一性。对果斑病菌梯度稀释进行灵敏度测试，随着菌液浓度的降低，LAMP 扩增产物电泳条带的亮度逐渐减弱。结果显示，该方法检测的菌液浓度极限为 10^2CFU/ml（图 4－9）。

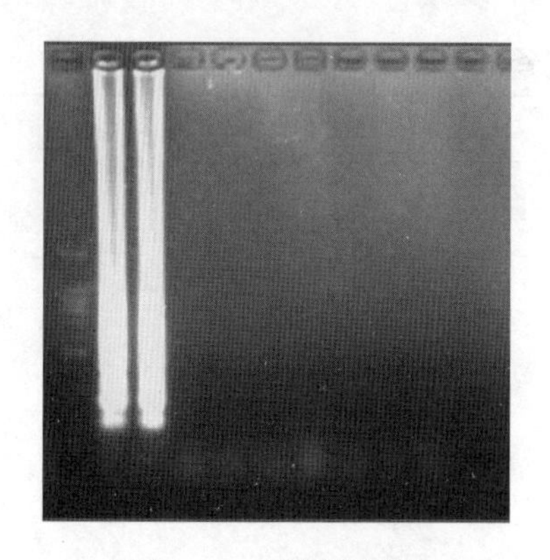

图 4－8　特异性测验

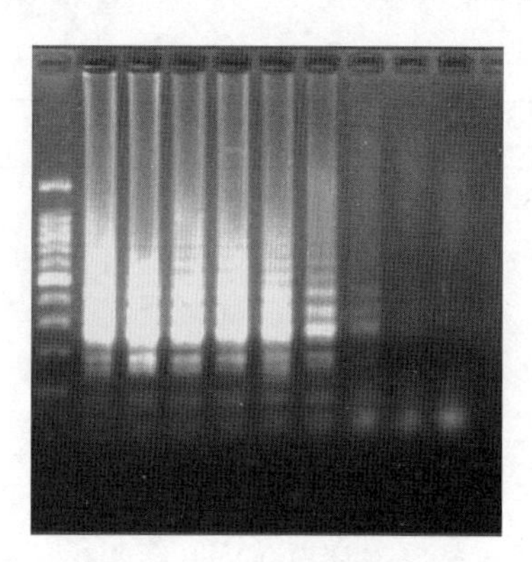

图 4－9　灵敏性测验

4. 检测应用

以病叶片的研磨液作为模板，进行 LAMP 扩增，结果表明，该 LAMP 体系能够很好地扩增出感病叶片中的果斑病菌，从而快速、简便地实现该病原菌的田间检测。对于单粒种子检测表明，LAMP 方法能够检测到单粒带菌种子；在对种子检测中使用 PBS 溶液浸泡的效果要优于无菌水；振荡 1h 和 30min 的效果差异不显著。因此，最适的洗脱液为 PBS 溶液，振荡洗脱的时间为 30min。对从市场上购买的不同地区生产的不同西瓜甜瓜品种的 55 份种子，进行了 LAMP 检测试验。显色反应结果表明，在试验的 55 份种子中，完全不带果斑病菌的种子（带菌率为 0）为 26 份，占所有检测比例的 47.3%；种子带菌率为 1%～10% 的有 11 份，占 20%；种子带菌率为 10%～20% 的有 10 份，占 18.2%；种子带菌率为 20%～30% 的有 5 份，占 9%；种子带菌率为 80%～100% 的有 3 份，占 5.5%。

本研究利用建立的 LAMP 快速检测体系对市场上随机购买的 55 个西瓜甜瓜商品种子进行了检测，实验结果表明，收集的商品种子中有 47.3% 的种子带菌率为 0，而其余的种子不同程度地带了果斑病菌，尤其是 3 个样品的带菌率高达 89%、89% 和 92%。这说明，LAMP 方法可以较好地检测到西瓜甜瓜种子的带菌情况，同时，鉴于其不需昂贵的试验仪器，所用时间短等特点，能够满足基层技术人员的检测要求。同时，该方法还可以检测到感病西瓜甜瓜叶片的带菌与否，从而减少了病原菌分离培养等环节，缩短了检测所需的时间，实现基层技术人员尽早、尽快地进行病原菌的检测。

（三）果斑病菌交叉引物扩增技术

交叉引物扩增技术（Crossing Priming Amplification，CPA）是杭州优思达生物技术有限公司发明的一种新型核酸恒温扩增技术。DNA 扩增反应的全过程均在同一温度下进行，不需像 PCR 反应那样需要经历几十个温度变化的循环过程。这一特点使得它们对扩增所需仪器的要求大大简化，反应时间大大缩短。在物理密封条件的检测装置中，带有生物素、异硫氰酸荧光素标记的 DNA 扩增产物与包被上特异性核酸或蛋白质的胶体金颗粒结合后，可通过观察试纸条的检测线（T 线）上显色情况来检测 DNA 扩增产物的有无；如果无目标 DNA，特异性探针则将无法把扩增产物与标记物连接，结果无显色，即读为阴性。本项研究基于交叉引物扩增技术针对 *A. citrulli* 设计了一套新的扩增反应体系，并且通过实验，评价和探讨了该方法在农业生产一线检测瓜类细菌性果斑病菌的应用前景。

1. 引物设计

基于瓜类细菌性果斑病菌 ITS 序列设计了 CPA 检测引物（表 4 – 4）。

表 4 – 4　CPA 检测引物

ACLF3	GGCTAACTACGTGCCAGC	置换引物
ACLB3	ACGCATTTCACTGCTACA	置换引物
ACLBIP	CAGATGTGAAATCCCCGGGCTCTGCCGTACTCCAGCGAT	交叉引物
ACDF5b1	5-BIOTIN-GCAAGCGTTAATCGGAATTACT	正向探针
ACDF5f2	5-FITC-CAACCTGGGAACTGCATTTGT	反向探针

2. CPA 法的特异性检测

选取了不同来源的 18 株 *A. citrulli*，7 株 *A. citrulli* 的近缘菌（*A. cattleyae* 和 *A. avenae* subsp. *avenae*），以及 32 株其他种属的植物病原细菌。

由图 4 – 10 所示（部分结果），通过应用实验设计引物探针，成功检测出了 18 株 *A. citrulli*，说明该方法对 *A. citrulli* 具有很好的检测能力，证实了实验所建立的细菌性果斑病菌 CPA 检测法的实用性。但与此同时，作为近缘菌的 *A. cattleyae* 和 *A. avenae* subsp. *avenae* 也在 CPA 法检测中呈阳性结果（图 4 – 11，部分结果）。阴性对照和 32 株来自其他种属的植物病原细菌的检测结果呈阴性。特异性分析中，18 株不同来源的 *A. citrulli* 呈阳性结果，32 株其他种属的植物病原菌检测呈阴性。因为实验中的特异性引物是基于 *A. citrulli* 16S rDNA 所设计的，而这段 16S rDNA 序列在噬酸菌属的部分种间具有较高的相似度，特别是一些 *A. citrulli* 的近缘菌种。所以导致了在检测 *A. avenae* subsp. *cattleyae* 和 *A. avenae* subsp. *avenae* 的不同菌株时呈阳性结果的情况。考虑到 *A. citrulli* 的侵染对象是典型的葫芦科作物，例如西瓜、甜瓜、黄瓜等，而 *A. avenae* subsp. *cattleyae* 和 *A. avenae* subsp. *avenae* 的侵染对象分别是兰花及燕麦、玉米、水稻等粮食作物，因此可以通过检测材料的不同来排除由 *A. avenae* subsp. *cattleyae* 和 *A. avenae* subsp. *avenae* 所产生的非特异性扩增的假阳性情况。

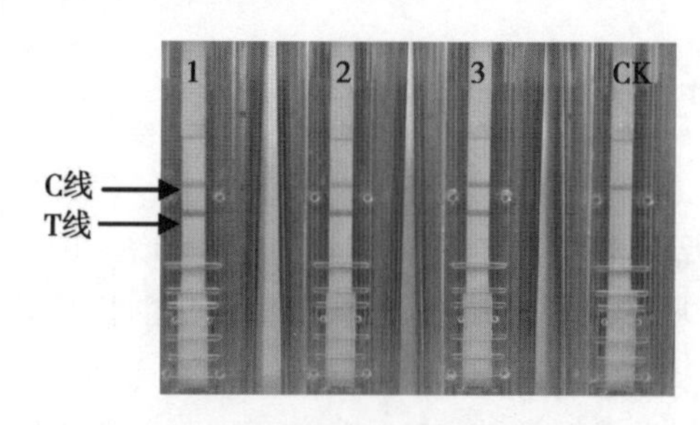

图 4－10　CPA 法检测 *A. citrulli*

1～3. *A. citrull*；CK. 阴性对照。

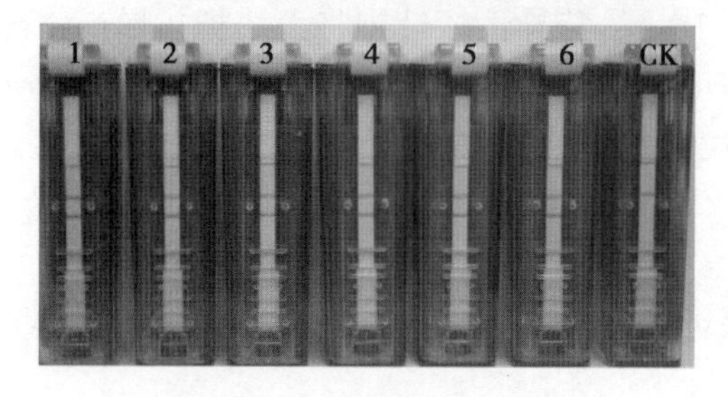

图 4－11　特异性检测结果

1. *A. avenae* subsp. *avenae*（NO. 25）；

2～6. *A. avenae* subsp. *cattleyae*（NO. 20～24）；CK. 阴性对照。

3. CPA 方法和 PCR 方法检测灵敏度比较

在用 CPA 方法对 *A. citrulli*（FC440）的梯度菌悬液进行的检测实验中，1 号样品（3.7×10^5CFU/ml）和 2 号样品（3.7×10^4CFU/ml）显现出了典型的阳性结果，而在 3 号样品（3.7×10^3CFU/ml）的结果中，可以在试纸条的检测区域观察到一条微弱的红色检测线。结合以上数据，判断用 CPA 法对细菌纯培养液的检测灵敏度在 3.7×10^3CFU/ml，此结果与 PCR 法的灵敏度水平相同（图 4－12、图 4－13）。由于在反应体系中加入了 2μl 菌液作为模板，经换算检测最低灵敏度为 7.4 个细菌左右。

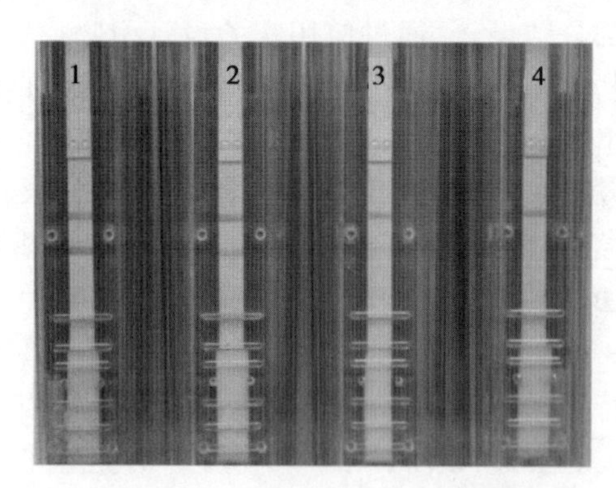

图 4－12　CPA 法检测菌悬液的灵敏度结果

1. 3.7×10^5CFU/ml；2. 3.7×10^4CFU/ml；3. 3.7×10^3CFU/ml；4. 阴性对照。

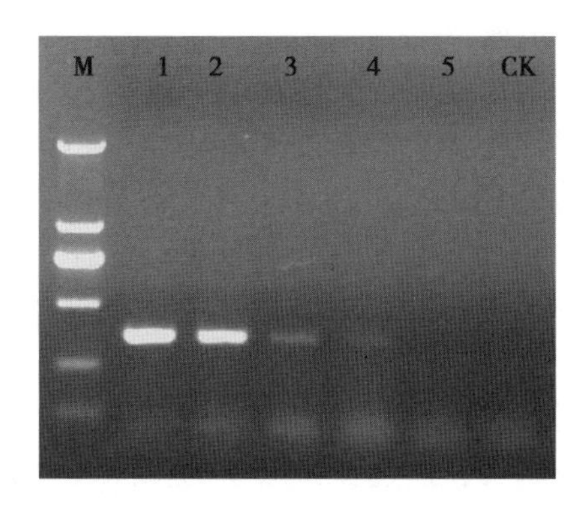

图 4-13 PCR 法检测菌悬液的灵敏度结果

M. DL2000，1. 3.7×10^6 CFU/ml；2. 3.7×10^5 CFU/m；3. 3.7×10^4 CFU/ml；4. 3.7×10^3 CFU/ml；5. 3.7×10^2 CFU/ml；CK. 阴性对照。

4. CPA 法检测带菌种子

在种子实体检测中，实验材料为人工模拟带菌以及天然带菌的两类种子样品悬浮液。梯度稀释种子浸泡液，从而得到 CPA 法种子实体检测的灵敏度水平。以从 5 个梯度的人工模拟带菌种浸液中提取得到的 DNA 为模板，经 CPA 反应后，4 个稀释梯度的带菌种子浸泡液以及天然带菌种子浸泡液 DNA 提取物的检测结果均为阳性，在试纸条上呈现出清晰的红色检测线，而健康种子浸泡液的 DNA 提取物呈阴性结果。3 次重复检测的结果一致。本研究所用方法可以成功检测出种子样品的带菌情况，对于人工模拟的样品，其灵敏度可以达到筛查出 1.8×10^3 CFU（4.5×10^5 CFU/ml）。

应用交叉引物扩增技术对纯化后的 *A. citrulli* 菌悬液进行检测，在无需进行细菌基因组 DNA 提取的条件下，菌液检测的分析灵敏度可以达到 $3.7\times10^3\sim3.7\times10^4$ CFU/ml。*A. citrulli* 细菌纯培养物和西瓜种子实体检测的灵敏度水平有两个数量级的差异，这些数据真实地反映了实验理论值与实际应用间的差异。造成灵敏度差异的原因主要有以下两点：第一，DNA 提取过程中的损失。虽然在人工模拟带菌的实验中能够通过 *A. citrulli* 菌液的原始浓度推算出梯度稀释后各个检测模板所代表的菌量，但是在提取 DNA 的过程中必然会导致一部分损失，原因包括实验的偶然误差及系统误差，从而降低最后的检测灵敏度，所以种子实体检测的数值主要还是用来在理论水平提供参考依据。另一方面，在对不同梯度的 *A. citrulli* 纯培养液进行 CPA 法检测时，由于模板为菌液而非进一步提取得到的 DNA，所以从某种程度上避免了提取细菌 DNA 过程中造成的样本损失，使得菌液检测灵敏度稍高于种子实体检测水平。第二，植物组织对于检测体系的影响。本研究建立的 CPA 法 *A. citrulli* 检测体系是针对病原细菌设计的，特别是其中引物探针的高效反应需要严格的环境条件的支持。在精确的分子反应过程中，微量的杂质都会影响到整个反应的最终结果。区别于单独以菌液为检测模板，在针对种子带菌情况的检测过程中，通过提取植物总 DNA 的方法得到的检测模板，其中肯定包含部分植物组分，因此可能会对实验产生影响。因为实际情况下种子的带菌率、带菌量往往很低，结合以上两点影响因素，在应用 CPA 法进行检测时，要注意样本量不能低于一定范围，否则可能造成漏检。

5. 小结

本研究中采用的交叉引物扩增方法是一种简单、快速的DNA扩增技术，通过设计一组特异性引物及探针，结合CPA扩增体系中具有链置换功能的*Bst* DNA聚合酶等成分，整个恒温反应不再需要经历像普通PCR那样的几十个温度变化的循环过程。这一特点降低了对所需仪器的要求，并且有效地节省了检测时间，通过与杭州尤思达生物技术公司合作，也研制了商业化的果斑病菌检测试剂盒。

在新型的一次性全封闭式快速检测装置中，扩增后的检测产物与包被上特异性的核酸或蛋白质的胶体金颗粒结合，通过在试纸条的检测线（T线）上显色来检测DNA扩增产物。没有扩增出目标序列时，特异性探针则将无法把扩增产物与标记物连接，结果无显色，判读为阴性。由于判读过程能在物理密封条件下完成，从而有效地防止了实验室扩增物交叉污染，避免了假阳性的检测结果。此项新型检测方法结合核酸恒温扩增及胶体金材料免疫层析显色技术，只需要提供离心机和一台简单的恒温设备，结合全封闭式靶核酸扩增物快速检测装置，便可完成从样品处理到结果判读的整套操作过程。此项技术具有反应时间短，仪器配置要求低，结果观察可视化等突出特点，有利于在简易实验室进行使用，同时也可以满足检验检疫部门和农业生产一线等单位在特定情况下的使用需求，如口岸或田间的核酸快速现场诊断，有较大的推广应用价值。

六、果斑病菌活体检测方法

分子生物技术在检测过程中不能有效区分样品中细菌的死活状态，因为即便细胞失去活力，其DNA仍存在于环境中，而且只有活细胞在适宜条件下才能造成病害的暴发并大面积流行。基于此，本研究将DNA染料结合PCR检测方法引入瓜类细菌性果斑病菌检测，建立了叠氮溴化丙锭（PMA）与实时荧光PCR相结合的瓜类细菌性果斑病菌活体检测方法。通过用PMA对样品进行前处理，使PMA与样品中死细胞的DNA分子共价交联，从而抑制死菌DNA分子的PCR扩增，特异性检测出样品中的活菌。该方法的建立为初步确定检测鉴别病菌活细胞提供了新方法，克服了基于DNA分子检测手段不能鉴别死活细胞，导致过高估计活细胞的数量，甚至产生假阳性结果的弊端，可以更有效地为该病害的预防控制提供可靠依据。

（一）PMA对活菌影响研究

经PMA处理和不经PMA处理的不同浓度的活菌菌悬液的实时荧光PCR检测结果如下图所示（图4-14），结果显示两种处理下样品的CT值基本一致，两条曲线的重合度很好，证明两种处理下样品的检测结果基本一致，说明PMA对活菌的扩增没有明显的抑制作用。

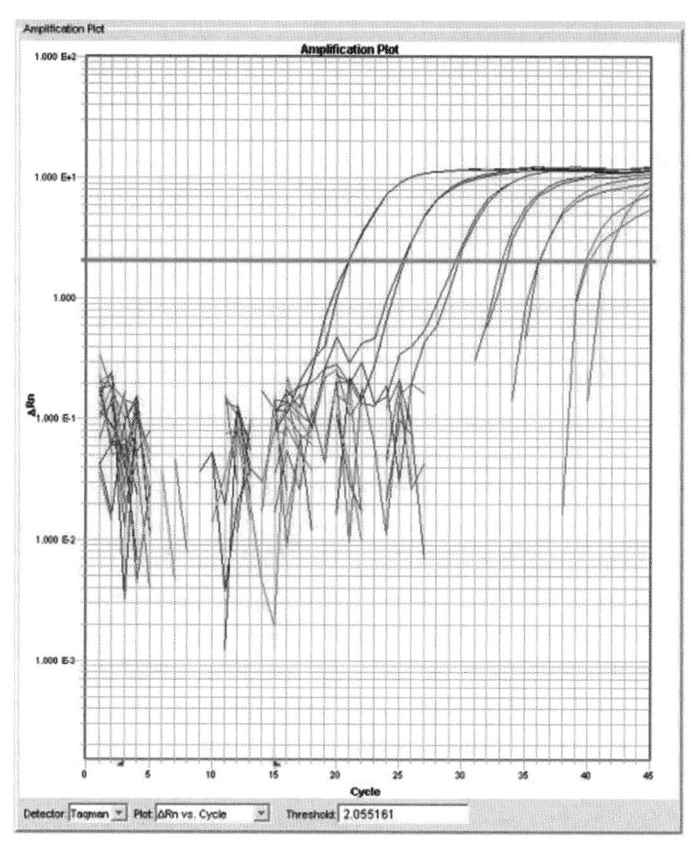

图 4－14　不同处理下活菌菌悬液的实时荧光 PCR 检测结果

（二）PMA 对死菌扩增的抑制作用研究

经 PMA 处理和不经 PMA 处理的死菌菌悬液及活菌菌悬液的实时荧光 PCR 检测结果如图 4－15 所示，结果显示未经 PMA 处理的死菌菌悬液的扩增荧光信号与活菌菌悬液（包括经 PMA 处理的和未经 PMA 处理的）的基本一致，而经 PMA 处理后的死菌菌悬液的扩增荧光信号明显降低，说明 PMA 对死菌菌悬液的 PCR 扩增有很好的抑制作用。

瓜类细菌性果斑病菌为重要的检疫性种传细菌，由于许多失去活力的菌体及其 DNA 仍残留在西瓜种子上，基于传统 PCR 方法极有可能将其 DNA 扩增而呈阳性结果。传统的幼苗试种法、半选择性培养基分离以及 Bio-PCR 等检测方法，都存在检测周期相对较长的缺点，无法满足口岸快速检测。

叠氮溴化丙锭（PMA）和叠氮溴化乙锭（EMA）是两种对 DNA 具有高度亲和力的光敏 DNA 染料，不能透过完整的细胞膜，只能选择性地修饰细胞死亡后暴露出来的 DNA 分子。用 PMA 和 EMA 处理后的样品暴露于强光下时，PMA 和 EMA 所带的光敏性稷氮基团转化为高活性的氮宾自由基，并与结合位点附近的任意碳氢化合物反应形成稳定的共价氮碳键，致使 DNA 分子的永久修饰，最后阻断 DNA 分子的聚合酶链式反应

(PCR) 扩增；同时，那些留在溶液中没有与DNA分子进行交联的PMA和EMA在强光照射的同时与水分子反应生成没有活性的羟胺。EMA结合的PCR技术和各种分子诊断技术能定量检测和分析样品中微生物的活细胞，是分析检测环境中微生物的有效方法，在临床诊断、食品安全检测及环境微生态学研究中得到了广泛的应用。由于EMA的细胞毒性，其应用受到较大的限制。因此，本研究将无细胞毒性的PMA与PCR技术结合，应用于细菌活细胞的选择性检测中。利用PMA渗透处理瓜类细菌性果斑病菌，并通过实时荧光PCR可有效分区纯菌落的死细胞和活细胞，为检测西瓜种子或其他繁殖材料中活细胞提供了一种方便、快捷的新方法，克服了基于DNA分子检测手段不能鉴别死活细胞，导致过高估计活细胞的数量，甚至产生假阳性结果的弊端，可以更有效地为该病害的预防控制提供可靠依据，是一种具有潜在应用价值的新方法。

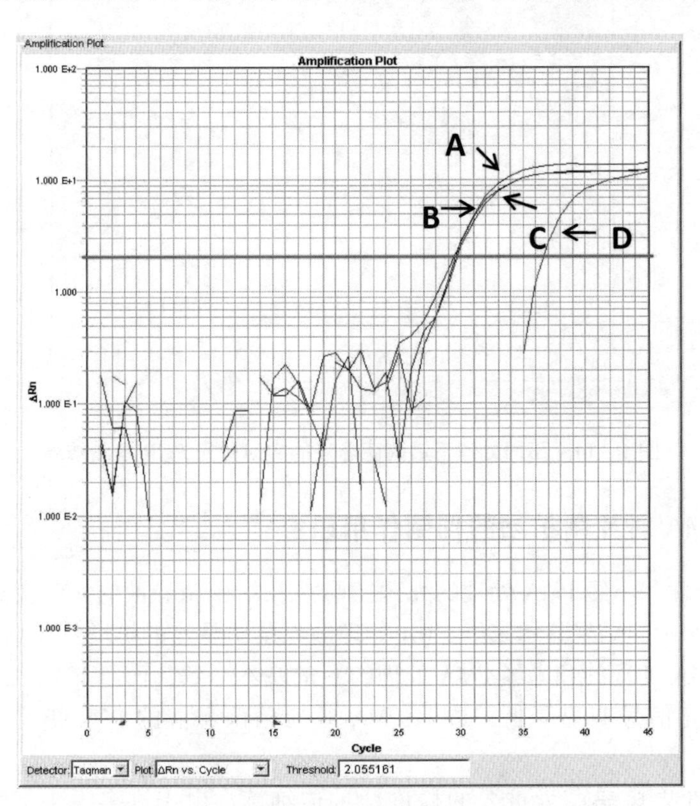

图4-15 实时荧光PCR检测结果

A. 活菌不加PMA处理；B. 活菌加PMA处理；C. 死菌不加PMA处理；D. 死菌加PMA处理。

第五章　西瓜甜瓜种子生产中细菌性果斑病防治关键技术研究与应用

瓜类细菌性果斑病（bacterial fruit blotch，BFB）自1965年首次在美国报道以来，世界上许多西瓜甜瓜产区已相继发生危害，造成巨大经济损失，现已成为世界级检疫对象。该病在我国20世纪90年代首次报道，其后在新疆、海南、内蒙古、北京、山东、吉林和福建等地相继发生并呈上升趋势，造成大田西瓜和甜瓜减产甚至绝收，给西瓜甜瓜生产带来了巨大的损失，严重影响我国西瓜甜瓜产业发展。

近20年来，多家大型跨国种业公司一直在我国设有制种基地。而由于细菌性果斑病的发生和为害，致使一些制种商陆续撤出中国，直接影响新疆和甘肃等制种基地的持续发展，使我国的西瓜制种业每年直接经济损失即达6 000万元以上。2000年7月15—18日调查，内蒙古巴彦淖尔市哈密瓜果斑病发生面积10 000～11 333hm^2，病株率10%～90%，部分地块果实发病率达100%，损失惨重。2002年11月至2003年1月海南省嫁接苗场，死苗率高达30%～80%，造成近1 000万株嫁接苗死亡；2002年底至2003年早春，海南和山东昌乐等地由于该病害发生损失嫁接苗800万株；2009年10月海南省2个嫁接苗场损失近300万株，育苗场无苗可售；2010年1月，山东昌乐尧沟、临朐等地，发病的嫁接苗达500万株。鉴此，针对甜瓜种子生产的重要环节，进行细菌性果斑病的防治关键技术研究，并推广应用于生产实践，具有重要的经济效益和社会效益。

瓜类作物种子的健康直接影响我国西瓜甜瓜的生产，同时已成为限制我国瓜类种业与产业走向国际市场的一个瓶颈。目前研究结果认为该病通过种子传播，为害严重，一旦大面积发病将造成毁灭性的损失。鉴于此，西瓜甜瓜生产中种子的带菌与否关系到果斑病整体防控效果，乃是防控的关键步骤，因此切断其初侵染源，从根源上遏制果斑病的发生扩散，对于果斑病的防控意义重大。

一、带菌亲本种子对后代种子带菌的影响研究

（一）材料与方法

1. 材料

W01：西瓜母本，W02：西瓜父本，M01：甜瓜母本，M02：甜瓜父本，V：带菌，AV：不带菌（来自中国农业科学院郑州果树所）。

2. 试验方法

（1）在甘肃金塔和河南开封进行杂交和自交收获种子进行检测。

（2）采用选择性培养基结合 PCR 的方法进行检测。

西瓜噬酸菌半选择培养基 EBBA 培养基：$NH_4H_2PO_4$ 1g；KCl 0.2g；$MgSO_4 \cdot 7H_2O$ 0.2g；酵母提取物 0.3g；硼酸 0.25g；琼脂 16g；0.6ml 保存浓度为 15mg/ml 的溴甲酚紫溶液；1ml 保存浓度为 10mg/ml 考马斯亮蓝 R 和纯水，调节 pH 值至 5.4，定容 1 000ml，121℃高压灭菌，冷却 50℃后加入 10ml 无水乙醇，10mg 氨苄青霉素和 500mg 放线菌酮混匀。在 EBBA 培养基平皿上用单菌落划线接种或用细菌悬浮液涂板接种后，在 37℃下培养 3～5d。

引物序列：上游引物 WFB1：5′-GACCAGCCACACTGGGAC-3′，下游引物 WFB2：5′-CTGCCGTACTCCAGCGAT-3′，用本引物 PCR 扩增产生 360bp 特异性条带。西瓜病叶总 DNA 使用 CTAB 法提取。检测菌落时，直接用移液枪蘸取用少量无菌水稀释，稀释液即为模板。

扩增体系：10×PCR 缓冲液 5.0μl；2.5mM dNTP 2μl；10mM 上下游引物各 1μl；Taq DNA 聚合酶 1.0μl；DNA 模板 4.0μl；无菌超纯水 11μl；总体积为 25μl。

扩增条件为：95℃预变性 5min；95℃变性 40s，65℃退火 1min，72℃延伸 40s，循环 35 次；72℃延伸 5min；12℃保存。

（二）带菌亲本种子对制种地种子细菌性果斑病发生的关系

本实验在河南开封和甘肃金塔两块地块同时进行，考察带菌的母本和带菌父本的种子中对后代种子带菌率的影响，图 5－1 和图 5－2 为采集的病瓜及种子。

图 5－1　BFB 病瓜

图 5－2　采集病瓜种子

用选择性培养基与 PCR 检测相结合的方法对杂交后代种子进行带菌检测，结果如下：从表 5－1 和表 5－2 中可以看出分别在河南开封和甘肃金塔两个不同地区进行的带菌亲本对后代种子带菌率影响研究中发现无论是带菌西瓜父本和带菌西瓜母本都可以导致后代种子带菌，而带菌甜瓜父本和带菌甜瓜母本也可以导致后代种子带菌。从结果上看带菌母本的影响大于带菌父本。

表 5-1　开封试验收集的种子检测结果

处理	共采集种子份数	带菌种子份数	带菌率
W01V × W02AV	31	5	16.1
W01AV × W02V	34	6	17.6
M01V × M02AV	27	8	29.6
M01AV × M02V	17	1	5.9
W01AV 自交	10	0	0
M01AV 自交	8	0	0

表 5-2　甘肃金塔试验收集种子检测

处理	共采集种子份数	带菌种子份数	带菌率
W01V × W02AV	26	3	11.5
W01AV × W02V	17	2	11.8
M01V × M02AV	31	6	19.4
M01AV × M02V	33	4	12.1
W01AV 自交	7	0	0
M01AV 自交	7	0	0

W01：西瓜母本，W02：西瓜父本，M01：甜瓜母本，M02：甜瓜父本 V：带菌，AV：不带菌。

二、种田不同栽培密度、灌溉方式及采种技术、采种工具下西瓜甜瓜细菌性果斑病发生情况及种子带菌率研究

（一）材料与方法

1. 材料

亲本选择：用于杂交制种的亲本要求母本纯度 99%，父本纯度 99.9%，父、母本发芽率 90% 以上，父母本配比一般为 1：（15～25）。

种子处理方法：西亚一号西瓜处理浓度为 700 倍，处理时间为 60min；甜瓜处理浓度为 1 000倍，处理时间为 45min。

2. 试验方法

播种前需将亲本种子粒选，以确保苗齐苗壮、集中授粉。选择 3 年以上未种过葫芦科作物、土质疏松肥沃的壤土或沙壤土，盐碱地及地下水位高的地不宜选作制种田。制种田要求灌排方便，四周设置隔离 500～1 000m，每 667m^2 制种田施磷酸二铵 20～30kg，加施优质农家肥 1.5m^3。

试验设置西瓜和甜瓜各 8 个小区，每个小区 100m^2，采种方式机械采种，灌溉方式沟灌和滴灌，沟灌沟距 2.5～3.5m，瓜沟下底宽 0.2m，高 0.3m，上口宽 0.5m；滴灌

沟距 2.5～3.5m，瓜沟下底宽 0.1m，高 0.1m，上口宽 0.2m；整平播种带，用 70～90cm 宽的透明地膜覆盖播种带，方法是在距离沟口 15～20cm 的沟壁上先开出埋膜槽，然后再铺膜。要求地膜紧贴地面，要压平、压紧、压实，地膜采光面要达到 40～45cm，以利于在早春提高地温，同时设置 4 个种植密度。

西瓜制种（图 5－3）：行株距分别为①3.0m×0.10m；②3.0m×0.15m；③3.0m×0.20m；④3.0m×0.25m。

甜瓜制种（图 5－4）：行株距分别为①3.5m×0.2m；②3.5m×0.25m；③3.5m×0.30m；④3.5m×0.35m。

图 5－3　西瓜种子采收机

图 5－4　甜瓜种子采收机

小区 1：西瓜制种，灌溉方式沟灌，密度 3.0m×0.10m，采种方式机械采收；
小区 2：西瓜制种，灌溉方式沟灌，密度 3.0m×0.15m，采种方式机械采收；
小区 3：西瓜制种，灌溉方式沟灌，密度 3.0m×0.20m，采种方式机械采收；
小区 4：西瓜制种，灌溉方式沟灌，密度 3.0m×0.25m，采种方式机械采收；
小区 5：西瓜制种，灌溉方式滴灌，密度 3.0m×0.10m，采种方式机械采收；
小区 6：西瓜制种，灌溉方式滴灌，密度 3.0m×0.15m，采种方式机械采收；
小区 7：西瓜制种，灌溉方式滴灌，密度 3.0m×0.20m，采种方式机械采收；
小区 8：西瓜制种，灌溉方式滴灌，密度 3.0m×0.25m，采种方式机械采收；
小区 9：甜瓜制种，灌溉方式沟灌，密度 3.5m×0.20m，采种方式机械采收；
小区 10：甜瓜制种，灌溉方式沟灌，密度 3.5m×0.25m，采种方式机械采收；
小区 11：甜瓜制种，灌溉方式沟灌，密度 3.5m×0.30m，采种方式机械采收；
小区 12：甜瓜制种，灌溉方式沟灌，密度 3.5m×0.35m，采种方式机械采收；
小区 13：甜瓜制种，灌溉方式滴灌，密度 3.5m×0.20m，采种方式机械采收；
小区 14：甜瓜制种，灌溉方式滴灌，密度 3.5m×0.25m，采种方式机械采收；
小区 15：甜瓜制种，灌溉方式滴灌，密度 3.5m×0.30m，采种方式机械采收；
小区 16：甜瓜制种，灌溉方式滴灌，密度 3.5m×0.35m，采种方式机械采收。

种子病菌检测方法：保湿生长盒检测法，即在透光的塑料盒中装入蛭石和珍珠岩，然后将种子散播其上，密封后放入人工生长室中（25℃，日光灯），14d 后观察叶缘和叶脉间有无水浸状或油浸状病斑出现，同时记录发病株数，计算种子带菌率。

（二）种田不同栽培密度、不同灌溉方式及不同采种技术、采种工具下西瓜甜瓜细菌性果斑病发生情况及种子带菌率研究

通过表5-3可以看出栽培密度小的出苗率要高于密度大的，发病率总体很低，基本没有，栽培密度大的偶有几株，在产量上，西瓜小区3、7较高，甜瓜小区10、14较高，在千粒重上，西瓜小区3、4、7、8比较高，种子更饱满；甜瓜小区9、13比其他低，其他处理种子更饱满，滴管比沟灌省力成本低，机械采收好于人工采收。结合药剂处理试验，新疆制种田生产健康种子的最佳方式是西瓜制种，灌溉方式滴灌，密度3.0m×0.20m，采种方式机械采收，之后种子处理剂用西亚1号；甜瓜制种，灌溉方式滴灌，密度3.5m×0.25m，采种方式机械采收，之后种子处理剂用西亚1号。

表5-3　育苗检测结果

区号	播种粒数	出苗株数	出苗率（%）	发病株数	发病率（%）	小区产量（kg）	千粒重（g）
小区1	2 000	1 790	89.5	6	0.3	5.9	30
小区2	2 000	1 812	90.6	4	0.2	6.0	33
小区3	2 000	1 864	93.2	0	0	6.0	34
小区4	2 000	1 928	96.4	0	0	5.4	34
小区5	2 000	1 810	90.5	2	0.1	6.0	29
小区6	2 000	1 842	92.1	4	0.2	6.1	33
小区7	2 000	1 838	91.9	0	0	6.2	35
小区8	2 000	1 858	92.9	0	0	5.4	35
小区9	2 000	1 832	91.6	6	0.3	5.6	29
小区10	2 000	1 808	90.4	8	0.4	5.8	30
小区11	2 000	1 824	91.2	0	0	5.3	31
小区12	2 000	1 858	92.9	0	0	5.0	32
小区13	2 000	1 824	91.2	4	0.2	5.8	28
小区14	2 000	1 840	92	0	0	6.0	32
小区15	2 000	1 865	93.3	0	0	5.4	31
小区16	2 000	1 878	93.9	0	0	5.2	31

三、种子干热处理和种子化学处理效果评估

（一）材料与方法

1. 材料

（1）供试品种：黑媚娘，红大（由湖南省瓜类研究所提供）。育苗基质，育苗盘，

干燥箱。

（2）培养基：EBB 培养基配制：准确称取硼酸 0.25g、酵母提取物 0.3g、琼脂 16g、NH_4PO_4 1g、$MgSO_4 \cdot 7H_2O$ 0.2g、KCl 0.2g、将 pH 值调至 5.4 左右，加入 600μl 15mg/ml 溴甲酚、1ml 10mg/ml 亮蓝 R，灭菌后冷至 55℃，加 10ml 乙醇、2ml 250mg/ml放线菌酮，再倒入灭菌的培养皿中。

（3）PCR 引物序列：上游引物 WFB1：5′-GACCAGCCACACTGGGAC-3′，下游引物 WFB2：5′-CTGCCGTACTCCAGCGAT-3′。

2. 试验方法

（1）种子干热处理：先将已接细菌性果斑病菌的种子烘干至7%左右的含水量，种子在仪器内进行预温缓冲处理后直接调至各温度、时间干热处理，对照为不进行干热处理的带菌（表 5－4）。

表 5－4 种子干热处理条件

处理因素	70℃	75℃	80℃
24h	A1 70℃24h	A4 75℃24h	A7 80℃24h
48h	A2 70℃48h	A5 75℃48h	A8 80℃48h
72h	A3 70℃72h	A6 75℃72h	A9 80℃72h

（2）种子浸提液选择项培养基检测

每处理随机取 100 粒待测西瓜种子，放入 100ml 锥形瓶中，加入 50ml 无菌水充分浸泡，26℃、160r/min 振荡 2h 后，吸取 1ml 菌悬液依次稀释 10^2倍。再从 10^2倍的稀释液中取 100μl 在直径为 9cm 的 EBB 平板培养基上涂板，每处理 5 皿，以未进行干热处理的带菌种子为对照。在 33℃的恒温箱内黑暗培养 4d，记录菌落数。

（3）育苗检测

育苗基质用 160℃灭菌 4h 后，装入 50 孔的育苗盘中备用。将待检测的西瓜种子播入育苗盘中，每孔 1 粒，每处理播 100 粒，未进行干热处理的带菌种子作为对照。设 3 次重复。置于 28℃保湿盒内培养。待子叶展开后，调查叶片上油浸状或水浸状病斑出现情况，统计发病株数，计算发病率和灭菌效果。

$$\text{灭菌效果（\%）} = \frac{\text{对照发病率} - \text{处理发病率}}{\text{对照发病率}} \times 100$$

$$\text{发病率（\%）} = \frac{\text{发病植株总数}}{\text{供试植株总数}} \times 100$$

（4）PCR 检测

用引物 WFB1/WFB2 PCR 扩增产生 360bp 特异性条带。西瓜病叶总 DNA 使用 CTAB 法提取。检测菌落时，直接用移液枪沾取用少量无菌水稀释，稀释液即为模板。

扩增体系：10×PCR 缓冲液 5.0μl；2.5mM dNTP 2μl；10mM 上下游引物各 1μl；Taq DNA 聚合酶 1.0μl；DNA 模板 4.0μl；无菌超纯水 11μl；总体积为 25μl。

扩增条件为：95℃预变性5min；95℃变性40s，65℃退火1min，72℃延伸40s，循环35次；72℃延伸5min；12℃保存。

（二）种子干热处理

根据表5－5和表5－6的结果：随着处理温度和时间的升高灭菌率和防治效果显著提高，通过干热杀菌机程序控制，对西瓜甜瓜种子细菌性果斑病及其他常见病害能够进行有效的控制，该处理方法对种子安全有效，在一定程度上促进种子发芽及幼苗生长，尤其是根的生长，且可将非正常苗率控制在较低水平，并能有效地杀灭种子所带病菌；并形成了种子干热杀菌的技术参数模式。但是在75℃以上温度处理过的种子生长出来的幼苗子叶变畸形（图5－5）。

表5－5　种子干热处理后浸提液选择性培养基检测

品种	处理	菌落数（个）	灭菌率（%）	灭菌率5%水平	灭菌率1%水平
黑媚娘	70℃24h	122.3	53.2	f	E
	70℃48h	52.0	80.1	c	B
	70℃72h	24.7	90.6	b	C
	75℃24h	85.0	67.5	d	D
	75℃48h	14.0	94.6	ab	AB
	75℃72h	1.7	99.4	ab	AB
	80℃24h	16.5	93.7	ab	AB
	80℃48h	4.0	98.5	ab	AB
	80℃72h	0.0	100.0	a	A
	CK	261.7			
红大	70℃24h	164.7	31.4	e	D
	70℃48h	88.0	63.3	d	C
	70℃72h	25.2	89.5	abc	AB
	75℃24h	157.0	34.6	e	D
	75℃48h	52.3	78.2	bc	ABC
	75℃72h	4.7	98.1	ab	AB
	80℃24h	16.5	93.1	ab	AB
	80℃48h	12.3	94.9	ab	AB
	80℃72h	0.3	99.9	a	A
	CK	240.0			

注：小写字母间差异显著（$P=0.05$）大写字母间差异极显著（$P=0.01$）。

表 5－6　种子干热处理后育苗检测

品种	处理	发病率（%）	防治效果（%）	发病率 5% 水平	发病率 1% 水平
黑媚娘	70℃24h	25.3	23.2	b	B
	70℃48h	18.3	44.4	c	C
	70℃72h	11.0	66.7	d	DE
	75℃24h	17.3	47.5	c	CD
	75℃48h	13.7	58.6	cd	CDE
	75℃72h	8.7	73.7	de	EF
	80℃24h	10.8	67.4	d	DE
	80℃48h	4.0	87.9	ef	FG
	80℃72h	1.0	97.0	f	G
	CK	33.0		a	A
红大	70℃24h	27.7	17.6	b	AB
	70℃48h	19.3	42.6	c	C
	70℃72h	13.0	61.3	de	CD
	75℃24h	26.3	21.7	b	B
	75℃48h	14.7	56.3	d	CD
	75℃72h	11.3	66.4	de	DE
	80℃24h	13.3	60.4	de	CD
	80℃48h	8.7	74.1	ef	DE
	80℃72h	5.7	83.0	f	E
	CK	33.6		a	A

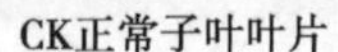
CK正常子叶叶片　　80℃处理后子叶畸表

图 5－5　干热处理后幼苗子叶症状

本研究进一步完善和优化了种子消毒处理技术，掌握了西瓜种子干热杀菌的成熟技术参数，找到了种子干热杀菌温度控制的临界温度，从 40℃→50℃→60℃→75℃（干热处理），然后再依次进行两个温度点的缓冲处理，再将种子自然冷却至室温。

四、几种种子处理剂对瓜类细菌性果斑病防治效果的研究

（一）材料与方法

1. 材料

供试菌株：瓜类细菌性果斑病菌（由中国农业科学院植物保护研究所赵廷昌研究员提供）。

供试药剂：西亚 1 号；Tsunami100；过氧乙酸和浓盐酸。

供试品种：新 1 号（无籽西瓜）；早佳—8424（有籽西瓜）；黄皮 9818（厚皮甜瓜）（由新疆农业科学院哈密瓜研究中心提供）。

2. 试验方法

（1）种子干热消毒处理。将供试材料种子放置在电恒温烘箱中，温度 38 ~ 68℃，干热消毒 72h，再将消毒后的干种子放入 30℃ 恒温箱备用。

（2）种子药剂处理。将干热消毒后的种子在 10^8 CFU/ml 的菌液中于 30℃、150r/min 恒温摇床振荡培养 2h 接种果斑病菌，之后迅速风干，人工模拟种子带菌，并把供试药剂配成不同浓度处理模拟带菌种子。

西亚 1 号处理试验：无籽西瓜、有籽西瓜和厚皮甜瓜处理试验，设置 500 倍、700 倍、1 000倍和 1 500倍 4 个浓度梯度，分别处理 30min、45min、60min 和 90min，共计 48 个处理，每个处理 50 粒种子。药剂处理后迅速脱水并放到室外风干。

西亚 1 号与 Tsunami100、过氧乙酸和浓盐酸对比试验：分别处理无籽西瓜、有籽西瓜和厚皮甜瓜，试验根据以往文献记载设置 3% 浓盐酸酸化 15min、过氧乙酸 40 倍酸化 90min、80 倍 Tsunami 100 处理 15min、西亚 1 号处理根据（1）中试验结果，并设置空白对照，共计 15 个处理，每个处理 50 粒种子，3 次重复。前 3 种药剂处理后用自来水反复冲洗干净，之后放在室外迅速风干；西亚 1 号处理后不用自来水冲洗，直接脱水并放到室外迅速风干。

（3）种子药剂处理。分别用 $Ca(OH)_2$、HCl、过氧乙酸、加收米、加瑞农和可杀得复配处理种子，调查发芽率、发病率及相对防效。

（4）种子处理效果检测。将处理后的种子直接播于装有椰糠和黄砂（3∶1）混合基质的 50cm × 30cm 育苗方盘中，基质已经经过福尔马林消毒，每盘 1 000粒，放在 28℃ 左右的温室大棚内正常管理。出苗后记录各处理的出苗率及发病率。

（二）结果与分析

1. 种子化学处理效果评估

结果如表 5 - 7 和图 5 - 6 所示，HCl 和农药处理后对种子的发芽率影响非常的小，过氧乙酸处理后稍微有点影响，但是发芽率均在 90% 以上。空白对照 CK 的发病率最高达到 62. 7，10% 过氧乙酸和 5% HCl 的发病率分别是是 2% 和 2. 7%，相对防效分别

是96.8%和93.6%。10%的Ca（OH）$_2$浸泡种子10min可以在一定限度内降低种子BFB的发病率，加上合适的HCl和过氧乙酸的浓度可以控制BFB的发病率在2%。只要后期冲洗干净，以上处理对种子的发芽率的影响很小。

表5-7 酸化处理

处理	发芽率（%）	发病率（%）	相对防效（%）	方差分析
CK	96.97	62.7	—	A
Ca（OH）$_2$	95.71	8.7	86.2	B
10%Ca（OH）$_2$+1%HCl	94.23	10.7	83.0	B
10%Ca（OH）$_2$+3%HCl	93.68	8.0	87.2	B
10%Ca（OH）$_2$+5%HCl	94.55	2.7	95.7	B
10%Ca（OH）$_2$+1%过氧乙酸	90.95	8.7	86.2	B
10%Ca（OH）$_2$+10%过氧乙酸	92.96	2.0	96.8	B
10%Ca（OH）$_2$+20%过氧乙酸	90.13	4.0	93.6	B
10%Ca（OH）$_2$+200倍加收米	93.60	8.7	86.2	B
10%Ca（OH）$_2$+200倍加瑞农	97.14	4.7	92.6	B
10%Ca（OH）$_2$+200倍可杀得	93.00	6.7	89.4	B

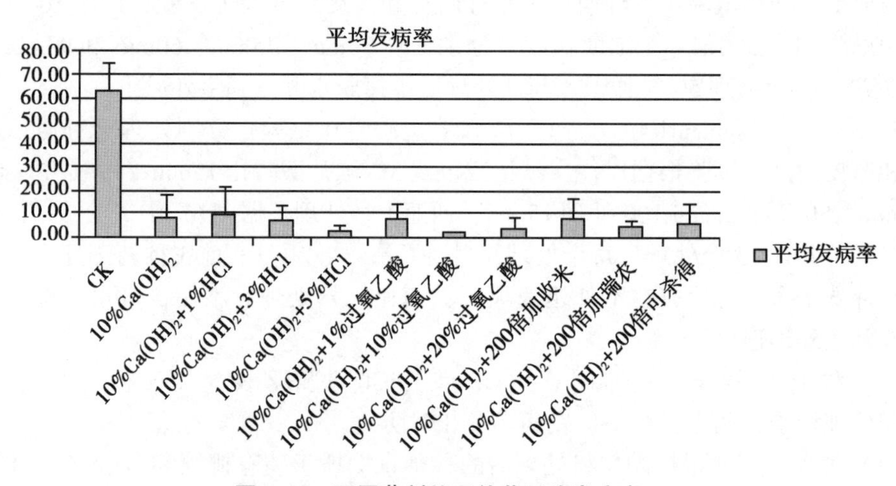

图5-6 不同药剂处理幼苗平均发病率

2. 不同药剂处理防治细菌性果斑病的效果

由表5-8可以看出：①4种试剂处理无籽西瓜后种子发芽率之间差异不显著，略低于空白对照，说明4种药剂处理对种子发芽率影响不大；4种药剂处理后发病率都远远低于空白对照，其中西亚1号与其他药剂在防治效果上差异显著，发病率最低，Tsunami100与3%浓盐酸处理之间差异不显著，过氧乙酸处理在4种药剂发病率最高。②4种试剂处理有籽西瓜后种子发芽率之间有差异，3%浓盐酸处理与其他3种药剂处理差异显著，发芽率最低，其他3种药剂处理之间差异不大，低于空白对照；4种药剂处理后发病率都远远低于空白对照，其中西亚 1 号与其他药剂在防治效果上差异显著，发病率最低，Tsunami100 与 3% 浓盐酸处理之间差异不显著，过氧乙酸处理在 4 种药剂发病率最高。③ 4 种试剂处理厚皮甜瓜后种子发芽率之间有差异，3% 浓盐酸处理与其他 3 种药剂处理差异显著，发芽率最低；过氧乙酸与 Tsunami100 处理之间有差异，过氧乙酸处理后发芽率低于 Tsunami100 处理；过氧乙酸与西亚 1 号处理之间发芽率无差异；Tsunami100 与西亚 1 号处理之间发芽率无差异；4 种药剂处理后发病率都远远低于空白对照，其中西亚 1 号与其他药剂在防治效果上差异显著，发病率最低，Tsunami100 与 3% 浓盐酸处理之间差异不显著，过氧乙酸处理在 4 种药剂发病率最高。

表 5－8　4 种药剂对细菌性果斑病防治效果

处理	新 1 号（无籽西瓜）				早佳（有籽西瓜）				黄皮 9818（厚皮甜瓜）			
	发芽率（%）	平均（%）	发病率（%）	平均（%）	发芽率（%）	平均（%）	发病率（%）	平均（%）	发芽率（%）	平均（%）	发病率（%）	平均（%）
3% 浓盐酸 15mins	82		14		82		14		78		8	
	76	80. 7a	16	13. 3b	84	81. 3b	12	11. 3b	76	78d	6	8b
	84		10		78		8		80		10	
过氧乙酸 40 倍 90mins	80		24		86		18		88		16	
	78	80. 7a	26	24c	94	91. 3a	20	18c	90	89. 3bc	18	16c
	84		22		94		16		90		14	
80 倍 Tsunami100 处理 15mins	82		14		94		8		96		6	
	80	82. 7a	12	12b	90	92. 7a	12	10b	94	95. 3a	6	5. 3b
	86		10		94		10		96		4	
西亚 1 号西瓜：700 倍 60mins 甜瓜：1 000 倍 45mins	80		2		90		2		92		0	
	82	80. 7a	2	2. 7a	92	90. 3a	2	2a	94	91. 3ab	0	0. 7a
	80		4		90		2		88		2	
CK 对照	84		98		96		94		98		98	
	84	84. 7	96	96. 7	98	96. 7	96	94. 7	96	96. 7	96	96. 7
	86		96		96		94		96		96	

3. 不同浓度和处理时间西亚 1 号防治效果

从表 5－9 可以看出用 500 倍西亚 1 号无论处理时间长短，都严重影响新 1 号、早佳和黄皮 9818 种子发芽率；当药剂浓度稀释到 700 倍以上，无论处理时间长短，基本不影响种子发芽率；对有籽西瓜与无籽西瓜药剂处理，当浓度稀释到 1 000倍以上，发病率明显增加，同时不受处理时间的影响；对厚皮甜瓜药剂处理，只有浓度稀释到 1 500倍以上，发病率有所增加，同时处理时间也影响发病率，处理时间越长，发病率越低。

表 5-9 西亚 1 号不同浓度和处理时间处理种子对防治细菌性果斑病效果和种子发芽率

处理	新 1 号（无籽西瓜）		早佳（有籽西瓜）		黄皮 9818（厚皮甜瓜）	
	发芽率（%）	发病率（%）	发芽率（%）	发病率（%）	发芽率（%）	发病率（%）
500 倍 30min	66	2	82	2	78	2
500 倍 45min	62	2	84	2	76	0
500 倍 60min	64	0	78	0	70	0
500 倍 90min	52	0	62	0	60	0
700 倍 30min	86	4	96	4	90	2
700 倍 45min	84	2	94	2	90	2
700 倍 60min	84	2	94	0	88	0
700 倍 90min	68	0	84	2	78	0
1 000 倍 30min	86	10	94	8	96	2
1 000 倍 45min	84	10	96	10	98	0
1 000 倍 60min	84	12	92	8	94	2
1 000 倍 90min	76	12	86	6	80	2
1 500 倍 30min	86	16	96	18	98	12
1 500 倍 45min	84	14	98	18	96	10
1 500 倍 60min	82	14	96	16	96	8
1 500 倍 90min	78	12	86	14	86	4

五、果斑病化学药剂防治试验研究

（一）材料与方法

1. 材料

供试甜瓜品种：欣源蜜 8 号、黄丝玉、丰成蜜 6 号、蜜农 9 号、昭君 3 号、新蜜杂 25 号（甘肃省农业科学院蔬菜研究所提供）。

供试药剂：苏纳米（先正达公司），使用前稀释成 1：80 倍溶液，边配边用，盛放时间不得超过 1h。春雷霉素，硫酸链霉素。

2. 试验方法

种子用 80 倍的苏纳米溶液浸种，在出苗后和膨瓜期分别用农用硫酸链霉素、春雷霉素进行喷雾防治，对照不处理。

（1）种子消毒处理。用 80 倍的苏纳米溶液浸种 15min，期间不断搅拌，紧接着用清水清洗 1～2 次，再晾干后播种（注意把握好药剂浓度和浸种时间）。

（2）幼苗期防治。在出苗后，使用复配药剂（2% 春雷霉素 500 倍液 +100 万倍硫酸链霉素 3 000倍液）进行预防保护，喷药 1 次。

（3）成株期处理。使用复配药剂（2% 春雷霉素 500 倍液 +100 万倍硫酸链霉素 3 000倍液）进行防治，每隔 7～15d 喷雾 1 次，共喷施 2 次。

（4）田间管理。及时巡田，清除病残体；注意灌水应少量多次，降低田间湿度，避免灌水上塘；适时进行整枝、打杈，保证整株间通风透光；合理增施有机肥，可以提高植株生长势，增强抗病能力。

于 2012 年 7 月 20 日、7 月 30 日和 8 月 10 日，对试验地内甜瓜及未使用防控技术个别地块（CK）进行细菌性果斑病发病率调查。

（二）细菌性果斑病化学药剂防治研究

由表 5－10 可知，苗期喷施药剂后，3 种药剂处理均为发现子叶发病，清水对照亦未发病，可能是幼苗时期气候干燥，不利于发病。由表 5－11 可知，3 种药剂在果实膨大期喷施后防治效果都比较好，防效均超过 97%，其中 47% 的加瑞农可湿性粉剂防治效果最好，防效为 98.7%，由于发病较轻的缘故，3 种药剂防效都很理想，防效都高于对照，但处理效果不明显，有待于下年进一步试验验证。综上可知，苗期、果实膨大期用药也会取得一定的保护效果。

表 5－10　苗期防效调查结果

化学药剂	调查株数	发病株数	发病率（%）	防效（%）
47% 的加瑞农可湿性粉剂	78	0	0	100
77% 的可杀得 2000 可湿性粉剂	80	0	0	100
72% 农用链霉素可溶性粉剂	79	0	0	100
对照	80	0	0	—

表 5－11　果实膨大期田间防效调查结果

化学药剂	调查株数	发病株数	发病率（%）	防效（%）
47% 加瑞农可湿性粉剂	78	1	1.3	98.7
77% 可杀得 2 000 可湿性粉剂	80	2	2.5	97.5
72% 农用链霉素可溶性粉剂	79	2	2.5	97.5
对照	80	4	5	—

六、示范基地建设、应用推广及技术培训

（一）出版发行西瓜甜瓜健康种子生产技术多媒影视专题片

结合行业专项研究成果和西瓜甜瓜健康种子技术规程，在金塔县中东镇的屯庄村西瓜甜瓜健康种子生产示范基地，拍摄完成西瓜甜瓜健康种子生产技术影视专题片 2 套，并委托甘肃省音响出版社发行，出版号分别为 ISBN：978-7-88616-460-4，ISBN：978-7-88616-461-3。在新疆 222 团俱 6 屯西瓜甜瓜健康种子生产示范基地，拍摄完成并出版新疆西瓜甜瓜健康种子生产技术影视专题片 1 套，出版号为 ISBN：978-7-88620-857-7（图 5－7）。

图 5－7　西瓜甜瓜健康种子生产技术影视专题片

（二）标准化示范基地建设

（1）在新疆 222 团俱 6 屯建成西瓜甜瓜健康种子生产示范基地 1 500亩，示范推广西瓜甜瓜健康种子生产技术规程所制定的各项技术，使示范区制种田细菌性果斑病发病率明显降低；核心示范区 4 年累计 6 000亩；其中西瓜 4 000亩，甜瓜 2 000亩。

（2）在甘肃金塔县东镇屯庄村建成西瓜甜瓜健康种子生产示范基地 2 000亩（图 5－8），示范推广西瓜甜瓜健康种子生产技术规程所制定的各项技术，使示范区制种田细菌性果斑病发病率为 0；以金塔县中东镇的屯庄村为中心，核心示范区 4 年累计 8 000亩；其中西瓜 6 300亩，甜瓜 1 700亩。

图5－8 甘肃省金塔县西瓜甜瓜健康种子生产标准化示范基地

（三）西瓜甜瓜健康种子生产技术培训

4年举办西瓜甜瓜健康种子生产技术培训34场次（图5－9），分别在新疆昌吉、222团、克拉玛依以及甘肃酒泉市金塔县和瓜州县、武威市民勤县开展健康种子生产及西瓜甜瓜果斑病综合防控技术培训会，分别围绕细菌性果斑病识别与防治、健康种子生产基地建设、商品西瓜甜瓜种子处理及田间综合防控技术进行了现场专题培训。培训农牧局下属各职能单位负责人、各乡镇农业主管领导、乡镇农技中心负责人、主要的西瓜甜瓜种子企业负责人、制种企业技术员及制种农户共计6 000余人。发放培训教材、宣传图册、明白纸10 000余份。

图 5－9　技术培训、免费发放药剂

第六章　西瓜甜瓜种子采后处理技术研究与示范

国际上定义瓜类细菌性果斑病是一种种传病害。我国于2006年将瓜类细菌性果斑病菌列入全国农业植物检疫性有害生物，2007年又将其列入出入境检疫性有害生物名单。虽然目前为止还没有完全确认果斑病菌的侵染和致病途径，但是已经明确种子带菌是导致田间病害发生的主要途径之一。因此，种子消毒处理是减少甚至完全控制西瓜甜瓜细菌性果斑病发生的重要环节。

目前生产上多采用种子消毒和田间施用杀菌剂的方法来控制果斑病的发生。种子消毒处理多是在种子采收后马上进行短时间的药剂浸泡，同时要求处理后的种子及时晾晒，并保证处理后未完全干燥前不再接触任何病原菌，避免二次污染。

生产上进行西瓜甜瓜种子消毒处理时经常遇到以下问题：①对杀菌剂种类、浓度使用不当，或者药剂超出有效期，影响杀菌效果。需要对常用杀菌性的使用方法进行规范，评价使用效果；②一些强酸性杀菌剂对使用人员的操作能力要求高，对环境可能造成潜在不利影响、对种子造成伤害，需要寻找更加有效的、对环境影响不大的替代药剂；③多数杀菌剂处理种子后需要大量清水冲洗，这在我国主要制种区域同时又是水资源匮乏的西部地区造成困难；④西瓜商品种子分为二倍体种子和三倍体种子两大类型。相对而言，二倍体西瓜种子活力较高，多数种子采收后经过发酵处理，使种子感染机会降低。同时多数二倍体西瓜种子能够经受一定浓度范围的常用杀菌剂处理，种子生理受影响程度不大；而对于三倍体种子，种子活力较弱，采收后不能经受发酵处理，也不能经受多数常用杀菌剂处理，否则会对种子活力产生影响。因此需要针对三倍体西瓜种子的特性，找到适宜的处理方法；⑤生产上常用药剂处理、种子包衣等方法提高种子健康，但是商品种子使用时通常又需要采用浸种等预处理，造成包衣处理时加入的药剂不能带入田间保证苗期生长；对三倍体西瓜种子，生产上多数要进行嗑籽处理以保证发芽效果，不仅费时费力，而且前期采用化学药剂处理对操作人员的健康产生影响，而嗑籽处理前的浸泡又会对药剂的作用产生折扣。据此，需要通过适宜的种子处理，提高种子活力，改善种子特性，使其在使用时简化生产流程，保持药剂处理效果；⑥西瓜生产通常采用嫁接技术，对砧木种子健康重视不够。西瓜生产多数以葫芦或南瓜作为砧木，已经证明这两种作物种子也是细菌性果斑病菌的侵染对象。砧木种子的活力和健康严重影响西瓜生产过程细菌性果斑病的发生，需要引起重视；⑦提高种子健康的处理技术在生产上应用时，需要使用配套的小型设备才能保证应用效果。

本研究针对上述问题，从以下几方面开展采后处理技术研究：建立瓜类细菌性果斑病种子消毒评价体系、确认并规范常用杀菌剂的消毒条件、筛选新型高效低毒杀菌剂、确认干热消毒、辐射处理等物理消毒方法的有效性、筛选可应用于三倍体西瓜种子的处理方法、研究提高砧木种子活力和健康的处理技术、研制配套小型设备提高应用效果等。研究旨在通过适宜的种子处理技术，全面提高种子健康，减少或控制西瓜甜瓜细菌性果斑病的发生。

一、建立了湖南地区瓜类细菌性果斑病种子消毒评价体系

主要试验步骤：分离*Aac*—菌落检测—筛选耐药菌株—耐药菌株致病性检测—获得带有耐链霉素果斑病菌的西瓜种子（果实接种）。

试验结果证实，所得到的耐药菌株具有致病性，PCR及测序结果表明确为果斑病菌。已成功获得带有耐链霉素的西瓜果斑病菌种子，此种子用于消毒效果评价，提高评价结果的可靠性。

在湖南省进行了种子消毒处理效果评价：经过课题组试验验证，4% HCl处理带菌种子20min、2%甲醛处理带菌种子30min和4%甲醛处理带菌种子20min可以完全杀死种子上细菌性果斑病菌。这与药剂杀菌效果鉴定中培养皿上菌落数为0相一致。同时室内杀菌效果中4% $Ca(ClO)_2$和4% NaClO处理后培养皿上无菌落，与种子消毒结果不一致。表明杀灭种子上的细菌性果斑病菌比单纯菌液难度更大一些。75℃处理带菌种子48h，8 000gry辐射处理带菌种子都是很好的处理方法，从而达到完全杀灭种子上的细菌性果斑病菌。

二、不同消毒处理方法对提高种子健康的效果研究

（一）通过室内培养基杀菌试验和带菌种子消毒处理得到几种有效的种子杀菌剂

研究结果（表6－1）表明，2% HCl、2% HCHO和4% NaClO和4% $Ca(ClO)_2$直接处理半小时，果斑病菌可以完全被杀灭。这些试剂对应的培养皿上的菌落数目为0。表明这些试剂对瓜类细菌性果斑病菌有很好的杀灭效果。

表6－1 不同化学试剂对西瓜果斑病菌室内杀灭效果

处理	试剂浓度	菌落生长情况
CK	—	5＋
HCl	1%	1＋
	2%	—
	4%	—

（续表）

处理	试剂浓度	菌落生长情况
HCHO	1%	1 +
	2%	—
	4%	—
H_2O_2	1%	4 +
	2%	3 +
	4%	3 +
	8%	2 +
NaClO	1%	1 +
	2%	1 +
	4%	—
Ca（ClO）$_2$	1%	1 +
	2%	1 +
	4%	—

人工接菌的西瓜种子经过各种药剂不同浓度和不同时间处理后的杀菌结果见表 6－2。结果表明：4% HCl 处理带菌种子 20min、2% HCHO 处理带菌种子 30min 和 4% HCHO 处理带菌种子 20min 后，用前述方法检测，在高浓度链霉素培养基上未观察到菌落，处理结果最佳。而 4% NaClO 和 4% Ca（ClO）$_2$ 在处理带菌种子 30min 后不能完全杀死种子上的果斑病病菌，菌落数量在高浓度链霉素培养基平板上呈现较为明显梯度，但菌落数量仍较多。8% H_2O_2 处理 1 h 的结果与对照组没有明显区别，说明双氧水对携带果斑病菌的种子的消毒效果不明显。

表 6－2　不同浓度试剂处理带菌种子不同时间后杀菌效果

处理	处理时间（min）	CFU		
		1 组	2 组	3 组
CK	10	NC	NC	NC
CK	20	NC	NC	NC
CK	30	NC	NC	NC
0.5% HCl	10	NC	NC	NC
0.5% HCl	20	NC	NC	NC
1% HCl	10	NC	NC	NC
1% HCl	20	885	932	761
1% HCl	30	412	221	318

（续表）

处理	处理时间（min）	CFU		
		1 组	2 组	3 组
2% HCl	10	304	447	417
2% HCl	20	6	15	53
2% HCl	30	0	5	2
4% HCl	10	0	18	37
4% HCl	20	0	0	0
4% HCl	30	0	0	0
1% HCHO	10	NC	NC	NC
1% HCHO	20	504	780	580
1% HCHO	30	194	320	350
2% HCHO	10	185	210	135
2% HCHO	20	0	0	3
2% HCHO	30	0	0	0
4% HCHO	10	19	17	6
4% HCHO	20	0	0	0
4% HCHO	30	0	0	0
0.5% NaClO	10	NC	NC	NC
0.5% NaClO	20	NC	NC	NC
0.5% NaClO	30	NC	NC	NC
1% NaClO	10	NC	NC	NC
1% NaClO	20	NC	NC	NC
1% NaClO	30	552	621	589
2% NaClO	10	NC	NC	NC
2% NaClO	20	675	417	455
2% NaClO	30	214	190	300
4% NaClO	10	740	437	684
4% NaClO	20	402	257	306
4% NaClO	30	145	235	150
1% $Ca(ClO)_2$	10	NC	NC	NC
1% $Ca(ClO)_2$	20	NC	NC	NC

（续表）

处理	处理时间（min）	CFU		
		1 组	2 组	3 组
1% Ca（ClO）$_2$	30	522	612	514
2% Ca（ClO）$_2$	10	NC	NC	NC
2% Ca（ClO）$_2$	20	610	445	497
2% Ca（ClO）$_2$	30	200	190	300
4% Ca（ClO）$_2$	10	721	468	680
4% Ca（ClO）$_2$	20	357	211	326
4% Ca（ClO）$_2$	30	165	131	145
1% H_2O_2	10	NC	NC	NC
1% H_2O_2	20	NC	NC	NC
1% H_2O_2	30	NC	NC	NC
2% H_2O_2	10	NC	NC	NC
2% H_2O_2	20	NC	NC	NC
2% H_2O_2	30	NC	NC	NC
4% H_2O_2	10	NC	NC	NC
4% H_2O_2	20	NC	NC	NC
4% H_2O_2	30	NC	NC	NC
8% H_2O_2	10	NC	NC	NC
8% H_2O_2	20	NC	NC	NC
8% H_2O_2	30	NC	NC	NC

注：NC = not accountable。

（二）干热灭菌处理提高种子健康

1. 干热灭菌技术对甜瓜种子携带细菌性果斑病菌的影响

为了防止种传甜瓜果斑病的发生，采用干热处理的方法对其种子进行消毒处理。在不同的干热处理条件下对甜瓜细菌性果斑病菌生长、三类甜瓜种子的活力和带菌情况进行评价，结果发现，病原细菌的活力、种子的活力以及带菌种子上病原菌的数量随着干热处理温度的升高而逐渐降低，在 80℃ 和 85℃ 下处理 3d 后，三种带菌种子上的病原菌含量明显降低（表 6－3，表 6－7），在 80℃ 下处理 3d 种子的发芽率和活力指数也有所下降，但是发芽率均保持在 80% 以上（表 6－4，表 6－5，表 6－6），可以看出干热处理是一种较为有效的种子消毒技术。最佳处理条件是播种前 80℃ 干热处理 3d，表现最佳效果。

表 6-3　不同干热处理对甜瓜果斑病菌的影响

处理	检测方法	
	保湿培养法	涂布法（个/粒种子）
CK	+ + +	4 000
70℃ 3d	+ + +	1 500
75℃ 3d	+ + +	300
80℃3d	+ + +	20
85℃ 3d	－ － +	0

注：上表中“+”表示检测到病原细菌的生长，“-”表示没有检测到病原细菌的生长。

表 6-4　不同干热处理对甜瓜种子含水量的影响

处理	含水量（%）		
	厚皮甜瓜 1	厚皮甜瓜 2	薄皮甜瓜
对照	5. 59	5. 66	5. 65
70℃ 3d	3. 15	3. 11	3. 09
75℃ 3d	3. 15	3. 11	3. 09
80℃ 3d	3. 03	3. 02	2. 98
85℃ 3d	3. 00	3. 01	2. 89

表 6-5　不同干热处理对甜瓜种子发芽率的影响

处理	发芽率（%）		
	厚皮甜瓜 1	厚皮甜瓜 2	薄皮甜瓜
对照	91. 30	97. 44	100
70℃ 3d	83. 21	83. 94	89. 33
75℃ 3d	83. 21	83. 94	89. 33
80℃ 3d	80. 96	78. 31	84. 62
85℃ 3d	75. 59	73. 71	80. 82

表 6-6　不同干热处理对甜瓜种子活力指数的影响

处理	种子活力指数（%）		
	厚皮甜瓜 1	厚皮甜瓜 2	薄皮甜瓜
对照	4. 63	3. 64	1. 99
70℃ 3d	4. 40	3. 02	1. 95
75℃ 3d	3. 91	2. 69	1. 69
80℃ 3d	3. 75	2. 69	1. 45
85℃ 3d	3. 00	2. 7	1. 22

表 6-7　不同干热处理对带菌甜瓜种子的影响

处理	厚皮甜瓜 1		厚皮甜瓜 2		薄皮甜瓜	
	保湿培养法	涂布法（个/粒种子）	保湿培养法	涂布法（个/粒种子）	保湿培养法	涂布法（个/粒种子）
对照	+ + +	78	+ + +	123	+ + +	98
70℃ 3d	+ + +	45	+ + +	33	+ + +	67
75℃ 3d	+ + +	8	+ + +	23	+ + +	47
80℃ 3d	+ + +	7	+ + -	3	+ - -	7
85℃ 3d	- - -	0	- - -	0	- - -	0

注：上表中“ + ”表示检测到病原细菌的生长，“ - ”表示没有检测到病原细菌的生长。

2. 高温处理对种子质量的影响

研究了不同干热处理对甜瓜种子发芽及幼苗生长的影响，为高温种子消毒、确保种子发芽率提供依据。试验结果表明，80℃是甜瓜种子安全的干热处理温度。80℃，24 h 处理是甜瓜种子较为理想的干热处理温度和时间。

（1）不同干热处理对甜瓜种子发芽的影响

经干热处理后，“中蜜 1 号”种子的发芽率及发芽势都在 97% 以上，大部分达到 100%。不同干热处理对种子发芽率及发芽势没有产生显著影响（表 6-8）。

表 6-8　不同干热处理对甜瓜种子发芽率及发芽势的影响

处理	发芽率（%）	发芽势（%）
CK	100	100
A1B1	100	98.9
A1B2	100	100
A1B3	100	100
A2B1	100	100
A2B2	100	100
A2B3	100	100
A3B1	100	97.8
A3B2	100	100
A3B3	100	100

（2）不同干热处理对甜瓜幼苗生长指标的影响

随着处理时间的延长，植株的株高呈现下降的趋势。干热处理后大部分植株的株高都高于对照，70℃，72h，80℃，24h 处理的植株高度显著的高于对照。

不同干热处理对植株的茎粗没有产生显著影响，但是随着处理时间的延长，茎粗呈现下降的趋势。但是各个处理的植株的茎粗都大于对照，80℃，24h 处理植株表现最好。

不同干热处理对幼苗植株地上部位干鲜重产生显著影响。随着处理时间的延长，地上部分干鲜重呈现下降趋势。处理 80℃，24h 植株的地上部分干鲜重均高于其他处理及对照。

不同干热处理对植株地下部分干鲜重也产生显著影响。处理 80℃，24h 植株的地下部分干鲜重均显著高于其他处理及对照。

（3）不同干热处理对甜瓜幼苗叶片叶绿素含量（SPAD）及过氧化物酶（POD）活性的影响

光合作用是植物进行一切生命活动的基础，叶绿素是植物进行光合作用的主要色素，叶绿素含量能够反映出植物光合作用能力的大小。不同干热处理对甜瓜幼苗叶绿素含量没有产生显著影响，各个处理甜瓜幼苗叶片中的叶绿素含量在 37.30～38.67（SPAD）（图 6－1）。

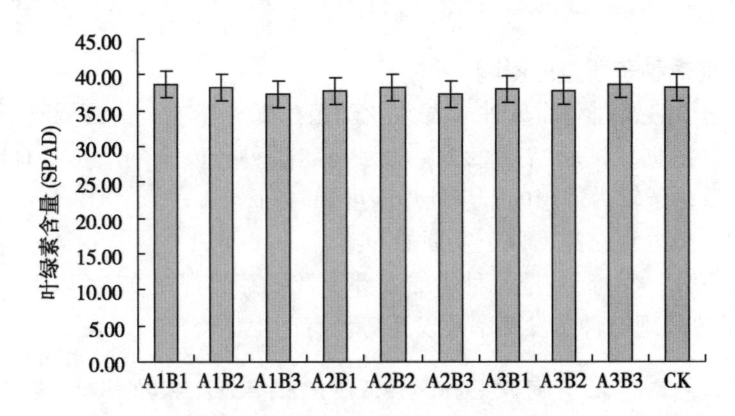

图 6－1　不同干热处理对甜瓜幼苗叶片叶绿素含量的影响

POD 酶是植物体内普遍存在的一种保护酶。试验结果表明 80℃，24 h 处理的 POD 酶活性显著的高于对照及其他处理，较对照提高了 96.66%。

（三）辐射处理提高种子健康

设计了 5 个剂量（2 000 *gry*、4 000 *gry*、6 000 *gry*、8 000 *gry*、10 000 *gry*），不处理作为对照，重复实验 3 次。实验发现种子辐射处理有非常好的杀灭病菌效果，培养皿上的菌落数目呈明显梯度，在 2 000 *gry* 时候就有较好杀灭效果，8 000 *gry* 培养皿的菌落数目为零，达到理论上 100% 杀灭种子上果斑病菌（表 6－9）。

表 6－9　种子辐照处理的杀菌效果（CFU）

剂量	CFU		
ck	NC	NC	NC
2k	176	214	142
4k	39	54	24
6k	24	28	18
8k	0	0	0
10k	0	0	0

（四）利用发芽率和发芽势评价种子处理安全性

用适宜浓度的盐酸和甲醛处理种子，种子发芽势、发芽率和种苗特性没有发生明显变化，证明可以用于种子处理。1% HCl 处理20min、2% 甲醛处理种子 30min 和4%甲醛处理20min 这3 个处理方法对种子活力影响非常小，值得推荐使用。高温处理温度不能超过75℃，否则会影响种子活力和生活力。推荐75℃处理48h 的处理方法。

辐射处理对种子活力影响不大，而且不能完全杀灭病菌，不建议使用。

（五）“四霉素”的筛选

筛选出 1 个抑菌效果较好的抗菌素“四霉素”，在 6mg/L 和 12mg/L 可基本上抑制果斑病菌生长。

采用液体培养法，用不同浓度的四环素进行抑菌试验。结果表明四霉素在 6mg/L 和 12mg/L 时均有显著的抑菌作用，但进一步稀释则达不到抑菌的效果。作为对照的链霉素抑菌效果最佳的为 6mg/L，但是远不如四霉素效果明显，基本达不到抑菌的效果（表6－10）。

表6－10 两种药剂的抑菌活性

h/OD 值	四霉素						链霉素						CK
	1	2	3	4	5	6	1	2	3	4	5	6	
0	0.000	0.000	0.000	0.000	0.000	0.000	0.000	0.000	0.000	0.000	0.000	0.000	0.000
4	0.000	0.001	0.010	0.040	0.062	0.083	0.061	0.082	0.090	0.098	0.110	0.221	0.221
8	0.001	0.006	0.234	0.311	0.499	0.632	0.632	0.755	0.797	0.858	0.997	1.009	1.010
12	0.008	0.016	1.262	1.327	1.471	1.503	1.100	1.395	1.438	1.467	1.487	1.571	1.587
16	0.018	0.033	1.719	1.837	1.811	1.837	1.473	1.679	1.699	1.719	1.762	1.837	1.877
20	0.024	0.070	1.998	2.039	2.085	2.085	1.76	1.960	1.960	1.998	1.998	2.136	2.139

由图6－2 可知，0.3% 四霉素稀释500 倍和2 500倍时均有显著的抑制作用，抑制活性最高的是稀释500 倍；但从稀释 12 500倍至1 562 500倍均达不到抑菌的效果。从图6－3 可以看出，0.3% 链霉素抑菌效果最佳，但是远不如0.3% 四霉素效果明显，基本达不到抑菌的效果。

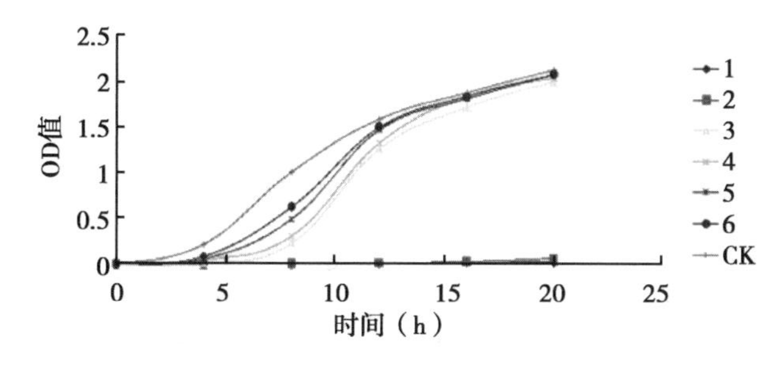

图6－2 四霉素不同浓度 OD 值

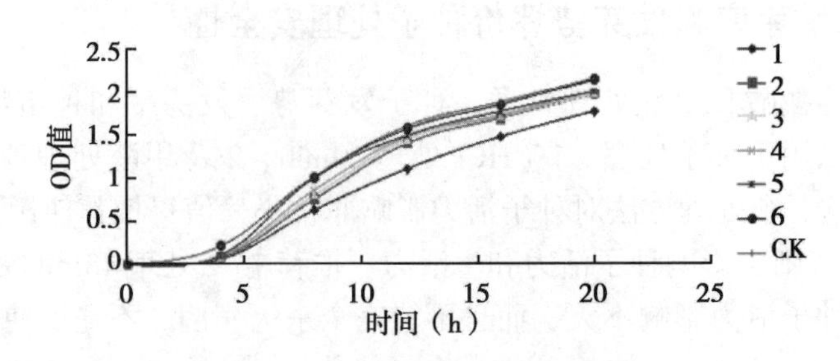

图 6－3　链霉素不同浓度 OD 值

用 SPSS 进行 PROBIT 分析，可得到不同时间段 LC_{50}（表 6－11）。四环素对果斑病菌的抑制效果明显优于链霉素。共培养 4h 时，四环素的 LC_{50} 值为 0.001mg/L，而链霉素的 LC_{50} 值为 0.111mg/L。四霉素在 6mg/L 时，抑菌效果能达到 100%。

表 6－11　两种药剂的 LC_{50} 值

共培养时间（h）	四霉素 LC_{50}（mg/L）	链霉素 LC_{50}（mg/L）
4	0.001	0.111
8	0.008	16.363
12	0.220	235.904
16	0.387	7 336.979
20	0.397	17 178.862

（六）自然带菌种子消毒方法筛选

选用了 6 种常用细菌处理药剂，进行不同浓度药剂对自然感染的 BFB 带菌种子进行不同方式的种子消毒处理试验。结果（表 6－12）表明，以上杀菌剂对抑制种子 BFB 发生均有显著效果，但是不能保证 100% 的杀菌效果。

表 6－12　药剂处理对种子质量的影响及防病效果

处理	发芽势（%）	发芽率（%）	平均苗鲜重（g）	平均苗长（cm）	BFB 病株率（%）	相对防治效果（%）
1% 盐酸	92	94	0.55	12.6	0.5	92.3
2% 盐酸	91	92	0.56	12.3	0.5	92.3
3% 双氧水	95	96	0.60	12.6	0.5	92.3
5% 双氧水	92	93	0.45	12.3	0	100
3% 过氧乙酸	93	93	0.58	13.8	0.5	92.3
5% 过氧乙酸	91	92	0.58	12.4	0.5	92.3
1/100physan 20	96	95	0.64	13.7	1	84.6
1/80physan 20	87	92	0.56	13.2	0.5	92.3
0.1% $CuSO_4$	96	96	0.68	14.3	0.5	92.3

（续表）

处理	发芽势（%）	发芽率（%）	平均苗鲜重（g）	平均苗长（cm）	BFB 病株率（%）	相对防治效果（%）
0.2% $CuSO_4$	96	97	0.61	12.4	0	100
0.2% 农用链霉素	92	91	0.67	14.5	1	84.6
0.4% 农用链霉素	93	94	0.69	13.8	0.5	92.3
灭菌水	94	91	0.63	14.4	6.5	—
对照	91	95	0.52	13.2	5.5	—

对于盐酸处理对种子的影响，随着盐酸浓度的增加，对种子发芽率、苗鲜重和苗长没有明显的影响，幼苗 BFB 的病株率明显的降低，但种子的发芽势也迅速降低。同时还观察到，在幼苗鉴定的后期，高浓度的盐酸溶液处理可引起幼苗严重猝倒，使问题变得更加严重。

比较了 1% 盐酸和索纳米 80 倍稀释液处理种子的效果（表 6 – 13）。索纳米处理后，不冲洗种子的发芽率与冲洗的种子和未处理种子没有明显的差别。1% 的盐酸溶液和 80 倍的索纳米溶液对细菌性果斑病带菌种子有明显的杀菌作用，对高带菌率种子，盐酸效果好于索纳米。

表 6 – 13　盐酸和索纳米处理对种子健康的影响

样品编号	处理种子播种苗期发病率（%）		
	CK	盐酸	索纳米
样品 1	1	0	0.5
样品 2	2	0	0.5
样品 3	16.5	0.5	8.5
样品 4	7.5	1	0
样品 5	4	0	0
样品 6	1.7	0	0

（七）建立了一种高效节水的种子处理方法

通过筛选，获得一种新的有效的种子消毒处理剂：JY 混剂-1，这是一种以硫酸铜为主要成分，3 种药剂混合而成的新的种子消毒剂。其特点是：经过 70 多个批次处理结果的比较，杀菌效果与盐酸不相上下，但是不需要清洗处理种子，具有安全、省水、污染小等特点。近两年已经在生产上应用，处理结果满足健康种子生产要求。该技术在我国水资源相对紧张的西北西瓜甜瓜种子主要生产区有广阔的应用前景。

（八）通过种子采收后发酵、快速干燥等处理提高种子健康

研究了种子采后发酵、快速干燥等处理对种子健康的影响。结果（图 6 – 4）表明，

在外加病菌的条件下，没有经过发酵在室内晾干 4 h 的种子健康检测结果为阳性；不管是否经过发酵，在室内自然晾干的种子均为阳性；采种后快速烘干、盐酸处理种子及对种子进行发酵均可阻止病原细菌在种子表面的繁殖，是防止种子带菌的有效方法。

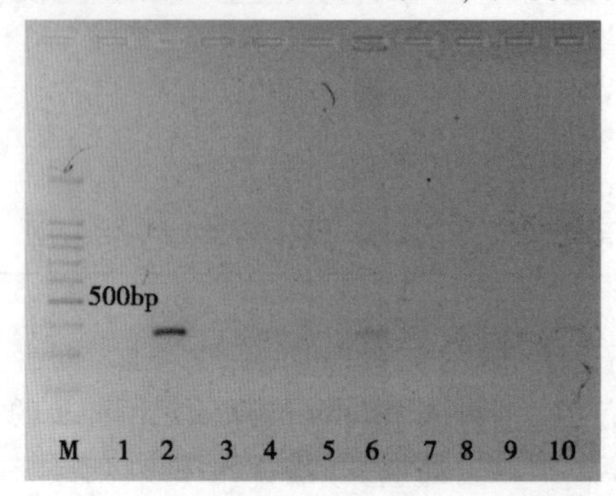

图 6－4　不同种子处理对西瓜种子带菌的影响

M 为标准分子量；1 为阴性对照；2 为阳性对照；3～6 为未发酵种子；7～10 为发酵种子。其中 3，7 为马上烘干，4，8 室内晾 4 h 后烘干；5，9 为 1% 盐酸处理 15min 后烘干；6，10 为室内自然晾干。

三、"1 号杀菌剂" 防治瓜类细菌性果斑病

研究得到一种新的防治瓜类细菌性果斑病的药剂——"1 号杀菌剂"。本试验针对 1 号杀菌剂 EC，进行了室内毒力测定、种子处理试验及温室喷雾防治试验。旨在掌握 1 号杀菌剂喷雾防治的最佳使用浓度及处理带菌种子的最佳药液浓度和处理时间，为生产上能够科学、安全的使用该药剂提供技术支持，同时为果斑病的防治提供理论依据。

（一）抑菌效果

药剂的抑菌结果见表 6－14。供试的 5 种药剂中 1 号杀菌剂 EC 的抑菌效果最好，各浓度处理的平均抑菌圈直径在（22.1 ±0.33）～（39.0 ±0.41）mm，且随着浓度的增高抑菌圈的直径增大，抑菌圈大小与浓度呈正相关；甲醛的各浓度抑菌圈直径在（9.1 ±0.40）～（38.6 ±0.61）mm；72% 农用硫酸链霉素 SPX 的抑菌效果仅次于甲醛，各浓度的平均抑菌圈直径在（13.0 ±0.30）～（25.9 ±0.42）mm；HCl 的各浓度抑菌圈范围在（7.04 ±0.02）～（13 ±0.19）mm，而 30% 琥胶肥酸铜 SC 的抑菌圈不明显。

表 6－14　供试药剂对西瓜细菌性果斑病菌的抑菌效果

处理	浓度（μg/ml）			平均抑菌圈直径 ± 标准差		
1 号杀菌剂	2.0×10^4	1.0×10^4	0.5×10^4	39.0 ±0.41	34.5 ±0.29	31.5 ±0.38
	2.0×10^3	1.3×10^3	1.0×10^4	29.7 ±0.56	24.5 ±0.41	22.1 ±0.33
30% 琥胶肥酸铜 SC	0.6×10^4	0.3×10^4	1.5×10^3	7.01 ±0.01	7.02 ±0.09	7.01 ±0.08
300g/L	0.6×10^3	3.8×10^2	0.3×10^3	7.01 ±0.08	7.01 ±0.09	7.02 ±0.08

（续表）

处理	浓度（μg/ml）			平均抑菌圈直径±标准差		
72%农用硫酸链霉素 SPX	1.4×10^4 1.4×10^3	7.2×10^3 0.9×10^3	3.6×10^4 7.2×10^2	25.9±0.42 15.6±0.31	24.1±0.37 14.7±0.29	20.2±0.44 13.0±0.30
甲醛	4.8×10^4 2.0×10^4	4.2×10^4 1.2×10^4	3.2×10^4 4.0×10^3	38.6±0.61 15.3±0.43	28.7±0.52 9.8±0.38	22.2±0.30 9.1±0.40
盐酸	4.4×10^4 1.8×10^4	3.7×10^4 1.1×10^4	2.9×10^4 3.7×10^3	13.0±0.19 9.8±0.39	12.0±0.27 9.4±0.56	10.0±0.65 7.04±0.02
CK（清水）				7.0±0 7.0±0	7.0±0 7.0±0	7.0±0 7.0±0

（二）1号杀菌剂毒力分析

毒力回归方程见表6－15。甲醛和HCl有较强的挥发性，虽然平板上出现清晰可见的抑菌圈，但其相关系数与1号杀菌剂和72%农用硫酸链霉素SPX相比较低，说明两种药液在做室内毒力测定时会存在误差和一定的局限性（表6－15）。72%农用硫酸链霉素SPX和1号杀菌剂EC的EC_{50}分别为32 6061.8mg/L和8 943.3mg/L 。果斑病菌对链霉素的抗药性存在差异，其EC_{50}是1号杀菌剂的36.3倍，不但提高了防治成本且对环境造成严重抗生素污染。研究结果认为1号杀菌剂EC的用量低、防治效果好，在瓜类细菌性果斑病的防治中将有广阔的应用前景。

表6－15 4种药剂对BFB的毒力分析

处理	毒力回归方程	相关系数	EC_{50}（mg/L）
72%农用硫酸链霉素SPX	$y=0.3927x+2.8349$	0.9857	326 061.8
1号杀菌剂	$y=0.3574x+3.5877$	0.9404	8 943.3
盐酸	$y=2.9687x-2.3126$	0.7996	290.5
甲醛	$y=1.4898x+1.2720$	0.8748	317.9

（三）带菌种子处理

1. 种子的消毒效果

用1号杀菌剂处理带菌种子，消毒效果如表6－16和图6－5所示。1号杀菌剂EC 0.5×10^4μg/ml处理带菌种子2h后浸提液涂板，平板上平均菌落数8.3个。40%甲醛1.6×10^3μg/ml处理带菌种子后，平板上平均菌落数88个。3% HCl 1.1×10^4μg/ml及30%琥胶肥酸铜SC 1.5×10^3μg/ml处理后平板上平均菌落数分别为16.7和90.3。而72%农用硫酸链霉素SPX 7.2×10^2μg/ml平板上平均菌落数117.3个，阳性对照CK1（带菌种子清水处理）平板上菌落连成一片。空白对照CK2（未接菌种子清水处理）平板上无菌落。1号杀菌剂EC 0.5×10^4μg/ml处理带菌种子后种子消毒效果最好，平板菌落数8.3个，与4种对照药剂在5%水平上有显著性差异。

消毒效果依次为 1 号杀菌剂 > 3% HCl > 40% 甲醛 > 琥胶肥酸铜 > 链霉素。

表 6－16　药剂处理对带菌种子的消毒效果

药剂	浓度 (μg/ml)	时间 (h)	平板菌落数			单粒种子平均带菌量
1 号杀菌剂 EC	0.5×10^{4}	1	10	6	9	83 a *
30% 琥胶肥酸铜	1.5×10^{3}	1	89	76	106	903 c
72% 农用硫酸链霉素 SPX	7.2×10^{2}	1	119	107	126	1 173 d
40% 甲醛	1.6×10^{3}	0.5	89	102	73	880 c
盐酸	3.7×10^{3}	0.08	17	19	14	167 b
CK1		1	大于 1 000，Greater than1 000			e
CK2		1	0	0	0	0

注：CK1：represent positive control ；CK2：represent negative control；＊：表示 5% 水平上差异显著性。

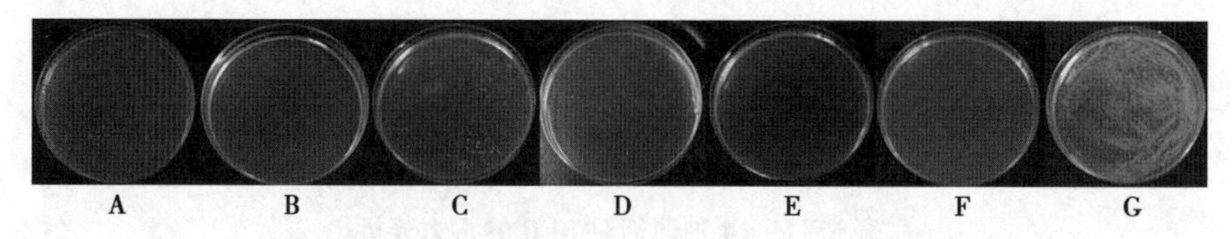

图 6－5　药剂处理对带菌种子的消毒效果

"A" 72% 农用硫酸链霉素 7.2×10^{2} μg/ml； "B" 40% 甲醛 1.6×10^{3} μg/ml； "C" 30% 琥胶肥酸铜 1.5×10^{3} μg/ml；"D" 1% 盐酸 3.7×10^{3} μg/ml；"E" 1 号杀菌剂 0.5×10^{4} μg/ml；"F" CK3 种子破壳，清水处理；"G" CK2 种子破壳，接菌后清水处理。

2. 药剂处理对带菌种子发芽的影响

药剂处理对种子发芽等影响情况见表 6－17。1 号杀菌剂 0.5×10^{4} μg/ml 处理种子后，种子的发芽率、出苗率及防治效果分别为：98.7%、100% 和 89.9%，根长为 45.76mm。与 CK1 及其他 4 种对照药剂在 5% 水平差异显著。1 号杀菌剂 0.5×10^{4} μg/ml处理种子，其发芽率和平均出苗率较 CK1 分别提高 1.4% 和 20%，且对根的生长有良好的促进作用。1 号杀菌剂 1.0×10^{4} μg/ml 和 2.0×10^{4} μg/ml 处理种子后，防治效果好于 0.5×10^{4} μg/ml，但两种浓度处理种子后对种子的根长有一定的影响，其中 2.0×10^{4} μg/ml 处理后，与对照相比种子的发芽率降低 1.3%，存在显著性差异。因此，从经济、环保以及延缓抗药性产生等方面考虑，1 号杀菌剂 1.0×10^{4}、2.0×10^{4} μg/ml 浓度不建议在生产上使用。

表 6－17　药剂处理对带菌甜瓜种子的影响

处理	浓度 (μg/ml)	时间 (h)	发芽率 (%)	根长 (mm)	出苗率 (%)	防治效果 (%)
1 号杀菌剂	0.5×10^4	1	98.7 a	45.76 a	100	89.9 bc
	1.0×10^4	1	97.3 ab	36.96 def	93.3	90.6 ab
	2.0×10^4	1	96.0 bc	34.34 f	80.0	91.9 a
30% 琥胶肥酸铜 SC	1.5×10^3	1	94.0 cd	38.80 cd	86.7	86.7 e
	0.3×10^4	1	93.3 d	36.06def	80.0	87.2 cde
	0.6×10^4	1	90.0 e	35.79 ef	73.3	88.8 bcd
72% 农用硫酸链霉素	7.2×10^2	1	96.0 bc	29.75 g	93.3	57.9 f
40% 甲醛	1.6×10^3	1/2	95.0 cd	38.6 cde	95.0	88.8 de
3% 盐酸	1.1×10^4	1/12	94.7 cd	42.8 b	94.0	87.4 de
CK1		1	97.3 ab	41.25 bc	80	
CK2		1	100	42.76	100	

注：CK1：represent positive control ；CK2：represent negative control. ＊：表示 5% 水平上差异显著性。

在甜瓜种子处理的基础上，选用 1 号杀菌剂 0.5×10^4 μg/ml、72% 农用硫酸链霉素 7.2×10^2 μg/ml、40% 甲醛 1.6×10^3 μg/ml 和 3% HCl1.1×10^4 μg/ml 分别处理带菌西瓜种子 1h、1h、30min 和 5min。由表 6－18 看出，1 号杀菌剂 0.5×10^4 μg/ml 处理种子后虽然对根的生长有抑制作用，其发芽率与生产上常用的 72% 农用硫酸链霉素 7.2×10^2 μg/ml处理种子相比无显著性差异。综上所述，建议使用药剂：1 号杀菌剂 0.5×10^4 μg/ml、72% 农用硫酸链霉素 7.2×10^2 μg/ml、40% 甲醛 1.6×10^3 μg/ml 和 3% HCl 1.1×10^4 μg/ml 处理种子防治瓜类细菌性果斑病，处理时间依次为：1h、1h、30min 和 5min。

表 6－18　药剂处理对带菌西瓜种子活力的影响

处理	浓度 (μg/ml)	时间 (h)	平均出芽率 (%)	平均根长 (mm)
1 号杀菌剂 EC A	0.5×10^4	1	98.5 ab＊	22.0 c＊
1 号杀菌剂 B	0.5×10^4	1	97.6 b	13.8 de
72% 农用硫酸链霉素 SPX A	7.2×10^2	1	98.7 ab	23.4 c
72% 农用硫酸链霉素 SPX B	7.2×10^2	1	99.8 a	19.2 cd
40% 甲醛 A	1.6×10^3	1/2	99.5 a	39.4 a
40% 甲醛 B	1.6×10^3	1/2	97.8 b	8.07 ef
3% HCl　A	1.1×10^4	1/12	95.8 c	32.2 b
	1.1×10^4	1/12	66.2 d	2.9 f
CK（清水）			99.3 a	31.2 b

注：＊：表示 5% 水平上差异显著性。

（四）喷雾浓度试验结果

设置 5 个浓度的 1 号杀菌剂喷施西瓜和甜瓜苗后，植株表现的耐药性各不相同。1.0×10^{3}μg/ml 时喷洒西瓜和甜瓜叶片后植株均生长健康，长势良好。1.3×10^{3}μg/ml、2.0×10^{3}μg/ml 和 0.4×10^{4}μg/ml 喷雾时影响西瓜和甜瓜植株生长，其中 2.0×10^{3}μg/ml和 0.4×10^{4}μg/ml 对西瓜和甜瓜生长影响比较明显，当喷雾浓度达 2.0×10^{3}μg/ml 时西瓜植株表现为生长点坏死，生长迟缓，甜瓜植株叶片皱缩，叶缘黄化，甜瓜药害程度显著高于西瓜。

（五）温室喷雾防治结果

带菌甜瓜种子药剂处理后防治效果见表 6－19。1 号杀菌剂 0.5×10^{4}μg/ml 处理甜瓜种子后，防治效果达 89.9%。40% 甲醛 1.6×10^{3}μg/ml 处理甜瓜种子，防治效果达 88.8%，HCl 1.1×10^{4}μg/ml 种子处理防效达 87.4%，30% 琥胶肥酸铜 1.5×10^{3}μg/ml 处理甜瓜种子防效达 86.7%，72% 农用硫酸链霉素 7.2×10^{2}μg/ml 处理甜瓜种子，防效达 57.9%。对接种 Aac-5 的甜瓜幼苗的温室喷雾防治效果试验中，3 种化学药剂防治效果差异显著。1 号杀菌剂防治效果 75.8%；72% 农用硫酸链霉素的防治效果 72.9%，与王爽等的研究结果相近；30% 琥胶肥酸铜防治效果达 71.8%。

表 6－19　温室喷雾防治效果

处理	病情指数			平均病情指数	防治效果（%）
	I	II	III		
1 号杀菌剂	15.7	17.4	14.5	15.9	75.8 a *
72% 农用硫酸链霉素	17.8	19.1	16.4	17.8	72.9 b
30% 琥胶肥酸铜	18.1	19.8	17.5	18.5	71.8 c
CK	70.2	59.7	66.9	65.6	0

注：* 表示 5% 水平上差异显著性。

（六）应用 1 号杀菌剂控制西瓜甜瓜果斑病发生的研究结论和分析

1 号杀菌剂 0.5×10^{4}μg/ml 处理人工接菌种子 1 h 防治效果达 89.9%，该药剂 1.0×10^{3}μg/ml 对人工接菌的幼苗进行喷雾防治，防治效果达 75.2%，两种处理防治效果分别较生产上常用的 72% 农用硫酸链霉素高 32% 和 2.3%。供试药剂对人工接菌种子进行消毒处理试验得出：1 号杀菌剂 0.5×10^{4}μg/ml 处理带菌种子消毒效果好于对照药剂，表现为 1 号药剂 0.5×10^{4}μg/ml 处理后种子消毒效果为 100μl 浸提液中可形成果斑病菌菌落数 8.3 个。且 1 号药剂 0.5×10^{4}μg/ml 处理后的种子发芽率较对照（CK1）提高 1.4%，且促进根的生长。

目前，果斑病的防治主要侧重于种子处理和田间化学药剂防治。赵廷昌等用 3% 盐酸处理带菌哈密瓜种子15min，水洗后再用47%加瑞农600倍液浸种处理过夜后播种，对防治瓜类细菌性果斑病有较好的防治效果。丁建军等用2%～8%双氧水处理种子15min，不仅杀菌效果好，还可以提高种子的发芽率。王爽等研究表明，1%福尔马林和果腐净1号处理种子防治效果分别为97.6%和94.9%，72%链霉素1 000倍液（$7.2\times10^{2}\mu g/ml$）处理种子防治效果76.8%。牛庆伟等研究表明，40%甲醛100倍液处理种子1h，对幼苗有较好的防治效果。而田间化学药剂防治则主要以农用链霉素和铜制剂居多。虽然铜是植物生长必须的微量元素，但是铜的过量势必对植物带来危害，导致植物出现药害现象，使叶片增厚变脆。

防治药剂杀菌机理、剂型的多元化及不同药剂的轮换交替使用，不仅在病害防治中可减缓抗药性的产生，还可以减轻化学药剂对环境的污染。本研究得出：1号杀菌剂与生产上常用的种子处理药剂及农用硫酸链霉素和琥胶肥酸铜相比较，无论是带菌种子处理、苗期喷雾防治都有较好的效果，且进行种子处理，可提高种子的发芽率，促进根的生长。

四、1号杀菌剂对三倍体西瓜种子的消毒处理研究

针对三倍体西瓜种子带菌问题，选用1号杀菌剂和3种生产上常用的防治瓜类细菌性果斑病的化学药剂，对三倍体西瓜种子进行处理，旨在筛选出既能防治瓜类细菌性果斑病又能提高三倍体西瓜种子的发芽势的化学药剂，为三倍体西瓜的生产及病害防治提供科学依据。

（一）药剂处理对种子发芽势的影响

三倍体西瓜种子药剂处理后，对发芽势的影响见表6－20和图6－6。破壳后进行药剂处理，发芽势各处理间差异显著。72%农用硫酸链霉素1 000倍液处理2h出芽效果最好，发芽势较CK1高10.5%。40%甲醛100倍液、1号杀菌剂200倍液和1% HCl，药剂处理破壳种子后发芽势与CK1相比分别高出：6.7%、4.9%和1.2%。而1号杀菌剂50倍液、100倍液处理发芽势仅为62.3%和65.6%，分别较CK1低6.1%和2.8%。

表6－20　药剂处理对三倍体西瓜种子活力的影响

药剂	稀释倍数	时间（h）	发芽势（%）	根长（mm）
72%农用硫酸链霉素	1 000	2	78.9 a	14.5 b
盐酸	100	0.5	69.6 b	10.9 c
40%甲醛	100	1	75.1 ab	19.5 a
1号杀菌剂	200	2	73.3 ab	21.7 a
	100	2	65.6 c	13.9 b
	50	2	62.3 d	12.8 c
CK1			68.4 b	14.3 b

*注：CK1：破壳种子清水处理。

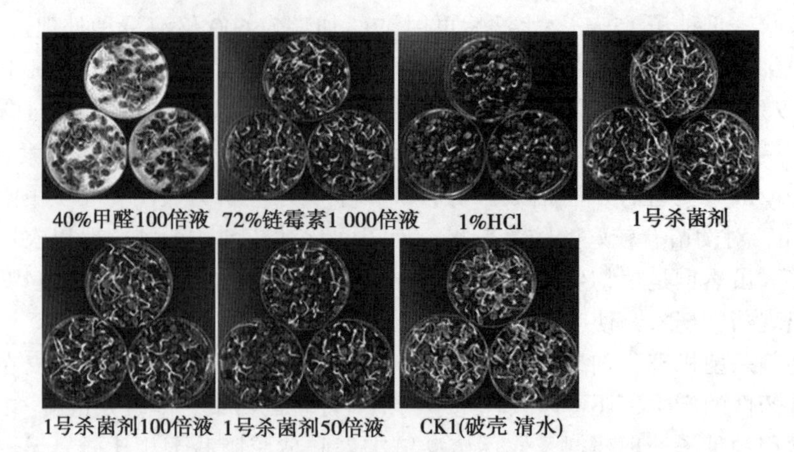

图 6－6　药剂处理对破壳种子活力的影响

（二）药剂处理对种子根长的影响

从各处理出芽种子根长（表6－20）看出，供试药剂处理种子后，对根的生长均有不同程度的影响。表现为：4 种药剂中，1 号杀菌剂、72% 链霉素及 40% 甲醛对根的生长有促进作用，其中 1 号杀菌剂 200 倍液处理对根的促进作用最为显著，与 CK1、72% 链霉素 1 000倍液和 40% 甲醛 100 倍液相比，根的长度分别增长了 7. 4mm、7. 2mm 和 2. 2mm。1% HCl 处理无籽西瓜种子虽然可以提高发芽率，但是从表 6－20 中不难看出，1% HCl 对根的生长有一定的影响，建议慎重使用。与对照 CK1 相比较，1 号杀菌剂 100 倍液及 50 倍液处理破壳种子后根的生长受到明显的抑制作用，综合处理后对发芽势等的影响不建议生产上使用。

（三）带菌种子药剂处理后消毒效果

1. 种子表面消毒效果

对人工接菌的西瓜种子进行药剂处理，药剂处理后种子表面带菌情况如表 6－21 及图 6－7 所示。1 号杀菌剂 200 倍液处理 2h 和 1% HCl 处理 30min 后平板上均无果斑病菌菌落，种子表面活菌率为 0%；而 72% 农用硫酸链霉素 1 000倍液处理 2h，平板涂布后平均菌落数 54. 7 个，单粒种子（1ml 浸提液）表面活菌数为 547 个，40% 甲醛 100 倍液处理 1h，平板上果斑病菌菌落数 7. 3 个，单粒种子表面活菌数 73 个，阳性对照 CK2（种子破壳，接菌后清水处理）平板上菌落数大于 500 个。空白对照 CK3（种子破壳，清水处理）平板上菌落数 0 个。

表 6－21　带菌种子表面消毒效果

药剂	稀释倍液	时间（h）	种子带菌情况	平板菌落数（个/皿）	带菌总数（粒）
1 号杀菌剂	200	2	－	0	0
72% 农用硫酸链霉素	1 000	2	＋＋	54. 7	547

（续表）

药剂	稀释倍液	时间（h）	种子带菌情况	平板菌落数（个/皿）	带菌总数（粒）
40% 甲醛	100	1	+	7.3	73
HCl	100	0.5	–	0	0
CK2			+ + + +	平板菌落连成一片	大于 500
CK3			–	0	0

注：CK2：种子破壳，接菌后清水处理；CK3：种子破壳，清水处理。

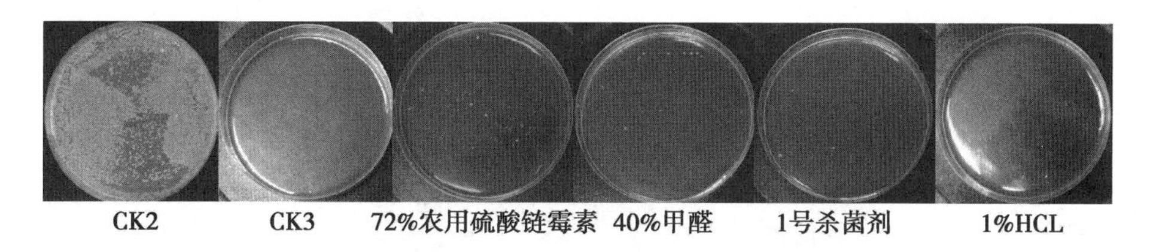

图 6－7　药剂处理后种子表面带菌情况

2. 种子整体包括种子内部消毒效果

带菌西瓜种子相同处理后种子整体包括内部带菌情况见表 6－22 和图 6－8，1 号杀菌剂 200 倍液处理后，浸提液涂布平板平均菌落数 9.3 个，单粒种子（1ml 浸提液）带有活菌数 93 个；1% HCl 处理平板平均菌落数 13.3 个，单粒种子（1ml 浸提液）带有活菌数 133 个；40% 甲醛 100 倍液处理平板菌落数 94.7 个，单粒种子带有活菌数 947 个；72% 农用硫酸链霉素 1 000倍液处理平板平均菌落数为 120.7 个，单粒种子带有活菌数 1 207个。阳性对照 CK2（种子破壳，接菌后清水处理）平板上菌落连成一片。空白对照 CK3（种子破壳，清水处理）平板上菌落数 0。药剂处理后种子表面的消毒效果好于种子内部消毒效果，且供试药剂中 1 号杀菌剂无论是种子表面消毒效果还是种子整体消毒效果均好于其他 3 种药剂。

表 6－22　药剂处理后种子整体包括内部消毒效果

药剂	稀释倍数	时间（h）	种子带菌情况	平板菌落数（个/皿）	单粒种子带菌量（粒）
1 号杀菌剂	200	2	+	9.3	93
72% 农用硫酸链霉素	1 000	2	+ + +	120.7	1 207
40% 甲醛	100	1	+ +	94.7	947
HCl	100	0.5	+ +	13.3	133
CK2			+ + + +	平板菌落连成一片	
CK3			–	0	0

注：CK2：种子破壳，接菌后清水处理；CK3：种子破壳，清水处理。

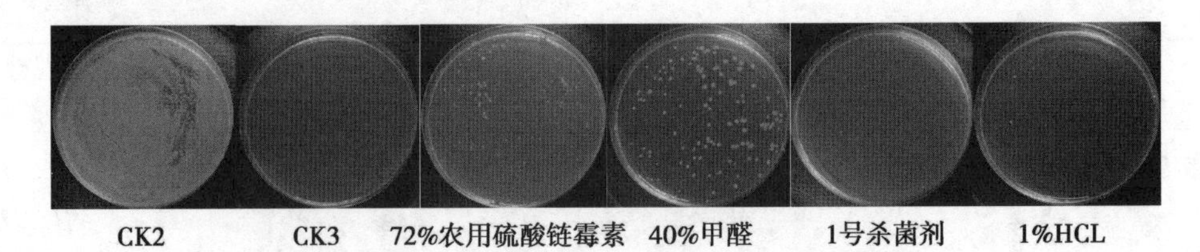

图 6-8 药剂处理后种子整体包括种子内部带菌情况

(四) 带菌西瓜种子药剂处理后成苗率及防治效果

带菌西瓜种子药剂处理后成苗率及防治效果如表 6-23 和图 6-9 至图 6-10 所示。

表 6-23 带菌种子药剂处理后的带菌率、成苗率及防治效果

药剂	稀释倍数	时间（h）	成苗率（%）	发病率（%）	防治效果（%）
1 号杀菌剂	200	2	82	18.8	74.7
72% 农用硫酸链霉素	100	2	90	37.8	49.3
40% 甲醛	100	1	78	30.8	58.5
HCl	100	0.5	64	19.5	73.7
CK2		2	62	74.2	
CK3		2	78	0	

注：CK2：种子破壳，接菌后清水处理；CK3：种子破壳，清水处理。

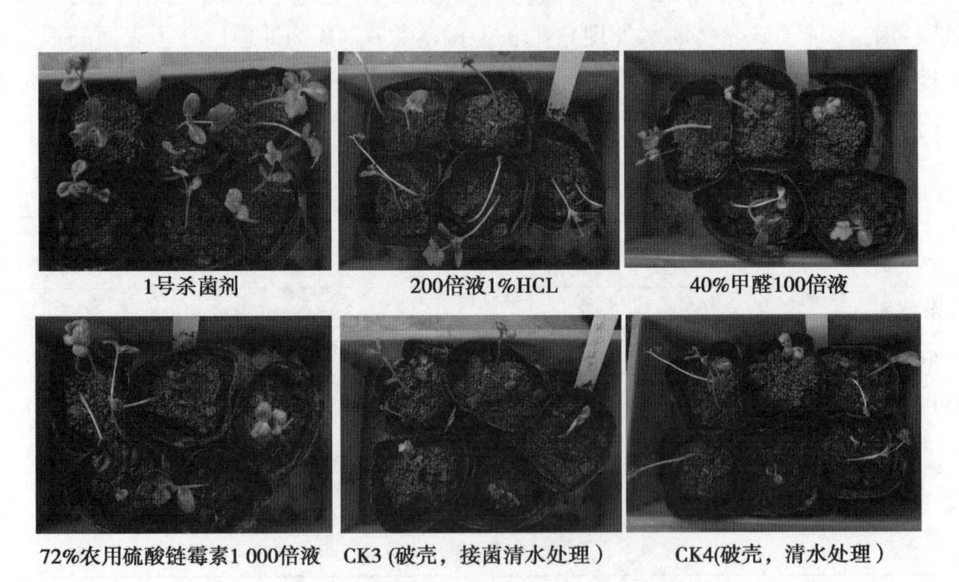

图 6-9 带菌种子药剂处理防治效果及成苗情况

与对照相比，72%农用硫酸链霉素1 000倍液处理1h，种子出苗整齐度较好，长势较旺，成苗率较CK2高28%，1号杀菌剂200倍液、40%甲醛100倍液和1% HCl处理，成苗率分别较CK2高20%、16%和2%。1号杀菌剂200倍液处理2h、1% HCl处理30min、40%甲醛处理1h和72%农用硫酸链霉素1 000倍液处理2h，对人工接菌种子果斑病的防治效果分别达74.7%、73.7%、58.5%和49.3%。

上述试验结果表明，1号杀菌剂在三倍体西瓜果斑病的防治以及提高种子发芽势有重要作用，为三倍体西瓜生产提供科学依据。

五、建立了一种三倍体西瓜种子消毒技术

（一）通过种子引发处理提高三倍体西瓜种子活力

对20多个不同品种、批次的三倍体西瓜种子进行了固体基质引发处理，结果（图6－10）表明，所有试验材料未处理前均存在一定程度的萌发障碍，表现为嗑籽处理与未处理对照种子的发芽率存在一定差异。通过适宜条件的固体基质引发处理，种子发芽率能达到或接近嗑籽种子的发芽率水平。

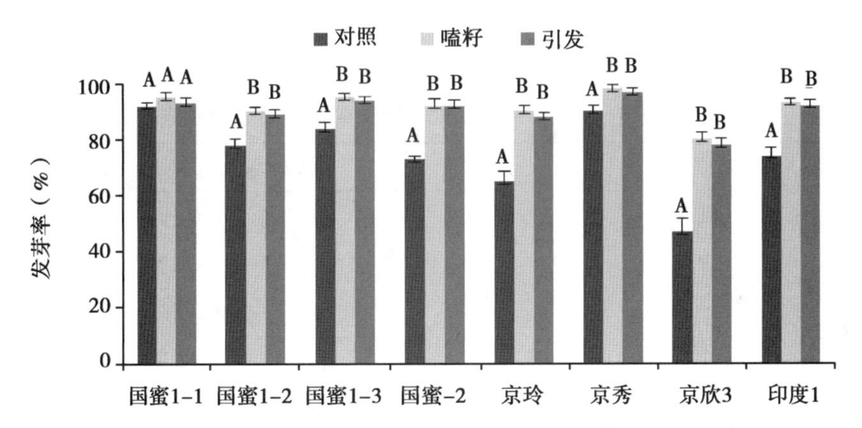

图6－10　不同品种、不同批次三倍体西瓜种子的引发效果

其中：国蜜1有3个批次，分别如图上所标；印度1为印度无籽1

图中同一品种不同处理不同字母表示差异极显著

（二）建立了三倍体西瓜种子采后处理方法—有效杀菌剂与固体基质引发结合

三倍体西瓜种子活力较弱，不适合采用盐酸、索纳米等方法进行处理。通过筛选得到一种有效提高三倍体西瓜种子健康的杀菌剂JY-2，与固体基质引发处理结合进行种子处理。结果（表6－24）表明，处理后种子发芽势得到显著提高。

表 6－24　不同浓度 JY-2 引发处理对西瓜种子发芽的影响

处理液浓度（%）	置床后不同时间种子发芽率（%）			
	3d	4d	5d	14d
CK	0A	17A	89A	94Aa
0（水）	14B	92B	99B	99Ab
0.01	17B	93B	99B	99Ab
0.05	19B	90B	99B	99Ab
0.1	18B	85B	98B	98Ab
0.2	20B	92B	98B	98Ab
0.5	19B	85B	98B	98Ab

注：同列数字后不同大写字母为差异极显著（$P<0.01$）；不同小写字母为差异显著（$P<0.05$）。

用该方法对自然携带 BFB 病菌的种子进行了不同药剂浓度引发处理。处理种子用幼苗生长方法鉴定种子健康。表 6－25 的结果表明，种子播种 9d 后，不同处理之间 BFB 发病幼苗数有明显差异。用水处理的种子发病最严重，达到 4.8%，当 JY-2 浓度为 0.05%～0.5%时，幼苗发病明显减少，当 JY-2 浓度≥1%时，处理种子播种后没有 BFB 发生，效果非常显著。

表 6－25　不同浓度药剂处理种子苗期 BFB 发病情况

处理	播种 9d 后发病率（%）
CK（健康）	0
CK（带菌）	4.8±1.13
0.05	2.8±0.71
0.1	0.9±0.28
0.5	1.2±0.42
1	0
2	0

在播种后 22d，对所有幼苗进行逐一检测，将不正常苗进行计数。统计结果见图 6－11。从结果可以看出，除健康对照种子不正常苗比例较低外，其余处理的不正常苗比例较高。观察发现，不正常苗主要是由于苗期各种感染造成，而非由于种子自身形成的胚轴等结构异常。当处理浓度为 0.1%～2%时，不正常苗比例比阳性对照降低（图 6－12）。但是与表 6－24 的 BFB 发病苗统计结果不同，在此药剂浓度范围内，不正常幼苗比例仍然达到 10%左右，维持在较高水平。

将 1% JY-2 引发种子干燥后，模拟生产上常用方式进行催芽，也发现此过程容易滋生真菌，可以通过杀真菌剂悬浮液进行控制，且不影响后期生长。

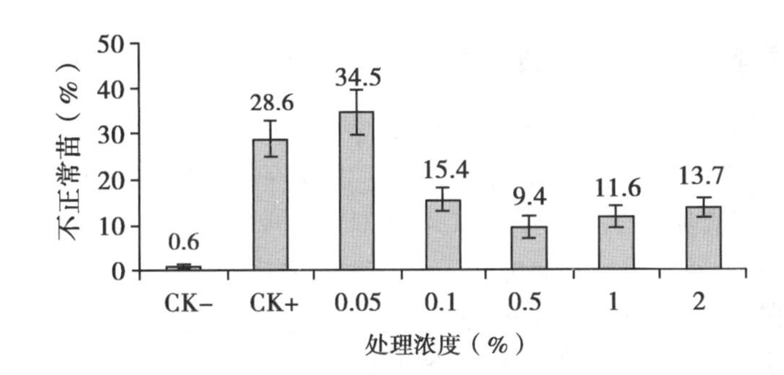

图 6－11　不同浓度药剂处理对不正常苗产生的影响

图 6－12　不同处理种子播种 14d 后幼苗发病情况比较

（左为对照种子，右为处理种子）

用该方法处理的三倍体西瓜种子进行 PCR 检测时，结果会呈现弱阳性。结果（图 6－13）表明，经过处理的种子仍可检测到 Ac 特殊条带的存在，但是条带颜色明显变浅，即扩增量减少，呈现弱阳性。分析造成此结果的原因可能有两个，一是杀菌效果没有达到 100%，另一个可能是细菌杀灭后造成的 PCR 弱阳性。

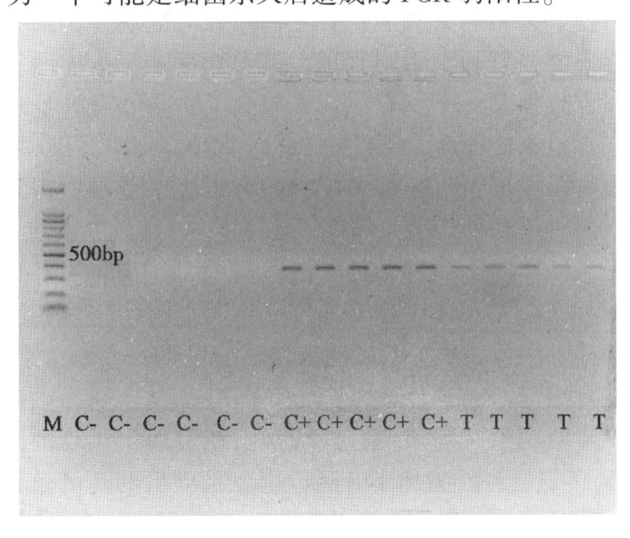

图 6－13　消毒处理后西瓜种子携带 Ac 的分子检测结果

M. 标准分子量 marker；C－. 健康种子；C＋. 带病种子；T. 处理后的带病种子。

（三）三倍体西瓜种子消毒技术的形成及初步田间种植试验效果

在上面试验结果的基础上，通过不断改进完善，形成了一种新的种子消毒技术。其主要核心是：用适宜浓度 JY-2 对种子进行引发处理，处理前在固体基质中加入福美双（每千克 JY-2 溶液加入 2g）或其他杀真菌剂。处理后的种子快速洗去种子表面的固体基质，甩干水分，平摊或用吹风方法干燥，不能加热干燥或太阳下暴晒。

连续 4 年用上述方法对多个品种的带菌种子进行了药剂引发处理，处理后的种子进行了田间种植试验。试验结果显示，处理后的种子萌发特性得到明显改善，在后期生长过程也未见细菌性果斑病的发生。

六、种子包衣处理提高种子健康

通过筛选得到一种能有效提高西瓜种子健康的包衣剂配方。在普通包衣剂中加入氯溴异氰尿酸，对种子进行包衣。干燥后的种子用 60℃ 热水浸泡 4h，对浸泡后的种子用实生苗方法检测，未发现有细菌性果斑病的发生。该处理方法适用于部分二倍体西瓜种子（可以实行温汤浸种的种子）。

该方法经过多批次试验确认有效，已经应用于商品种子处理，可以作为种子处理的最后保障，但不能作为带菌种子的唯一处理方法。

七、通过引发处理全面提高种子活力

（一）建立了西瓜种子引发技术体系，全面提高种子活力

种子引发处理与种子健康的关系表现在：通过处理提高种子活力，增强苗期抗病性；提高种子发芽整齐度，有利于田间管理；引发处理的三倍体西瓜种子可以不需要进行嗑籽处理，直接进行催芽，不仅省工，也减少了化学处理种子嗑籽过程对操作人员的伤害；对种子进行包衣处理后，不经过嗑籽、浸种环节，可以将种子包衣效果带入苗期，而引发处理可以保证没有嗑籽和浸种的种子直接播种后得到健壮种苗；引发过程中加入杀菌剂，同时提高种子活力和种子健康度。

对多个二倍体、三倍体西瓜品种的种子进行了引发试验，发芽检测结果（图 6－14）表明引发处理后种子在发芽速度和整齐度上有明显提高。像其他种子的引发效果一样，引发处理后的种子主要表现为萌发速度快、萌发整齐。而对于三倍体西瓜种子，引发处理后即使不进行嗑籽，也不会对种子发芽率产生明显影响。

对引发处理种子苗期观察结果表明，处理种子在苗期明显表现健壮，在种苗特性上有明显差异（表 6－26），种子置床 14d 后，引发处理后幼苗的苗长、干鲜重等特性指标显著好于嗑籽对照和未处理对照。

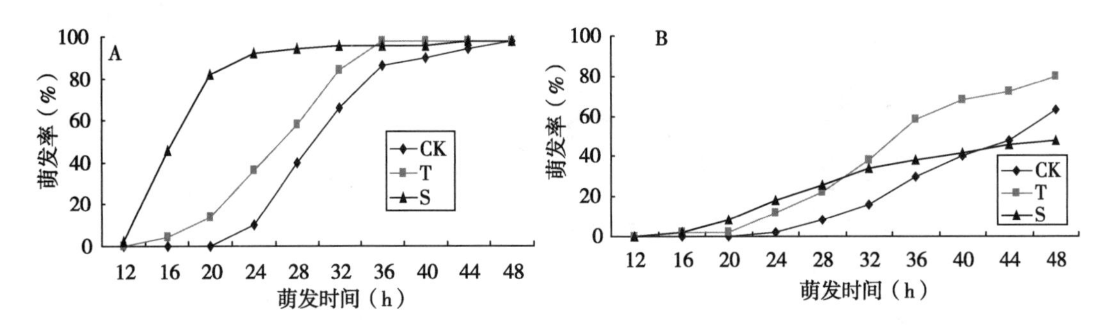

图6－14　引发及萌发前的浸泡处理对西瓜种子萌发速度的影响

A. 二倍体种子（京欣1号）；B. 三倍体种子（品种：无籽京欣3号）

CK. 对照；T. 引发处理；S. 浸种处理。

表6－26　不同处理对无籽西瓜种子出苗以及苗期生长特性的影响

处理	出苗率（%）				苗长（cm）	单苗鲜重（g）	单苗干重（mg）
	2d	3d	4d	14d			
CK	1	77	83	88	7.8a	0.397	24.7
CK泡	8	77	86	88	7.5a	0.416	25.6
CK磕	16	96	100	100	8.6b	0.393	24.9
引发	10	90	97	98	10.0d	0.587	31.8
引发泡	14	81	83	86	9.2c	0.439	24.5
引发磕	20	82	84	88	9.5cd	0.430	23.8

通过不断试验和小规模示范，目前已经建立了西瓜种子引发处理生产线，将试验技术应用于商品种子生产，取得明显效果。

（二）西瓜种子引发效果可以保持二年以上

用实际保存和加速老化两种方法测定了引发处理对种子寿命的影响。用种子发芽初次计数前的种子发芽指数作为活力测量指标。比较保存在4℃下的对照和经过引发的西瓜种子，不管是二倍体还是三倍体，其引发效果至少可以保持46个月。在此期间，引发种子发芽指数一直高于对照种子。而在室温保存的种子，三倍体西瓜种子的引发效果至少可以保持24个月，二倍体种子引发效果可保持46个月以上（图6－15）。

加速老化试验结果（图6－16）也表明，处理种子的引发效果可以保持较长时间，只是在种子生命的后期才可能表现为比对照种子更快衰老。该试验结果表明，引发处理效果可以长期保持，有利于生产上安排合理的处理档期。

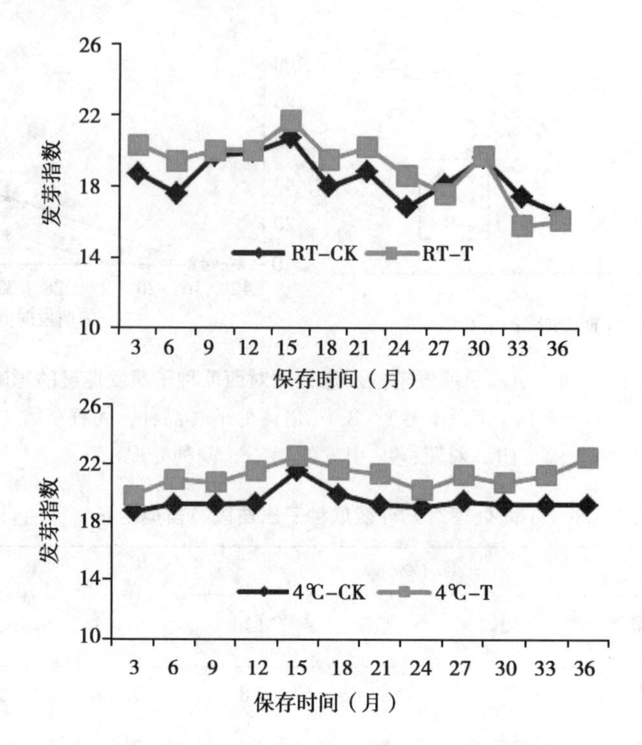

图6-15　三倍体引发种子保存过程中发芽指数变化

（上图为室温保存的种子，下图为4℃保存的种子）

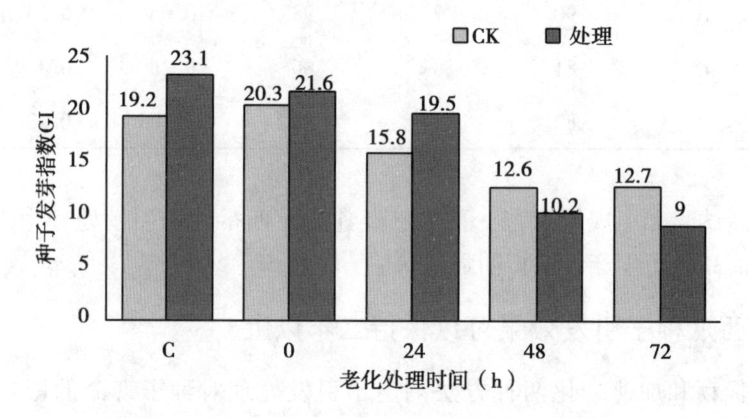

图6-16　引发处理对西瓜种子抗老化能力的影响

CK. 对照；处理：引发；C. 未老化；0. 只吸水不高温处理。

（三）提高西瓜生产配套砧木种子引发技术的研究与应用

西瓜生产过程采用嫁接方法是发展趋势，因此砧木种子的健康和活力对西瓜生产同样重要。

开展了西瓜砧木种子引发技术研究。采用滚筒引发技术，对西瓜砧木种子进行处理，处理后的种子干燥至原有含水量水平，室温放置24h后进行发芽试验，并进行田间出苗试验，验证处理效果并确认适宜处理条件。

经过处理的砧木种子的萌发特性得到明显改善，具体表现在：萌发速度加快，整齐度增加。幼苗健壮。以生产上常用的“砧一”品种的葫芦种子为例，在不经过浸种处理的条件下，种子置床4d后，未处理种子萌发率只有18%，而此时处理种子的萌发率已经达到82%；置床7d后两者的发芽率分别为77%和86%（图6－17，6－18）。也就是说，通过引发处理种子发芽率提高约10%，而T_{50}指标由原来的5d提前到3d。

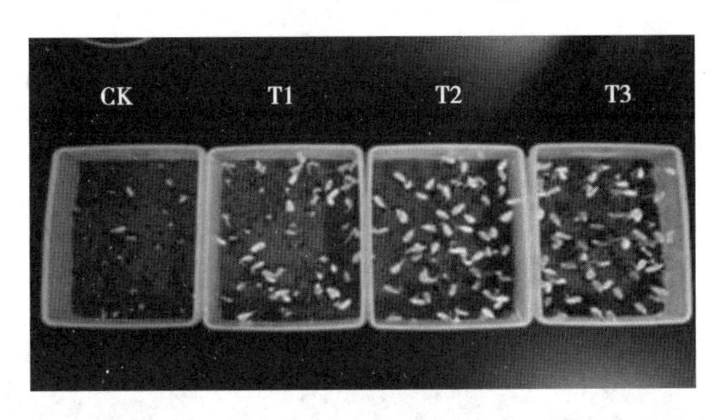

图6－17　不同处理对西瓜砧木种子播种4d后的出苗影响

图6－18　不同处理对西瓜砧木种子播种7d后的幼苗生长影响

引发处理不仅提高了种子发芽率，而且还改善了幼苗特性。调查了播种10d后幼苗的生长情况，包括胚轴长、子叶长、子叶宽、幼苗鲜重、幼苗干重。结果（图6－19）显示，处理种子播种后，幼苗各方面特性均优于对照种子。

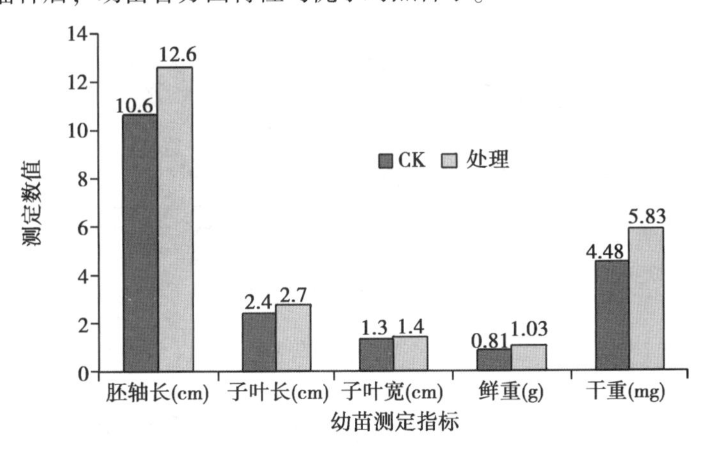

图6－19　引发处理对砧木幼苗生长特性的影响

此外，在试验中还发现，经过处理的种子在生产上实际应用时，浸种时间可以降低到原来时间的一半以下，而且引发效果依然得到较好保持。试验结果还表明，该处理方法对葫芦种子和南瓜种子均有明显效果。

在重视生产应用结果、不断改进处理条件、扩大处理批量、提高机械化应用程度等方面进行了持续改善，建立了一套砧木种子引发处理生产线，对多个批次的种子进行了应用测试，均取得较好结果。

八、种子配套技术配套设备研制与应用

为了加快种子处理技术在农户和小型种子企业的应用，研制了三套小型种子处理设备：小型种子引发机、种子消毒机和种子快速干燥机（图 6－20，图 6－21），分别应用于种子快速烘干、消毒处理和引发处理。

图 6－20　种子消毒机和种子快速干燥机

图 6－21　小型种子引发机

应用小型种子快速干燥机，有利于制种户在种子采收后及时将种子进行干燥，减少种子污染，提高种子健康；应用研制的小型种子消毒机，可以保证种子消毒过程不同区域药剂浓度均匀，不会出现局部浓度不够影响消毒效果的现象，也不会出现局部浓度太高，对种子生理产生影响的后果。运用研制的小型种子引发机，可以对少量种

子进行引发处理，提高种子生理质量和种子健康。

九、小结

本研究通过上述西瓜甜瓜种子采后处理技术的研究，得到以下结论。

（1）建立了一种瓜类细菌性果斑病种子消毒评价体系。通过获得带有耐链霉素的西瓜果斑病菌种子，并将此种子用于消毒效果评价，提高了评价效果的可靠性。

（2）评价了一些常用杀菌剂的培养基杀菌效果，结果表明2% HCl、2% HCHO 和4% NaClO 和4% Ca（ClO）$_2$直接处理果斑病细菌，半小时内可以完全杀灭；对人工接菌种子处理结果表明，4% HCl 处理带菌种子 20min、2% CH_4处理带菌种子 30min 和4% HCHO 处理带菌种子 20min，处理结果最佳。

（3）研究了不同条件下干热处理对甜瓜种子质量和健康的影响，结果表明，80℃处理 24h 是甜瓜种子较为理想的干热处理条件，既能减少种子上病原菌的带菌量，又能基本不影响种子活力和发芽。

（4）研究了辐射处理对种子健康的影响，种子杀菌效果随着照射强度的增加而提高，但是不能保证完全杀灭细菌，故此不建议采用。

（5）筛选得到 1 个抑菌效果较好的抗菌素——“四霉素”，在 6mg/L 和 12mg/L 浓度下可基本上抑制培养基上果斑病菌生长。

（6）评价了盐酸、过氧乙酸等 6 种常用细菌处理药剂在不同浓度下对自然带菌种子的消毒处理效果，结果表明这些杀菌剂对抑制带菌种子 BFB 发生均有显著效果，但是不能保证 100% 的杀菌效果；1% 盐酸溶液和 80 倍的索纳米溶液对细菌性果斑病带菌种子有明显的杀菌作用，对高带菌率种子，盐酸效果好于索纳米。

（7）筛选得到一种高效节水的种子处理方法：采用新的高效种子消毒处理剂：JY 混剂-1 对种子进行处理，杀菌效果与盐酸不相上下，但是不需要清洗处理种子，具有安全、省水、污染小等特点，已经开始在生产上规模化应用。

（8）确认可以通过种子采收后发酵、快速干燥等处理提高种子健康。

（9）筛选得到一种新的高效杀菌剂——“1 号杀菌剂”，分析结果表明该杀菌剂的抑菌效果明显，效率高，对带菌甜瓜种子的消毒效果明显，还能提高种子发芽率和出苗率。该药剂对带菌西瓜种子也有较好的应用效果，建议使用条件为：0.5×10^4 μg/ml 处理 1h 人工接菌种子，防治效果达 89.9%；1.0×10^3 μg/ml 对人工接菌的幼苗进行喷雾防治，防治效果达 75.2%；该杀菌剂对提高三倍体西瓜种子健康也有明显作用。

（10）建立了一种三倍体西瓜种子引发处理技术体系。通过引发处理克服了三倍体西瓜种子的萌发障碍，处理种子不需要嗑籽，其发芽率可以达到或接近嗑籽种子的发芽率水平，种子活力得到显著提高。该方法对全部实验品种和批次的种子有效。

（11）筛选得到一种能有效提高三倍体西瓜种子健康的杀菌剂 JY-2，将该杀菌剂应用于种子引发处理，形成了一套同时提高三倍体西瓜种子活力和健康的种子处理技术，其主要特点是：种子发芽率、发芽整齐度得到提高，实生苗检测方法确认处理种子发芽后苗期基本没有果斑病发生。该方法经过改进完善，形成了一套三倍体西瓜种子的消毒技术，近年来陆续应用于生产，效果良好。

（12）研究了二倍体、三倍体西瓜种子在室温和4℃下引发效果的保持情况，结果表明，种子发芽指数可以作为种子活力和引发效果的衡量指标。室温下三倍体西瓜种子的引发效果至少可以保持24个月，而在4℃下则可以保持46个月以上；二倍体种子的引发效果不管在室温还是在4℃均可保持46个月以上。

（13）研究了西瓜生产中配套砧木种子的引发技术，通过处理可以明显提高种子发芽率、发芽整齐度和种子健康。

（14）研制了3个种子采后处理过程需要的小型设备：小型种子引发机、种子消毒机和种子快速干燥机，以利于提高处理效率，稳定处理效果。

综上所述，本研究从种子采后处理的多个环节，不同角度，针对不同处理对象开展了全面研究，形成了配套的综合处理技术体系，适用于不同的使用人群。研究者希望通过技术的推广和应用，全面提高我国西瓜甜瓜商品种子健康，减少田间细菌性果斑病发生，保障我国西瓜甜瓜产业健康发展。

第七章　西瓜甜瓜嫁接苗安全生产技术研究与示范

西瓜和甜瓜嫁接苗集约化生产是保障西瓜和甜瓜产业种苗供应的重要途径，根据国家西瓜甜瓜产业技术体系的调查，我国西瓜嫁接栽培的普及率已经达到40%，如何生产出优质健康的嫁接苗是西瓜甜瓜嫁接苗生产需要解决的重要课题，近年来，由于细菌性果斑病所导致的病害高发严重威胁了嫁接苗的生产，进而直接影响西瓜和甜瓜产业的发展。针对集约化育苗的嫁接苗生产，如何从种子处理、嫁接操作、嫁接后环境调控等嫁接苗集约化生产全程产业链角度防控细菌性果斑病的发生是本课题研究的重要内容，因此本课题重点针对细菌性果斑病在集约化育苗场中的发病规律和侵染途径、防控措施等开展研究，旨在建立适合集约化育苗的嫁接苗健康种苗生产技术体系，为西瓜甜瓜产业发展提供可靠种苗保障。

一、砧木和接穗种子带菌与嫁接苗细菌性果斑病发生关系的研究

（一）带菌接穗种子与西瓜幼苗 BFB 发生的关系分析

接菌 90min 和 120min 的种子第 6 天幼苗开始发病，接菌 15min、30min 和 60min 的种子第 7 天幼苗开始发病，接菌 5min 的种子第 11 天幼苗开始发病。播种后第 12 天，接菌 90min 的种子幼苗 BFB 发病率最高，达到 91.8%，与接菌 120min 的种子幼苗 BFB 发病率间无显著差异（图 7－1）。西瓜种子接菌时间越长，带菌种子幼苗 BFB 发病越

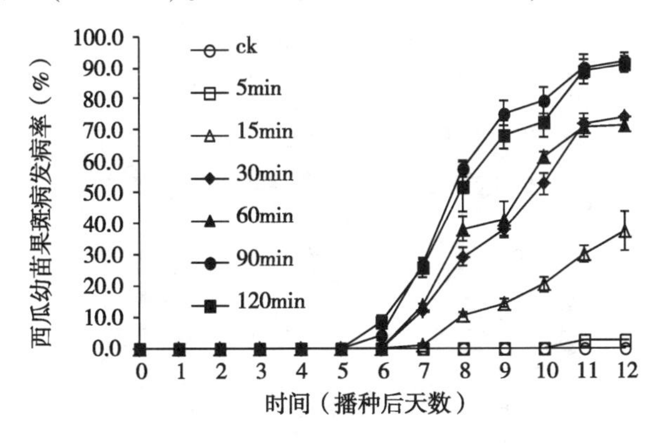

图 7－1　菌液浸种时间对西瓜幼苗 BFB 发病率的影响

早，而且发病程度也越严重。接菌 90min 的种子幼苗发病率发病程度严重，适合筛选高效药剂的研究。接穗种子的人工接种试验表明（图7－2），带菌接穗种子能够导致接穗幼苗 BFB 的发生，子叶先出现病斑，病斑沿子叶主脉扩展，随着病情的发展，BFB 病菌侵染茎部，导致幼苗腐烂死亡。

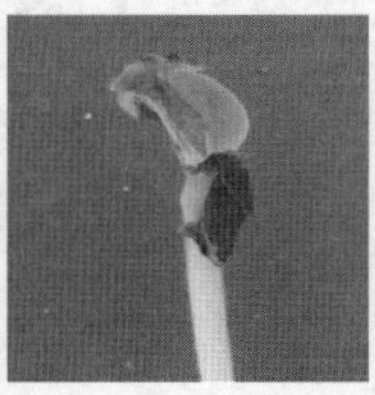
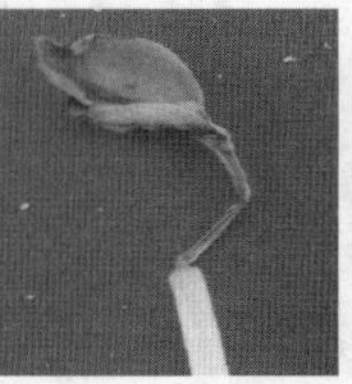

图7－2　接穗幼苗 BFB 发病症状

（二）带菌砧木种子与砧木幼苗 BFB 发生的关系分析

砧木种子接菌浓度越高，时间越长，砧木幼苗发病率越高（表7－1 和图7－3）。10^7CFU/ml（30min、60min）处理下，砧木发病情况严重，不存在可以嫁接的砧木幼苗；10^5CFU/ml（30min）处理下，50 株砧木幼苗中有 7 株可以嫁接的发病砧木幼苗，能够获得更多适合嫁接的带菌砧木幼苗。砧木种子人工接种试验表明，带菌砧木种子能够导致砧木幼苗 BFB 的发生，带菌砧木种子播种出苗后，果斑病病菌开始于子叶发病，子叶背面出现水渍状病斑，随着幼苗的生长，发病严重的砧木幼苗，病斑逐渐向叶基部侵染，并侵染茎部，最终砧木腐烂死亡。

表7－1　砧木种子接菌方法的筛选

浓度（CFU/ml）	时间（min）	子叶病斑面积＜5%的株数	发病率（%）
10^7	30	—	100.00±0.00a
	60	—	100.00±0.00a
10^5	30	7	91.11±2.22b
	60	1	96.67±0.00ab
10^3	30	3	56.67±5.08d
	60	3	67.78±4.84c

图7－3　砧木幼苗 BFB 发病症状

（三）带菌砧木幼苗与西瓜嫁接苗 BFB 发生的关系分析

选择砧木幼苗子叶病斑面积为5%左右的砧木幼苗和无菌接穗幼苗，采用顶插接方法嫁接（图7－4）。结果发现，西瓜嫁接苗 BFB 发病率均为100%，砧木上的 BFB 病菌可从砧木幼苗侵染至接穗，随着病情的发展，接穗子叶腐烂坏死，最终导致整株嫁接苗腐烂死亡。

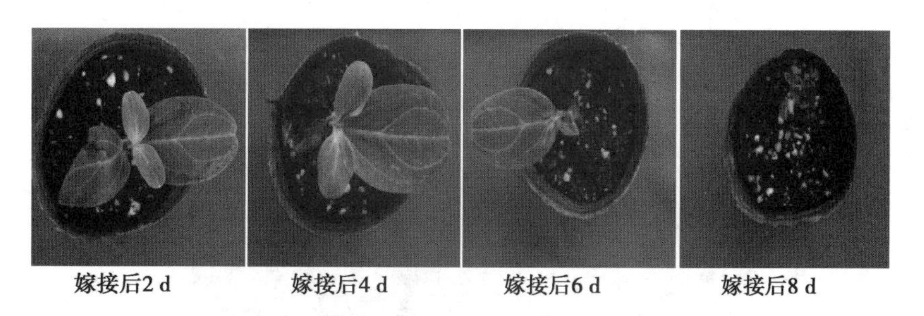

图7－4 带菌砧木幼苗嫁接后对嫁接苗 BFB 的影响

（四）瓜类细菌性果斑病菌在葫芦幼苗中定殖的观察

瓜类细菌性果斑病菌在葫芦砧木苗期，发病砧木幼苗下胚轴组织横截面的石蜡切片染色观察结果表明（图7－5），病菌定殖于下胚轴维管束的木质部和韧皮部中，而下胚轴薄壁组织中未观察到病菌的存在。

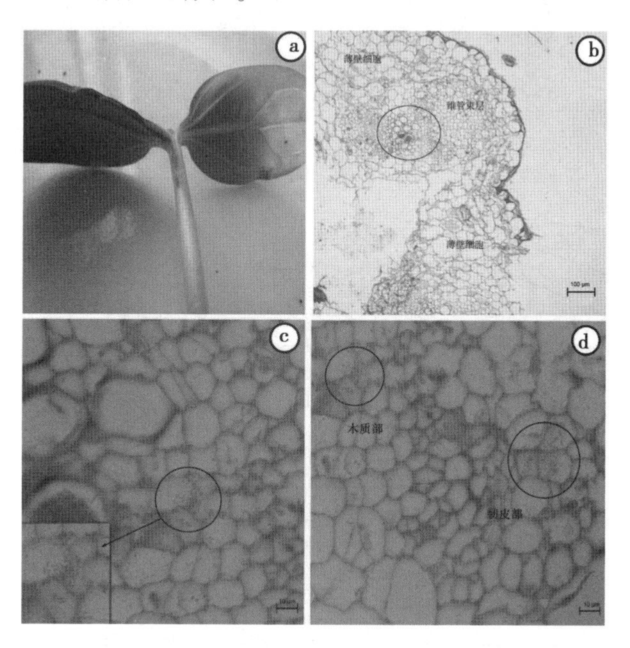

图7－5 发病砧木幼苗下胚轴组织横截面的石蜡切片染色观察结果

a. 葫芦砧木茎部细菌性果斑病病症观察；b. Aac 侵染葫芦砧木下胚轴横切面染色显微图片；c－d. Aac 定殖于砧木茎部维管束木质部与韧皮部的显微图片。

（五）用 GFP 标记菌株观察 BFB 病原菌 Ac 在砧木叶片的定殖

用 GFP 标记菌株浸种葫芦砧木，在砧木满足嫁接标准后，对子叶发病部位进行冷冻切片制作，并观察 Ac 在葫芦砧木子叶定殖情况（图 7－6）。Ac 侵染葫芦砧木子叶后，和健康子叶部位相比，受到 BFB 侵染的叶片组织受到了不同程度破坏，栅栏组织及维管束均受到 BFB 侵染。

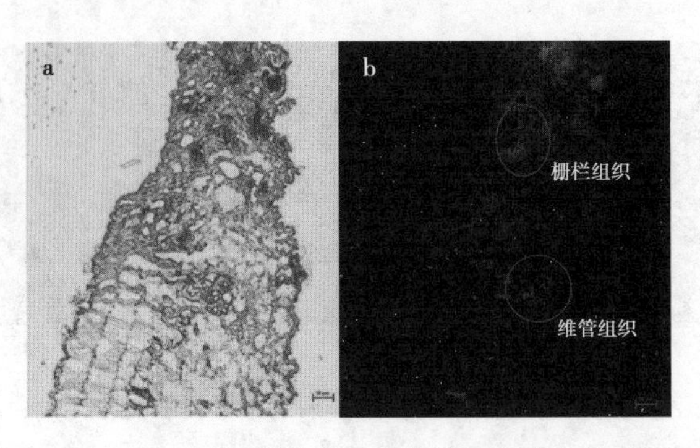

图 7－6 GFP 标记菌株侵染带菌砧木叶片后病健交界处纵切显微图

a. 明场；b. 暗场

（六）BFB 在不同病害等级葫芦砧木中侵染情况

葫芦砧木种子在接种浓度为 10^7 CFU/ml、10^5 CFU/ml、10^3 CFU/ml、10^1 CFU/ml 的条件（图 7－7 和图 7－8），每个浸种浓度下不同病害等级的幼苗在嫁接苗管理环境下

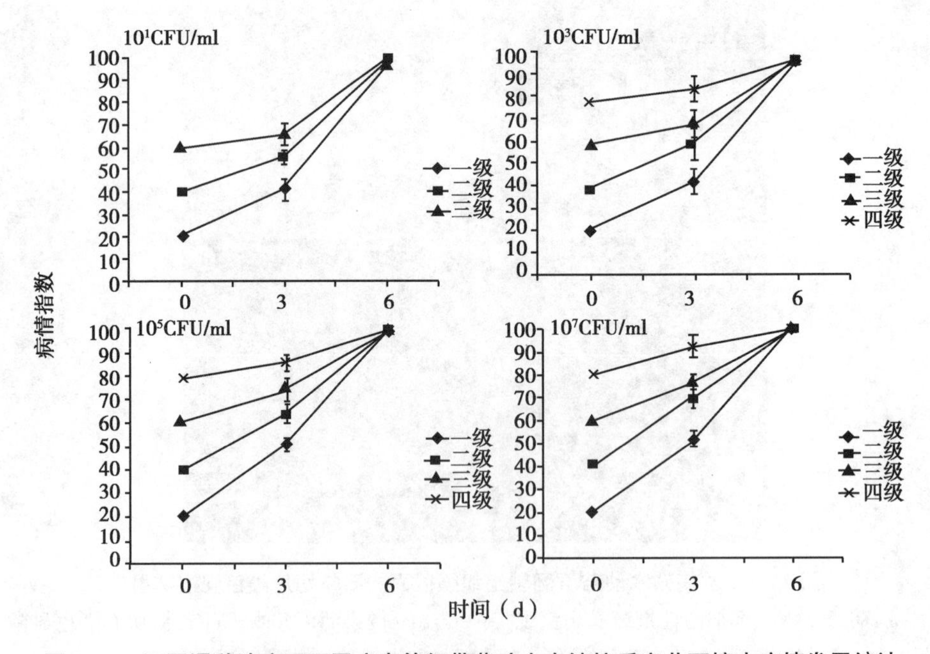

图 7－7 不同浸种浓度下不同病害等级带菌砧木在嫁接后育苗环境中病情发展统计

均发病迅速，在嫁接后第 3 天时病情指数都有显著的提升，在第 6 天时，病情指数高达 100 且整株砧木死亡。即使接种量低至 10CFU/ml，嫁接前病害等级为 1 的情况下，在嫁接后的环境条件中 BFB 可以在 6d 内迅速暴发导致砧木整株死亡。

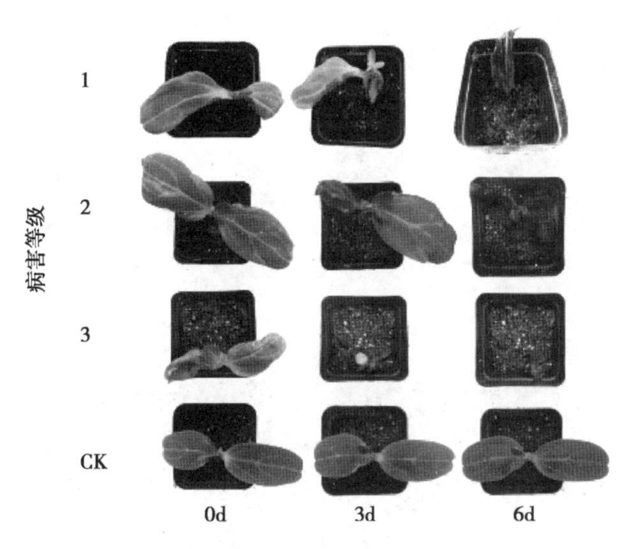

图 7－8　在嫁接后育苗环境条件下带菌砧木的病情发展

（七）在嫁接后育苗管理中 BFB 带菌苗的传染情况

试验结果表明（图 7－9），在嫁接后的育苗管理中，带菌砧木进行嫁接后可以侵染周围健康砧木的嫁接而使其发生 BFB，其中 10^3 CFU/ml 浸种的砧木可以导致周围等距离 10 个穴孔范围内 40% 以上的砧木嫁接苗发病，10^7 CFU/ml 浸种的砧木可以导致周围等距离 10 个穴孔范围内 90% 以上的砧木嫁接苗发病，并且在嫁接苗砧木及接穗部位均可发现 BFB 的存在。

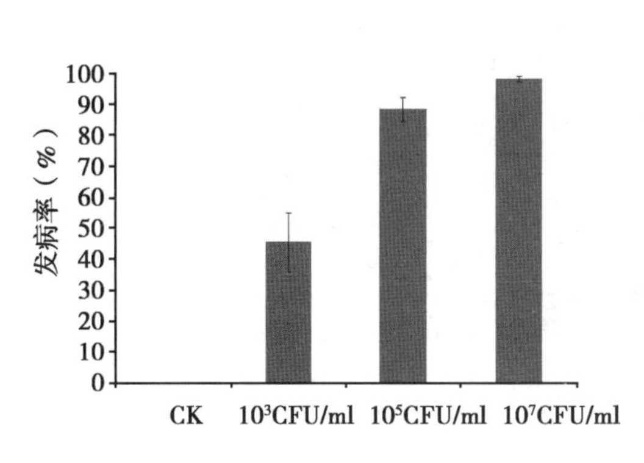

图 7－9　在嫁接后环境中不同接种浓度下发病砧木对健康砧木嫁接苗的侵染

（八）嫁接苗成活后 BFB 在接穗子叶的发生情况

将发病嫁接苗中接穗叶片组织进行石蜡切片制作，使用甲苯胺蓝染色法进行染色。用 DIC 微分干涉显微镜观察茎部病菌侵染情况。结果表明，嫁接子叶通过甲苯胺蓝染色后进行微分干涉显微镜观察，发现受到 Ac 侵染的接穗叶片，病菌可定殖于叶片部维管束组织及下表皮的海绵组织中（图 7－10 和图 7－11）。

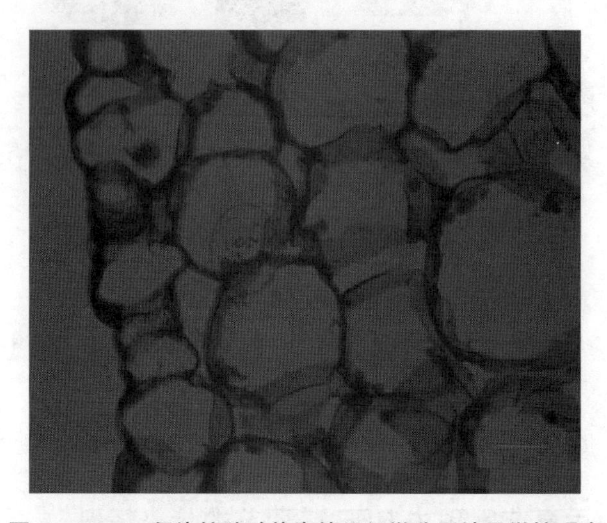

图 7－10　Ac 侵染接穗叶片海绵组织微分干涉显微镜观察

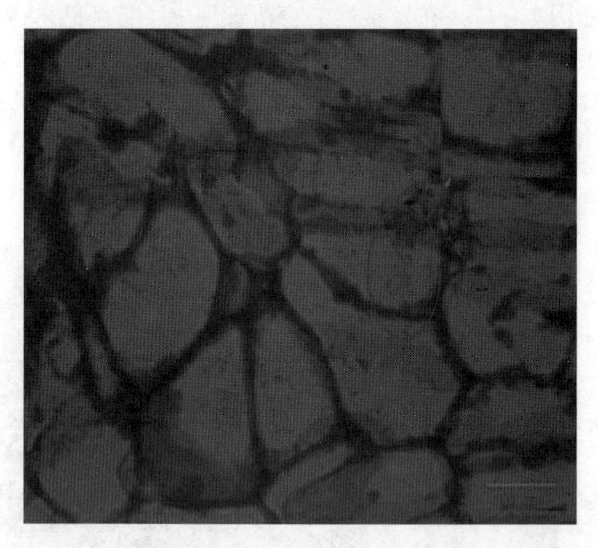

图 7－11　Ac 侵染接穗叶片维管束组织微分干涉显微镜观察

（九）BFB 在不同病害等级西瓜接穗中侵染情况

西瓜接穗种子在接种浓度为 10^7 CFU/ml、10^5 CFU/ml、10^3 CFU/ml 条件时（图 7－12），播种后第 4 天子叶去种壳时，BFB 可处于潜伏状态，无 BFB 病症出现，但在嫁接苗管理环境下第 3 天时开始有西瓜接穗有轻微 BFB 症状出现，在第 6 天后，BFB 症状开始大规模出现并可导致整株嫁接苗死亡。而在嫁接前有病症的接穗在嫁接苗育苗环境下发病更为迅速，在嫁接第 3 天后 BFB 病斑在子叶上扩展，且在嫁接后第 6 天后完全死亡。在嫁接苗育苗环境中，不同浓度菌悬液浸种后的带菌接穗在嫁接育苗环境下均发病迅速，西瓜接穗种子在接种浓度为 10^7 CFU/ml 的情况下，嫁接后第 3 天其发病率达到 10% 以上，嫁接后第 6 天其发病率达到 70% 以上，在嫁接苗成活期时（约 9d），带菌西瓜接穗发病率达到 90% 以上。西瓜接穗种子在接种浓度为 10^5 CFU/ml 的情况下，嫁接后第 3 天其发病率达到 10% 以上，嫁接后第 6 天其发病率达到 50% 以上，在嫁接苗成活期时（约 9d），带菌西瓜接穗发病率达到 80% 以上。西瓜接穗种子在接种浓度为 10^3 CFU/ml的情况下，嫁接后第 3 天其发病率达到 10% 以上，嫁接后第 6 天其发病率达到 40% 以上，在嫁接苗成活期时（约 9d），带菌西瓜接穗发病率达到 70% 以上。试验表明西瓜接穗种子带菌量越多，在嫁接环境下出现 BFB 症状的幼苗越多，其发病率越高。

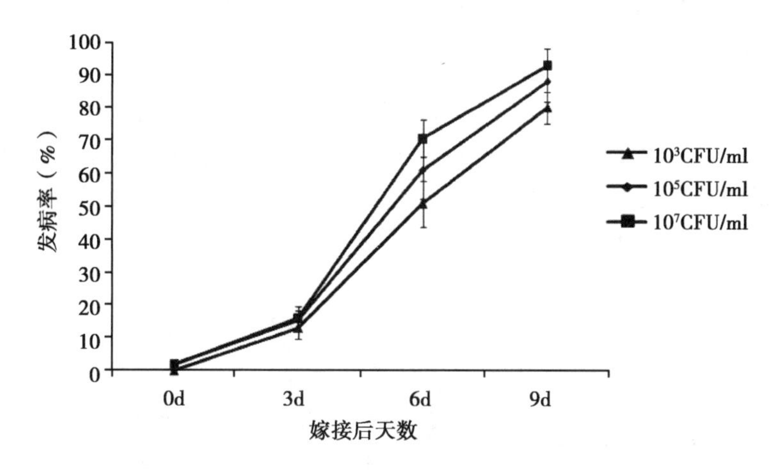

图 7－12　健康砧木嫁接不同浓度 BFB 西瓜接穗种子后发育的幼苗发病情况

（十）在嫁接后环境管理中 BFB 带菌西瓜接穗的传染情况

试验结果表明，在嫁接后的环境管理中，带菌接穗进行嫁接后其周围健康嫁接苗无 BFB 症状。对周围嫁接苗进行病原菌分离及检测，也未发现病原菌的存在，表明在嫁接苗的管理环境中，由西瓜接穗出现的 BFB 并不会侵染周围健康的嫁接苗。

（十一）再侵染途径中 BFB 病菌对西瓜嫁接苗的影响

通过再侵染途径导致的 BFB 侵染，在嫁接后第 9 天时，当砧木与接穗叶片接种量为 10^7 CFU/ml 时，无嫁接苗成活，当砧木与接穗叶片接种量为 10^5 CFU/ml 时，有 5% 左右的嫁接苗可以存活，当砧木与接穗叶片接种量为 10^3 CFU/ml 时，砧木接种嫁接苗成活率为 50%，接穗接种成活率约为 30%，对照健康处理嫁接苗成活率在 90% 以上（图 7－13）。

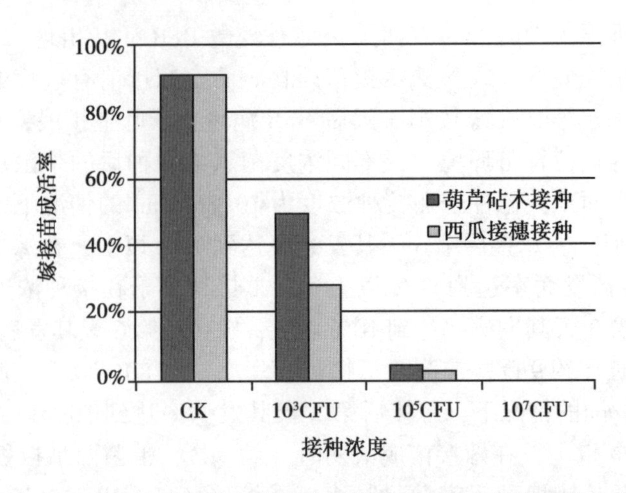

图 7－13　砧木叶片与接穗叶片接种病原菌后西瓜嫁接苗成活率

（十二）再侵染途径中 BFB 病菌对西瓜嫁接苗发病率的影响

通过再侵染途径导致的 BFB 侵染，在嫁接后第 9 天时，当砧木与接穗叶片接种量为 10^7CFU/ml 和 10^5CFU/ml 时，嫁接苗发病率为 100%，当砧木与接穗叶片接种量为 10^3CFU/ml 时，砧木接种嫁接苗发病率为 76% 左右，接穗接种发病率为 81% 左右，对照健康处理的嫁接苗也发现有 BFB 的发生，发病率在 10% 左右，推测可能由于嫁接苗操作过程中或嫁接用具产生的病原菌交叉感染（图 7－14）。

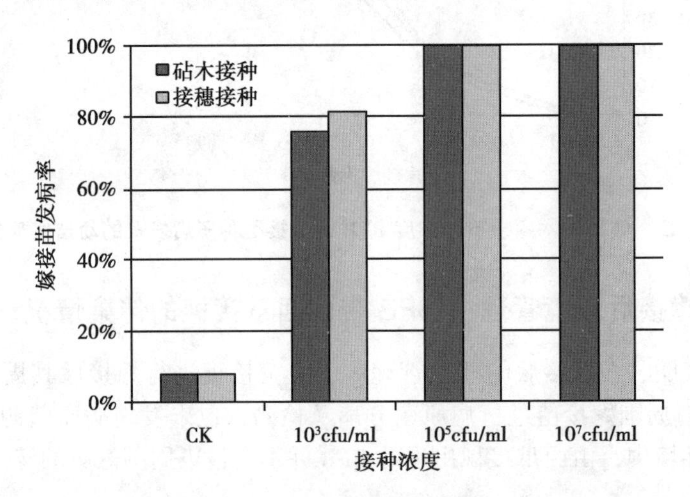

图 7－14　砧木叶片与接穗叶片接种病原菌后西瓜嫁接苗发病率

（十三）西瓜甜瓜嫁接苗细菌性果斑病识别技术档案

病菌首先感染西瓜子叶，子叶受害时叶尖或叶缘先发病，出现水浸状小斑点，并逐渐向子叶基部扩展为条形或不规则形暗绿色水浸状病斑，并沿主脉逐渐发展为黑褐色坏死病斑。在条件适宜时，子叶病斑可扩展到嫩茎，引起嫩茎腐烂，使整株幼苗倒伏。嫁接后可感染真叶，真叶受害初期为水浸状的小斑点，斑点扩大时常因受叶脉的限制而成多角形、条形或不规则形暗绿色病斑。后期病斑转为褐色，下陷干枯，形成不明显的褐色小斑，周围有黄色晕圈，通常沿叶脉扩展，最后整个接穗枯死（图 7-15）。

图 7-15　健康砧木嫁接不同浓度 BFB 西瓜接穗种子后发育的幼苗发病情况

二、带菌嫁接用具及育苗基质与西瓜嫁接苗 BFB 发生间的关系分析

（一）竹签接菌浓度与西瓜嫁接苗 BFB 发生的关系

当嫁接竹签带菌浓度为 10^4 CFU/ml 时，西瓜嫁接苗在嫁接后的 10 天内没有发生 BFB，与对照无差异。当带菌浓度为 10^5 CFU/ml 时，在嫁接后第 7 天开始发病，第 10 天发病率达到 40.7%。当带菌浓度为 10^6 CFU/ml、10^7 CFU/ml 和 10^8 CFU/ml 时，嫁接苗在嫁接后的第 3 天开始发病，第 9 天发病率达到 100%（图 7-16）。本试验结果表明，带菌竹签嫁接能够导致嫁接苗 BFB 的发生，并且带菌浓度越高，病症出现的时间就越早，而且发病程度也越严重。

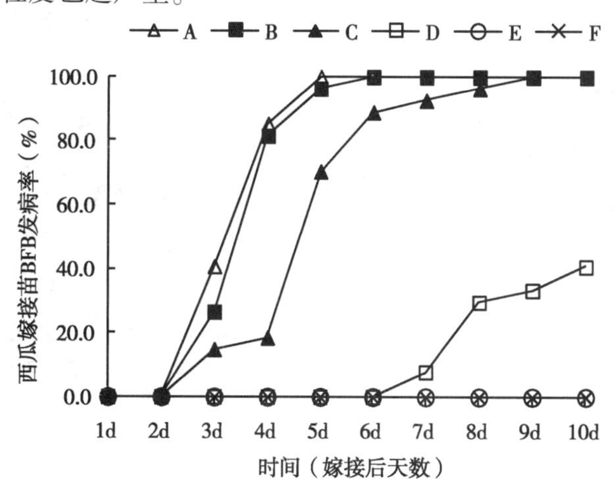

图 7-16　不同带菌浓度竹签嫁接后嫁接苗 BFB 发病率比较

竹签带菌浓度 A. 10^8 CFU/ml；B. 10^7 CFU/ml；C. 10^6 CFU/ml；D. 10^5 CFU/ml；E. 10^4 CFU/ml；F. 0（对照）。

（二）带菌竹签嫁接与西瓜嫁接苗 BFB 发生的关系

带菌嫁接竹签连续嫁接 50 株西瓜苗。嫁接苗从第 3 天开始发病，接穗子叶早期出现水渍状病斑，后期逐渐转变为褐色坏死病斑，接穗茎部出现褐色病斑条纹，病情严重的导致嫁接苗接穗腐烂枯死，病情指数和发病率随时间不断加重，第 8 天嫁接苗发病率达 97.3%，第 10 天嫁接苗的病情指数达到 88.4，对照嫁接苗没有发病（图 7－17）。嫁接 10 天后，采集两株接穗子叶有明显病斑的成活西瓜嫁接苗，分离及检测病原菌（图 7－18）。不带菌竹签嫁接处理下，嫁接苗的嫁接部位、接穗茎和接穗子叶未能分离得到单菌落，但是在发病嫁接苗的这 3 个部位均能够分离到单菌落，挑取疑似单菌落进行 PCR 检测，在 16 个 PCR 扩增产物中，15 个能够扩增到果斑病细菌的特异性片段，片段长度在 250～500bp，而 BFB 病菌的特异性片段长度为 360bp，表明在发病嫁接苗的嫁接部位、接穗茎和接穗子叶中均存在 BFB 病菌。

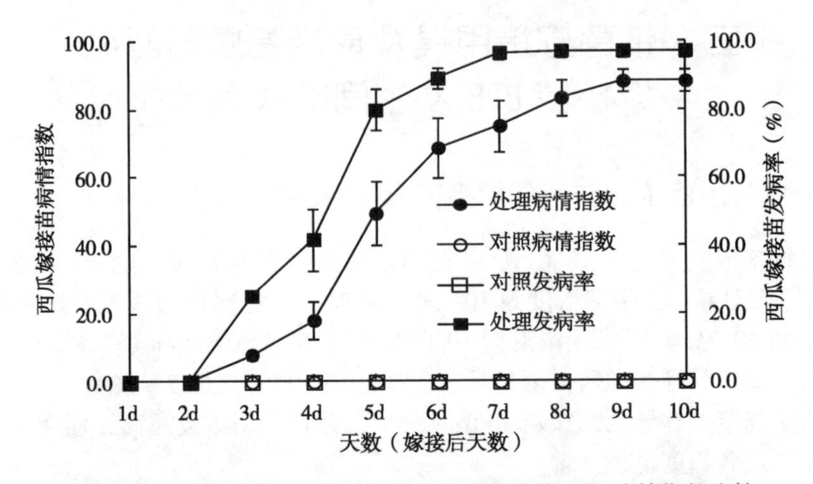

图 7－17　带菌嫁接竹签连续嫁接后西瓜嫁接苗 BFB 病情指数比较

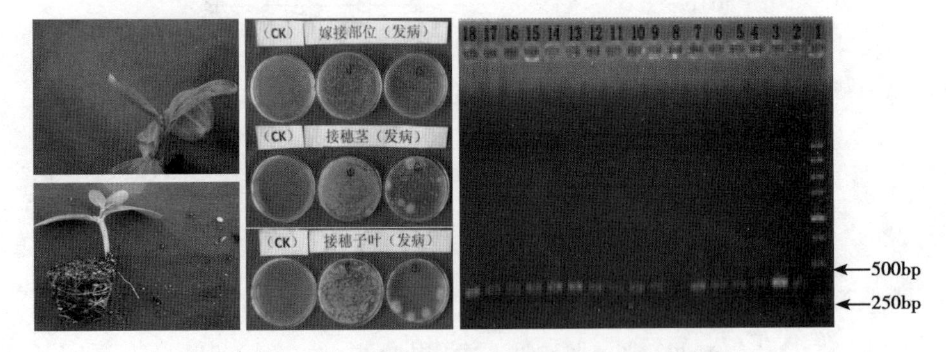

图 7－18　发病西瓜嫁接苗病原菌的分离及检测

1. DNA Marker；3. 菌液；2，4. 接穗子叶②；5，6. 嫁接部位②；7，8，9. 接穗茎②；10，11，12. 接穗子叶①；13，14，15. 嫁接部位①；16，17，18. 接穗茎①。

（三）带菌育苗基质与西瓜幼苗 BFB 发生间的关系

播种后第 15 天，不同基质带菌量（10^9 CFU/kg、10^8 CFU/kg、10^7 CFU/kg）下西瓜幼苗 BFB 的病害等级分别为 5、2 和 0.75，处理间存在显著差异。随着基质带菌量的增加，幼苗 BFB 的发病率逐渐增加。播种后第 6 天，西瓜幼苗子叶开始出现水渍状病斑。播种后第 10 天，不同基质带菌量下幼苗 BFB 的发病率分别为 71.5%、30.5% 和 6.5%。基质带菌量为 10^9 CFU/kg 时，播种后病情发展迅速，到第 15 天时，幼苗 BFB 的发病率达到 97%（图 7－19）。

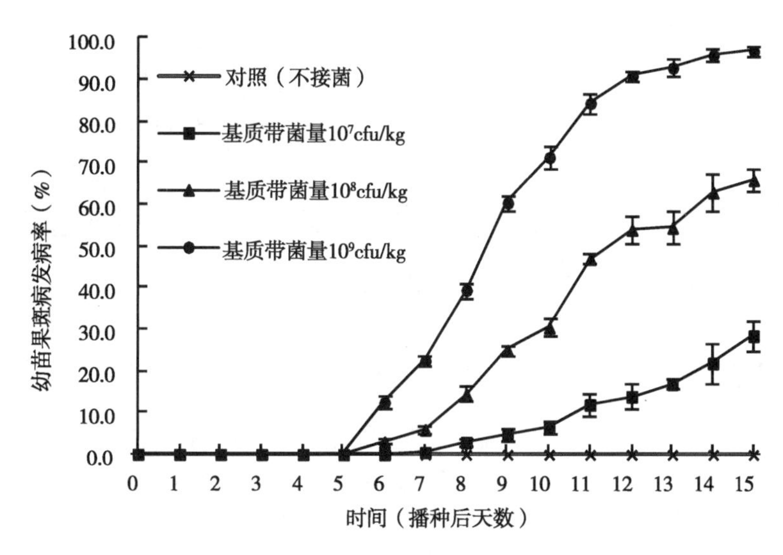

图 7－19　不同基质带菌量西瓜幼苗 BFB 发病率比较

三、不同嫁接方法与西瓜嫁接苗 BFB 发生间的关系

BFB 病菌接种于不同类型的西瓜嫁接苗，幼苗从第 3 天开始发病，病叶初期呈现少量水浸状病斑，呈不规则型，呈暗青色，水浸状病斑通常沿叶脉发展，中期病斑由暗青色至暗棕色，严重时，沿叶脉发展到叶基部，叶片焦枯死亡。第 8 天进行相对抗病性分析，自根苗、顶插接苗、断根嫁接苗和贴接苗的病情指数分别为 73.1、67.9、71.4 和 68.9，顶插接苗、断根嫁接苗和贴接苗的相对抗病指数分别为 0.07、0.02 和 0.06，均为感病类型（图 7－20）。可见，嫁接苗和自根苗在苗期对于 BFB 的抗性没有差异，嫁接不能提高西瓜对 BFB 的抗病性，不同嫁接方法对西瓜嫁接苗 BFB 的发生无显著差异。

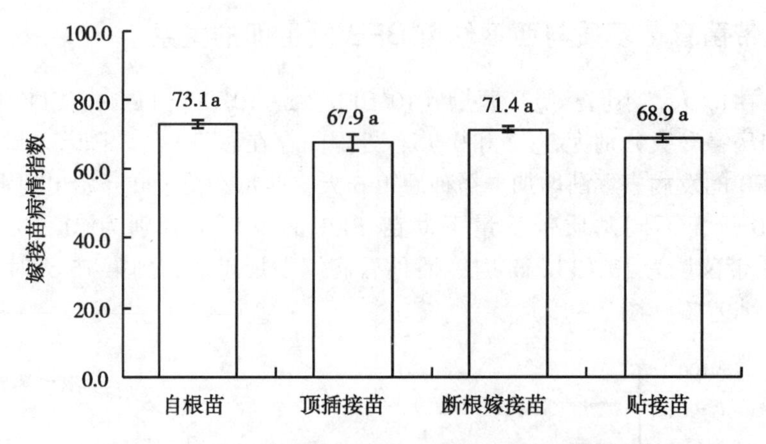

图 7－20　不同类型嫁接苗人工接种后的病情指数比较

四、嫁接环境因子与西瓜甜瓜嫁接苗细菌性果斑病发生关系研究

（一）不同温度环境中葫芦砧木发病情况试验

在相对湿度相同的育苗温度环境下，随着温度的升高葫芦砧木的发病率及病情指数均有所上升。相对较高的温度发病严重。20℃、24℃、28℃、32℃之间发病率与病情指数相差较大（图 7－21 和图 7－22）。在较低温度的育苗环境下可以减缓细菌性果斑病的发生，但不能完全消灭细菌性果斑病（图 7－23）。

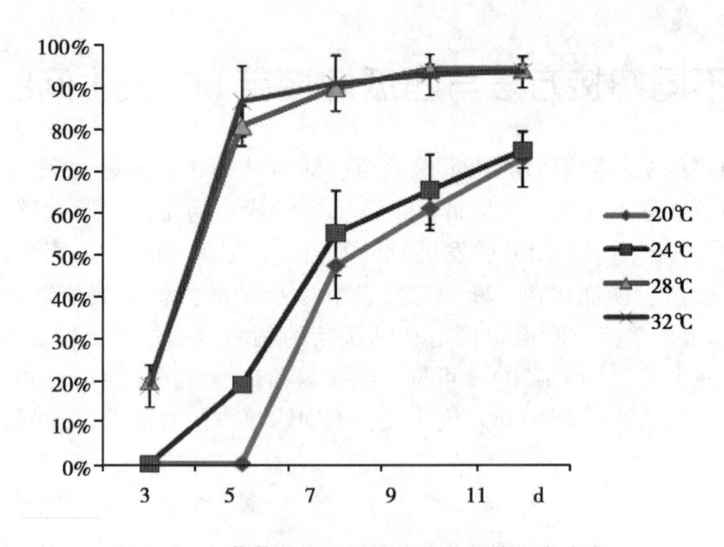

图 7－21　葫芦砧木不同温度育苗环境下发病率

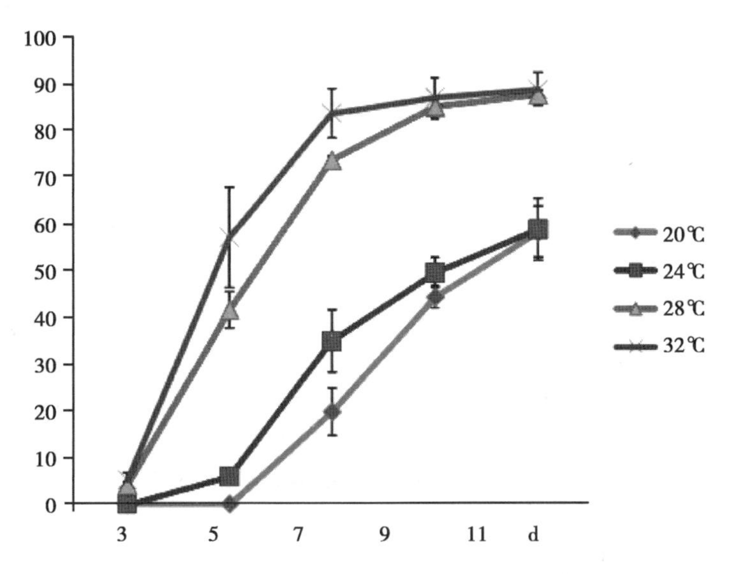

图 7－22　葫芦砧木不同温度育苗环境下病情指数

图 7－23　不同温度条件下葫芦砧木西瓜细菌性果斑病发病情况

（二）不同湿度条件下葫芦砧木发病情况试验

在不同的育苗环境下，随着湿度的升高葫芦砧木的发病率及病情指数有所上升。相同温度下 80% 以上的湿度条件与 60% ～80% 发病率与病情指数有一定差别。试验结果表明育苗环境在较高的湿度下病害的发展会有所增加。在较低湿度的育苗环境下可以减缓细菌性果斑病的发生，但不能完全消灭细菌性果斑病（图 7－24 至图 7－26）。

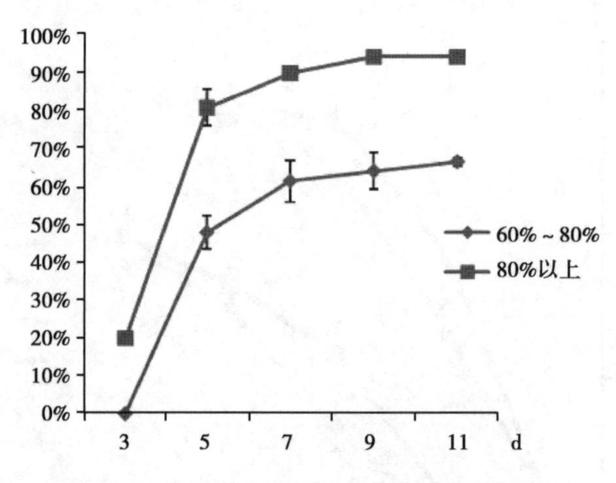

图7-24　葫芦砧木不同湿度育苗环境下发病率

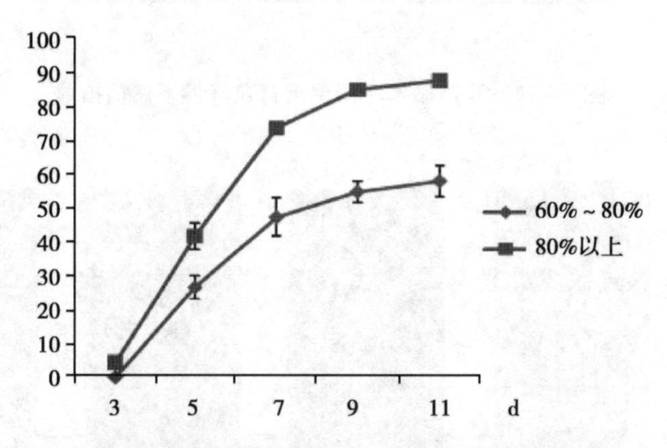

图7-25　葫芦砧木不同湿度育苗环境下病情指数

图7-26　不同湿度环境条件下葫芦砧木西瓜细菌性果斑病发病情况

五、不同灌溉方式与西瓜甜瓜嫁接苗细菌性果斑病的发生关系研究

二叶一心期，嫁接苗喷雾接菌，第 4 天挑选病情指数相近的发病嫁接苗作为初侵染病株，移栽至健康嫁接苗群体，设置 4 个不同的试验样本（图 7－27），黑色为初侵染病株的位置，白色为健康嫁接苗的位置，初始发病率分别为 0%、4%、12% 和 20%。试验在人工气候室内进行，试验样本采用不同的灌溉方式提供水分（表 7－2）。

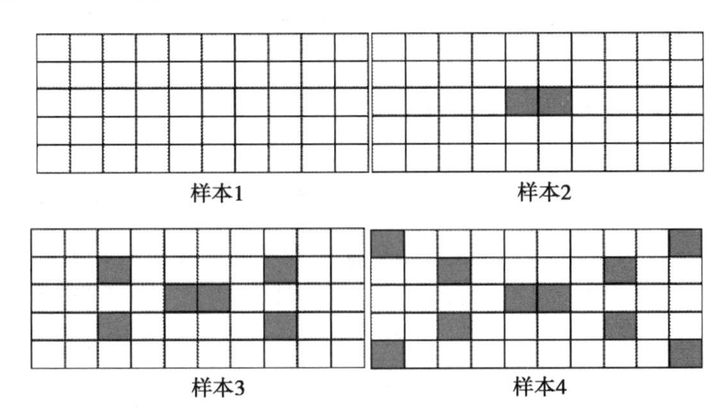

图 7－27　穴盘中初侵染病株分布位置

表 7－2　实验设计

处理	灌溉方式	初侵染病株数（株/穴盘）	初始发病率（%）
A1	上部喷灌	0	0
A2	上部喷灌	2	4
A3	上部喷灌	6	12
A4	上部喷灌	10	20
B1	潮汐灌溉	0	0
B2	潮汐灌溉	2	4
B3	潮汐灌溉	6	12
B4	潮汐灌溉	10	20

不同处理下穴盘内嫁接苗 BFB 发病率见图 7－28，A1、B1（对照）处理嫁接苗 BFB 发病率为 0。A2、A3、A4 的发病率从第 4 天开始不断增加，B2、B3 和 B4 发病率基本稳定不变。第 10 天，B2、B3、B4、A2、A3 和 A4 的发病率分别增加了 0.7、0.7、0.7、3.3、7.3 和 12。不同处理下嫁接苗的发病速率为 A4（0.063）＞A2（0.061）＞A3（0.056）＞B2（0.014）＞B3（0.009）＞B4（0.004）。采用上部喷灌的方式有利于 BFB 病菌的传播，发病速率快，而且初侵染源越多 BFB 病菌传播的规模越大。

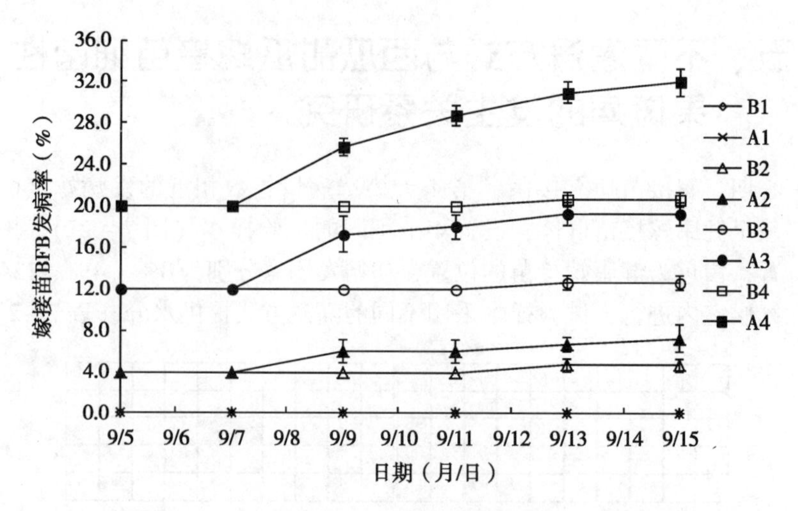

图 7－28　不同灌溉方式对嫁接苗 BFB 发病率的影响

不同处理下初侵染病株病情指数的影响如表 7－3。A2、A3、A4、B2、B3 和 B4 初始病情指数没有显著差异，第 10 天，A2、A3、A4 的病情指数显著高于 B2、B3、B4 的病情指数。病情指数的日增长率为 A2 > A3 > A4 > B2 > B4 > B3。由此可见，采用上部喷灌的方式，发病植株病情指数扩展迅速，能够加速病情的恶化（表 7－3）。

表 7－3　初侵染病株病情指数的日增长率（r）

处理	病情指数		日增长率（r）
	9 月 5 日	9 月 15 日	
A1	0.0 b	0.0 e	0.000
A2	18.5 a	64.8 a	0.210
A3	18.8 a	62.9 ab	0.199
A4	16.8 a	58.9 b	0.196
B1	0.0 b	0.0 e	0.000
B2	14.8 a	50.0 c	0.177
B3	17.3 a	47.5 c	0.147
B4	15.8 a	49.1 c	0.164

六、西瓜甜瓜嫁接苗细菌性果斑病的防治技术研究

（一）化学药剂的室内抑菌和杀菌试验

室内应用圆形滤纸法测定结果表明（图 7－29），加瑞农（600 倍液、800 倍液、1 000倍液）、加收米（400 倍液、600 倍液、800 倍液）、可杀得叁仟(1 500倍液)、注射用硫酸链霉素（100mg/L、200mg/L、300mg/L）对西瓜 BFB 病菌无抑菌作用。90%新植霉素（100mg/L、200mg/L、300mg/L）对西瓜 BFB 病菌有较好的抑菌作用，抑菌

圈直径分别为 15. 3mm、19. 3mm 和 22. 5mm，浓度高抑菌效果显著。

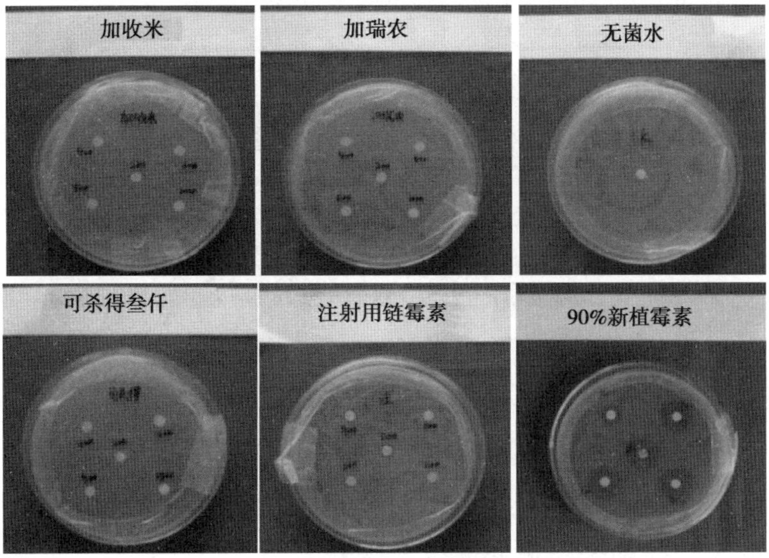

图 7 –29　不同杀菌剂对 BFB 病菌的抑菌效果比较

加瑞农、加收米、注射用硫酸链霉素、可杀得叁仟、90% 新植霉素对西瓜果斑病菌均有一定的杀灭效果（表 7 –4）。对西瓜果斑病菌的杀菌作用为 100% 的供试药剂为加瑞农（600 倍液、800 倍液）、注射用硫酸链霉素（200mg/L、300mg/L）；杀灭效果达 75% 以上的为新植霉素（200mg/L、300mg/L），加瑞农(1 000倍液)，注射用硫酸链霉素（100mg/L），可杀得(1 500倍液)；杀灭效果达到 50% 以上的为加收米（400 倍液、600 倍液）；杀灭效果达 25% 以上的为加收米（800 倍液）。

表 7 –4　不同杀菌剂对 BFB 病菌的室内杀灭效果比较

药剂	稀释倍数	病菌生长情况	药剂	稀释倍数	病菌生长情况
无菌水	–	4 +	可杀得叁仟	1 500	1 +
	100[2)]	2 +	400	2 +	
90% 新植霉素	200[2)]	1 +	加收米	600	2 +
	300[2)]	1 +		800	3 +
	600	–		100[2)]	1 +
加瑞农	800	–	注射用	200[2)]	–
	1 000	1 +	硫酸链霉素	300[2)]	–

注：① 4 + 为 100% 细菌生长，无杀灭作用；3 + 为 <75% 细菌生长，杀菌作用为 25%；2 + 为 <50% 细菌生长，杀菌作用为 50%；1 + 为 <25% 细菌生长，杀菌作用为 75%；– 为细菌不生长，杀菌作用为 100%。②单位为 mg/L。

室内圆形滤纸法测定结果表明（图 7 –30），75% 酒精对西瓜 BFB 病菌无抑菌作用，40% 甲醛 50 倍液和 40% 甲醛 100 倍液对西瓜 BFB 病菌有显著的抑菌作用，抑菌圈直径分别为 16.6mm、12.2mm，浓度高抑菌效果显著。

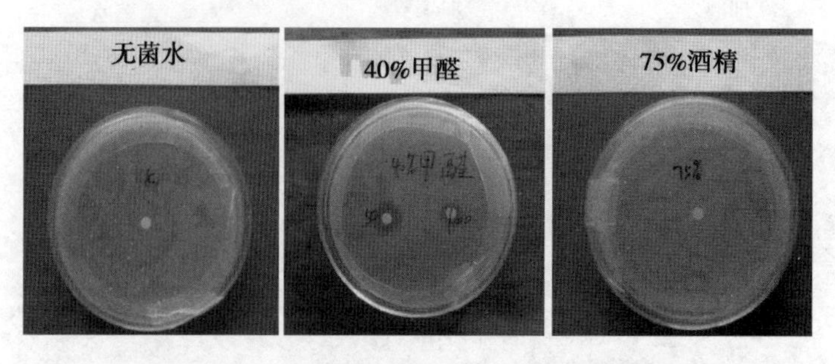

图 7－30　不同消毒液对 BFB 的抑菌效果比较

室内杀菌试验结果表明，40% 甲醛 50 倍液和 75% 酒精分别处理瓜类细菌性果斑病菌，无论是处理 5min、10min，还是 15min，KBA 固体培养都无单菌落存在，杀菌效果达到 100%。

（二）带菌接穗种子药剂处理技术研究

1. 药剂处理带菌接穗种子对种子发芽的影响

发芽试验第 3 天，带菌种子胚根末端出现褐色坏死。药剂处理对西瓜 BFB 带菌种子发芽的影响见表 7－5 和表 7－6，带菌种子（CK1）的发芽势、发芽率、发芽指数和活力指数均显著低于健康种子（CK2）。带菌种子经加瑞农（A）、可杀得叁仟（C）、注射用硫酸链霉素（E）和 40% 甲醛 100 倍液（F）处理后，种子发芽的各项指标均显著提高，与健康种子（CK2）无显著差异。带菌种子经加收米（B）处理后，种子发芽的各项指标均显著提高，但仅发芽率与健康种子（CK2）无差异，其他指标未恢复到正常水平。带菌种子经 90% 新植霉素（D）处理后，发芽率和发芽指数显著提高，发芽率与健康种子（CK2）无差异，发芽指数未恢复到正常水平。可见，A、C、E 和 F 处理可以完全消除 BFB 病菌对西瓜种子发芽的抑制作用，B 和 D 处理使带菌种子的发芽率恢复到正常水平，但发芽势、发芽指数和发芽活力显著低于健康种子（CK2）。

表 7－5　供试药剂的处理浓度及时间

处理	药剂	来源	浓度	处理时间（h）
A	加瑞农	北兴化学工业株式会社	600 倍液	5
B	加收米	北兴化学工业株式会社	400 倍液	5
C	可杀得叁仟	美国杜邦公司	1 500 倍液	5
D	90% 新植霉素	石家庄曙光制药厂	300mg/L	5
E	注射用硫酸链霉素	华北制药股份有限公司	300mg/L	5
F	40% 甲醛	湖北奥生新材料科技有限公司	100 倍液	1

表 7－6　药剂处理带菌接穗种子对种子发芽的影响

处理	发芽势（%）	发芽率（%）	发芽指数	活力指数
CK1	33.33 ±0.02d	81.67 ±0.01b	23.00 ±0.00d	1.63 ±0.26d
CK2	55.83 ±0.01ab	95.00 ±0.00a	29.94 ±0.20ab	2.59 ±0.10ab
A	58.33 ±0.01a	95.00 ±0.01a	30.55 ±0.15a	2.67 ±0.03a
B	40.00 ±0.01c	96.67 ±0.01a	27.00 ±0.10c	2.08 ±0.09c
C	55.00 ±0.03ab	92.50 ±0.02a	29.67 ±1.01ab	2.42 ±0.14abc
D	35.00 ±0.00cd	96.67 ±0.01a	26.23 ±0.05c	1.58 ±0.03d
E	50.00 ±0.03b	94.17 ±0.01a	28.81 ±0.72b	2.22 ±0.02bc
F	50.00 ±0.01b	95.00 ±0.01a	28.83 ±0.38b	2.85 ±0.06a

2. 药剂处理带菌接穗种子对西瓜幼苗生长及 BFB 发生的影响

带菌种子幼苗的平均茎粗、平均株高和平均鲜重均显著低于健康种子。药剂浸种处理后，带菌种子幼苗的各项生长指标均得到显著的提高。平均茎粗与健康种子无显著差异。平均株高除 90% 新植霉素处理低于健康种子外，其他处理与 CK2 均无显著差异。平均鲜重方面，可杀得叁仟、90% 新植霉素和注射用硫酸链霉素处理显著低于健康种子。带菌种子幼苗 BFB 发病率达到 100%，加瑞农和加收米处理对西瓜幼苗 BFB 的防效达到 90% 以上，90% 新植霉素和 40% 甲醛 100 倍液处理对西瓜幼苗 BFB 的防效达到 100%。可见，带菌种子采用 40% 甲醛 100 倍液浸种 1h，能有效的防治西瓜幼苗 BFB，对西瓜幼苗的生长无不良影响（表 7－7）。

表 7－7　药剂处理带菌接穗种子对西瓜幼苗生长及 BFB 发生的影响

处理	平均茎粗（mm）	平均株高（cm）	平均鲜重（g）	发病率（%）	防效（%）
CK1	1.47 ±0.06b	5.06 ±0.18c	0.25 ±0.01c	100.00 ±0.00a	0
CK2	2.13 ±0.02a	8.24 ±0.18a	0.54 ±0.01a	0.00 ±0.00e	—
A	2.12 ±0.06a	8.27 ±0.14a	0.52 ±0.01ab	5.30 ±2.90ed	94.7
B	2.15 ±0.03a	8.24 ±0.09a	0.55 ±0.03a	8.00 ±2.30d	92.0
C	2.1 ±0.03a	7.84 ±0.14a	0.45 ±0.03b	73.30 ±3.50b	26.7
D	2.14 ±0.02a	6.52 ±0.10b	0.45 ±0.02b	0.00 ±0.00e	100
E	2.23 ±0.03a	8.26 ±0.17a	0.45 ±0.05b	64.70 ±2.90c	35.3
F	2.14 ±0.01a	8.29 ±0.08a	0.54 ±0.01a	0.00 ±0.00e	100

（三）带菌竹签、带菌基质的消毒技术研究

1. 带菌竹签消毒技术对西瓜嫁接苗 BFB 的防治效果

带菌竹签嫁接 50 株西瓜苗，嫁接后第 10 天嫁接苗发病率为 97.3%，病情指数为 88.4，40% 甲醛 50 倍液和 75% 酒精浸泡带菌竹签 15min 后嫁接的西瓜苗，防效达到 100%。可见，40% 甲醛 50 倍液或 75% 酒精浸泡带菌竹签 15min 能够有效地防治竹签

带菌所导致的嫁接苗染病，消毒效果彻底（表7-8）。

表7-8 不同消毒液处理带菌竹签嫁接苗BFB防效比较

处理	发病率（%）	病情指数	防效（%）
CK（带菌嫁接竹签）	97.3±1.76	88.4±3.12	0
75%酒精浸泡15min	0.00±0.00	0.00±0.00	100
40%甲醛50倍液浸泡15min	0.00±0.00	0.00±0.00	100

2. 带菌育苗基质消毒技术对西瓜嫁接苗BFB的防治效果

基质带菌量为10^9CFU/kg的情况下，不同药剂喷淋带菌基质后幼苗BFB的发病率随时间的变化见图7-31。采用90%新植霉素、注射用硫酸链霉素和可杀得叁仟分别喷淋带菌基质，播种后15d内，幼苗BFB的发病率与对照无显著差异；加瑞农600倍液和加收米400倍液处理后幼苗BFB的发病率显著低于对照。加瑞农600倍液和加收米400倍液两种处理相比，播种后11d内，幼苗BFB的发病率无显著差异，播种后11～15d，加瑞农600倍液对幼苗BFB的防治效果优于加收米400倍液（图7-31）。

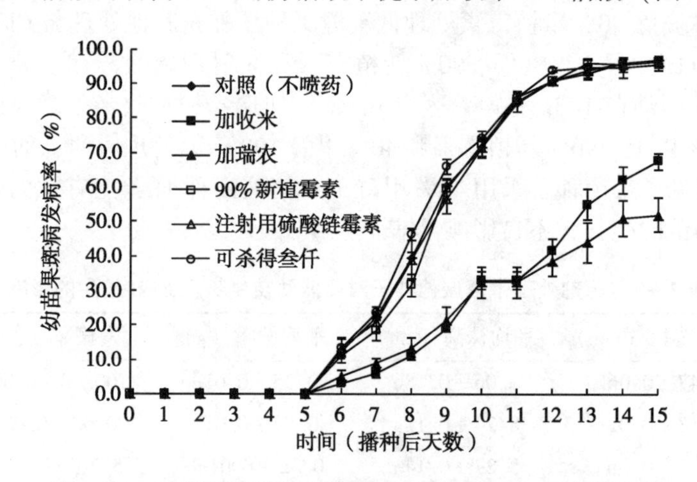

图7-31 同药剂喷淋带菌基质后西瓜幼苗BFB发病率比较

播种后第15天，不同药剂喷淋带菌基质对西瓜幼苗BFB的防治效果见表7-9。基质未消毒处理（带菌量10^9CFU/kg）的情况下幼苗BFB的发病率97%，病害等级为5；加瑞农600倍液消毒基质后幼苗BFB的发病率为52%，病害等级为1.75，防效达46.4%；加收米400倍液消毒基质后幼苗BFB的发病率为67.5%，病害等级为2.5，防效达30.4%，其他药剂无防效（表7-9）。

表7-9 不同药剂喷淋带菌基质对西瓜幼苗BFB的防治效果比较

处理	病害等级	发病率（%）	防效（%）
CK	5.00±0.00a	97.0±1.0a	0.0
加收米400倍液	2.50±0.29b	67.5±2.0b	30.4
加瑞农600倍液	1.75±0.25c	52±4.9c	46.4

（续表）

处理	病害等级	发病率（%）	防效（%）
300mg/L 90%新植霉素	5.00 ±0.00a	96.5 ±1.7a	0.5
300mg/L 注射用硫酸链霉素	5.25 ±0.25a	96.5 ±1.0a	0.5
可杀得叁仟 1 500 倍液	5.50 ±0.29a	95.5 ±1.9a	1.5

（四）西瓜甜瓜嫁接苗化学药剂处理的田间小区试验

选择农用硫酸链霉素、新植霉素、HCl 等 3 种药剂每种药剂设置 3 个浓度进行西瓜嫁接苗的喷雾处理，分别在嫁接处理当天、嫁接处理后 7d、田间定植当天、田间开花期、座果期 5 次喷药，明确三种药剂对西瓜细菌性果斑病的防治效果及适宜的浓度、喷药时间及次数。试验结果见表 7－10。3 种药剂的 3 种浓度处理防治效果均在 80%以上，随使用浓度的提高药效随之提高，但在 5%水平下差异不显著（表 7－10）。

表 7－10　不同药剂西瓜嫁接苗细菌性果斑病防治效果

处理	处理浓度（μg/ml）	重复Ⅰ		重复Ⅱ		重复Ⅲ		平均防效（%）
		发病率（%）	防效（%）	发病率（%）	防效（%）	发病率（%）	防效（%）	
72%农用硫酸链霉素 WP	100	15.38	81.82	15.38	81.82	15.38	77.78	80.47a
	200	7.69	90.91	7.69	90.91	15.38	77.78	86.53a
	300	0.00	100.00	7.69	90.91	7.69	88.89	93.27a
90%新植霉素 SPX	100	7.69	90.91	7.69	90.91	23.08	66.67	82.83a
	200	7.69	90.91	15.38	81.82	15.38	77.78	83.50a
	300	7.69	90.91	7.69	90.91	7.69	88.89	90.24a
HCl	1%	23.08	72.73	15.38	81.82	7.69	88.89	81.15a
	1.5%	7.69	90.91	7.69	90.91	23.08	66.67	82.83a
	3%	15.38	81.82	0.00	100.00	0.00	100.00	93.94a
CK		84.62		84.62		69.23		

七、HACCP 体系在嫁接苗 BFB 综合防控中的应用

（一）西瓜嫁接育苗生产工艺流程（表 7－11）

表 7－11　西瓜嫁接育苗生产工艺流程

序号	生产工艺流程	生产技术流程说明
1	育苗设施配置	温湿度调控设施、环境检测设备和灌溉系统的安装
2	育苗设施消毒	育苗场所、育苗容器、育苗基质等的消毒处理
3	种子处理	砧木、接穗种子的检疫及消毒处理

（续表）

序号	生产工艺流程	生产技术流程说明
4	砧木、接穗育苗	种子播种、育苗管理和病虫害防治
5	嫁接无菌操作	嫁接用具、嫁接人员的消毒和嫁接
6	嫁接愈合期管理	温度、湿度和光照的调节
7	嫁接愈合后管理	去萌蘖、嫁接苗病虫害防治
8	嫁接苗出圃与运输	制定运输计划、嫁接苗炼苗、包装与运输

（二）西瓜嫁接育苗过程中 BFB 的危害识别及关键控制点的确定

以西瓜嫁接育苗生产工艺流程为基础，根据嫁接育苗场的生产实际和试验数据对工艺流程进行危害分析。在危害分析的基础上，根据西瓜嫁接育苗过程中 BFB 的危害分析和识别结果，提出相应的预防和防治措施，控制所有的潜在危害，并通过关键控制点判断树来确认关键控制点（图 7－32）。

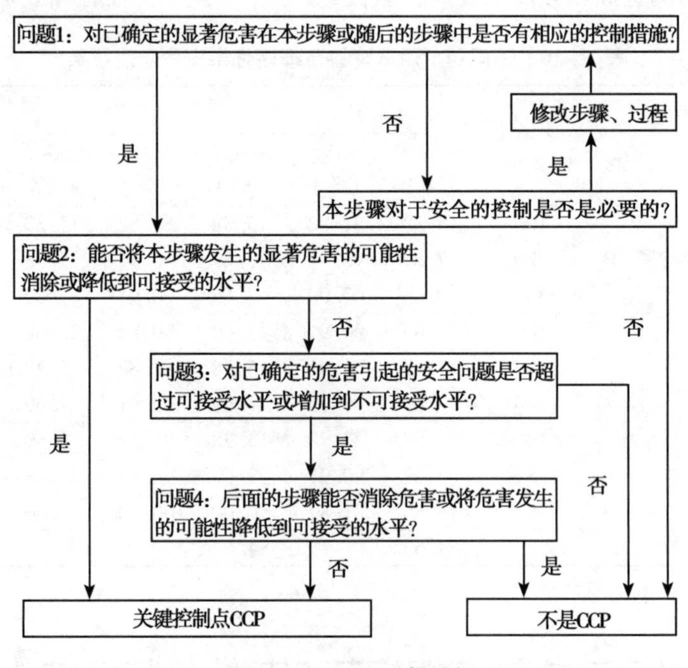

图 7－32　CCP 判断树

（三）西瓜嫁接育苗过程中 BFB 危害分析与识别（表 7－12）

表 7－12　西瓜嫁接育苗过程中 BFB 的危害分析与识别

工艺流程	影响 BFB 发生的危害分析（HA）	显著危害（是/否）
育苗设施配置	①育苗温室环境调节能力弱，使育苗圃内长期处于高温高湿的环境中，易于 BFB 的发生与传播 ②上部喷灌系统有利于 BFB 的发生和扩展	是

（续表）

工艺流程	影响 BFB 发生的危害分析（HA）	显著危害（是/否）
育苗设施消毒	育苗场地、育苗棚、育苗容器、育苗基质等设施可能携带 BFB 病菌，通过接触性传染的方式导致育苗场发生 BFB	是
种子处理	①砧木种子携带 BFB 病菌能够导致砧木幼苗 BFB 的发生 ②接穗种子携带 BFB 病菌能够导致接穗幼苗 BFB 的发生	是
砧木、接穗育苗	①砧木幼苗携带 BFB 病菌能够导致嫁接苗 BFB 的发生 ②接穗幼苗携带 BFB 病菌能够导致嫁接苗 BFB 的发生 ③育苗环境高温高湿易于幼苗 BFB 的发生与传播	是
嫁接无菌操作	①嫁接用具携带 BFB 病菌能够导致嫁接苗 BFB 的发生 ②嫁接人员携带 BFB 病菌可能导致嫁接苗 BFB 的发生	是
嫁接愈合期管理	①嫁接棚中可能存在发生 BFB 的嫁接苗 ②愈合成活期需要高温高湿的环境条件，易于嫁接苗 BFB 的发生与传播	是
嫁接愈合后管理	①通过农事操作、外界感染或种子带菌等途径导致嫁接苗 BFB 的发生 ②灌溉水可以加剧 BFB 病菌的传播 ③高温高湿的环境易于嫁接苗 BFB 的发生与传播	是
嫁接苗出圃与运输	对 BFB 发生的影响不大	否

（四）西瓜嫁接育苗过程中 BFB 防治的关键控制点（表 7－13）

表 7－13　西瓜嫁接育苗过程中 BFB 防治的关键控制点

流程名称	危害是否显著	预防和控制措施	CCP 判断
育苗设施配置	是	①温室安装通风、控湿和环境监测设备 ②温室安装底部供水灌溉设施	是
育苗设施消毒	是	①育苗场地、拱棚、拱膜、整个生产环节所用到的器具，用 40% 甲醛 50 倍液喷雾消毒，用药剂量为 30ml/m^2，然后封闭 48h，再通风 5d ②育苗穴盘用龙克菌（20% 噻菌铜）500 倍液喷雾 ③基质每立方米用 100kg 加收米 400 倍液或加瑞农 600 倍液进行喷淋消毒	是
种子处理	是	①加强种子检测，最好选用不带病原菌的健康种子 ②砧木种子消毒处理：用 40% 甲醛 450 倍液浸泡 3h ③接穗种子消毒处理：有籽西瓜种子用 40% 甲醛 100 倍液浸种 30min 或用 Tsunami 100（苏纳米 100）80 倍液浸种 15min 或用 2% 春雷霉素 400 倍液＋72% 农用硫酸链霉素 1 000倍液浸泡 5h；无籽西瓜种子用 Tsunami 100（苏纳米 100）200～250 倍液浸泡 6～8h 或用 1% 盐酸浸泡 30min	是
砧木、接穗育苗	是	①加强砧木、接穗育苗期 BFB 的监测，发现疑似果斑病株，拔除后喷施 2% 春雷霉素 600 倍液 ②在满足幼苗健康生长的前提下，尽量降低温、湿度 ③嫁接前 1 天砧木幼苗用 Tsunami 100（苏纳米 100）800 倍液喷施 ④嫁接前 1 天接穗幼苗用 Tsunami 100（苏纳米 100）800 倍液或 2% 春雷霉素 600 倍液加 72% 农用硫酸链霉素 2 000 倍液淋药处理	是

（续表）

流程名称	危害是否显著	预防和控制措施	CCP判断
嫁接无菌操作	是	①嫁接前嫁接用具用75%的医用酒精消毒15min ②嫁接人员配备消毒工作服，嫁接前用75%的医用酒精对人手进行消毒处理	是
嫁接愈合期管理	是	①每隔3d可用Tsunami 100（苏纳米100）1 500倍液或2%春雷霉素600倍液喷雾预防BFB的发生 ②保证嫁接苗成活前提下，应该尽量降低温、湿度	是
嫁接愈合后管理	是	①嫁接伤口愈合后，逐渐加大通风量，相对湿度控制在80%以下 ②嫁接管理员配备消毒工作服，去萌蘖前需采用75%酒精对人手消毒 ③供水方式采用苗下灌水（如潮汐灌溉）、避免喷灌 ④加强嫁接苗BFB的监测，发现病株及时清除并采取防治措施，可用47%加瑞农600～800倍液、2%春雷霉素500倍液、72%农用硫酸链霉素3 000倍液、200mg/L 90%新植霉素等喷雾防治	是
嫁接苗出圃与运输	否	—	不是

（五）西瓜嫁接育苗过程中BFB防治的监管监控计划

围绕西瓜嫁接育苗过程中的7个关键控制点，进一步制定西瓜嫁接育苗过程中BFB防治的监管监控计划工作表，见表7－14。

表7－14　西瓜嫁接育苗过程中BFB防治的监管监控计划

流程名称	CCP关键限值	监控项目	监控方式	监控频率	监控人员	纠偏措施	记录
育苗设施配置	温室通风降温依据温室通风降温设计（GB/T 18621—2002） 配备环境监测设备和底部供水系统	育苗设施安装/监督验收	过程监督/现场验收	温室建立过程	工程监理员	出现偏离，重新安装	纠偏记录，监控记录
育苗设施消毒	育苗设施不携带BFB病菌	育苗设施的消毒处理	现场监督	播种之前	植保员	—	监控记录
种子处理	种子不携带BFB病菌	种子检疫	试验检测	播种之前	植保员	种子消毒处理	监控记录，纠偏记录
砧木、接穗育苗	育苗过程中砧木、接穗幼苗不发生BFB 育苗相对湿度在不大于80%	BFB动态监控 空气湿度检测	田间巡逻/现场检测	育苗过程	嫁接管理员/植保员	拔除病株，药剂防治，降低湿度	监控记录，纠偏记录
嫁接无菌操作	嫁接用具、嫁接人员不携带BFB病菌	嫁接用具及嫁接人员的消毒	现场监督	嫁接前	嫁接能手/植保员	—	监控记录

（续表）

流程名称	CCP 关键限值	监控项目	监控方式	监控频率	监控人员	纠偏措施	记录
嫁接愈合期管理	嫁接苗无 BFB 发生	BFB 动态监控	田间巡查	每天	嫁接管理员/植保员	拔除病苗，药剂防治	监控记录，纠偏记录
嫁接愈合后管理	嫁接苗无 BFB 发生 嫁接苗生长环境相对湿度不大于 80% 采用底部供水的方式灌溉	BFB 动态监控 空气湿度检测 底部供水系统的使用	现场检测/田间巡查	每天	嫁接管理员/植保员	拔除病苗，药剂防治，降低田间温湿度	监控记录，纠偏记录

（六）嫁接育苗标准的制定与推广应用

项目组对有关研发成果进行技术集成，制定了湖北省地方标准西瓜甜瓜嫁接苗集约化生产技术规程，中央电视台七套 2013 年以本项目的成果为基础录制了西瓜断根嫁接技术节目，播出后取得了良好反响，项目组在湖北、安徽、海南、山东、新疆、上海等省（市、区）建立了 16 家示范育苗工厂，每年进行巡回技术指导，有力促进了西瓜甜瓜嫁接苗健康种苗生产技术在国内的推广和应用。近 3 年在全国 16 个集约化示范工厂累计生产健康嫁接苗 4.1075 亿株，健康种苗率平均提高 27.43%，新增产值 1.139 亿元，新增利润 2939.55 万元，为西瓜甜瓜产业发展提供了可靠保障，取得了显著的社会效益和经济效益。

八、举办了两次《全国西瓜甜瓜嫁接苗集约化生产观摩与研讨会》和《国际园艺学会第一届蔬菜嫁接研讨会》

2011 年 1 月 9—12 日，在华中农业大学召开了《全国西瓜甜瓜嫁接苗集约化生产观摩与研讨会》。来自 22 个省、市、自治区的国家西瓜甜瓜产业技术体系岗位科学家、试验站站长及从事西瓜甜瓜研究和生产的相关人员共 140 余人参加了本次会议。会议特邀了韩国庆熙大学李政明教授到会作专题报告，邀请赵廷昌研究员做了西瓜甜瓜果斑病的识别和防治的报告。此外，编写嫁接育苗操作手册，制作有关光盘，在育苗工厂中对与会代表开展了技术培训。此次大会的召开，对于在全国范围内加强西瓜甜瓜果斑病的防治以及西瓜甜瓜嫁接苗安全生产，起到了巨大的推动作用。

2012 年 3 月 22—24 日，《全国西瓜甜瓜嫁接育苗集约化生产观摩与研讨会》在济南召开，来自全国 24 个省市的 170 余名代表参加了会议。会议特邀 2011 国际蔬菜嫁接会议主席、意大利图西亚大学 Giuseppe Colla 博士做了“欧洲蔬菜嫁接栽培和应用”的专题报告。在特邀报告结束后，会议安排了 18 个报告，分别针对西瓜甜瓜嫁接苗生产病虫害防控、嫁接育苗产业化发展、西瓜甜瓜健康种子生产与种子处理技术、西瓜甜瓜嫁接栽培 4 个专题进行深入交流和讨论，与会代表还赴山东伟丽种苗有限公司章丘育苗基地现场观摩了西瓜甜瓜嫁接苗集约化生产。

2014 年 3 月 17—21 日，在华中农业大学召开了《第一届国际园艺学会蔬菜嫁接研讨会》，来自 20 个国家的 250 位代表参加了本次会议。国际园艺学会蔬菜专业委员会主席 Silvana Nicola 教授，农业部科教司产业技术处张国良处长，中国园艺学会副理事长孙日飞等分别在开幕式上致辞。组委会特别邀请了美国加州大学 William John Lucas 教授，欧盟第 7 框架蔬菜嫁接项目主持人 Francisco Pérez-Alfocea 博士，美国蔬菜嫁接项目主持人 Frank John Louws 教授，欧盟 COST 蔬菜嫁接项目主持人 Giuseppe Colla 博士、国家西瓜甜瓜产业技术体系首席科学家许勇博士等 10 人做特邀报告，另有 29 个口头报告和 80 个学术墙报，大会会务组还收到 119 篇论文摘要。除了在会议上进行学术报告和墙报交流外，3 月 20 日，与会代表还到武汉维尔福生物科技股份有限公司实地观摩了蔬菜嫁接育苗集约化生产过程和嫁接栽培展示。《科技日报》、《农民日报》、《湖北日报》、新华网、中国网等多家媒体对此次会议进行了报道。

九、小结

通过本课题的研究，弄清了细菌性果斑病在西瓜和甜瓜嫁接苗集约化生产中的系统侵染途径和发病规律，发现砧木和接穗种子带菌、嫁接用具和育苗基质带菌等都可能导致细菌性果斑病的侵染和传播，嫁接后的环境管理包括温度、湿度等参数，灌溉方式等也会影响细菌性果斑病的传播，结合嫁接苗的育苗工艺流程提出了适合集约化育苗场病害防控的关键控制点，建立了健康种苗生产的 HACCP 技术体系和细菌性果斑病识别技术档案，筛选出适合集约化育苗病害防控的药剂，实现了细菌性果斑病的可防、可控、可治，对有关技术进行集成，制定了西瓜甜瓜嫁接苗集约化生产技术规程。通过组织召开研讨会、观摩会、培训会等多种方式，将本项目的成果应用到我国西瓜甜瓜主产区，建立了 16 家示范育苗工厂，为我国西瓜甜瓜嫁接苗健康种苗生产提供了可靠保障。与本项目有关的成果“西瓜甜瓜健康种苗集约化生产技术研发与示范推广”2015 年获得湖北省科技进步二等奖。

第八章　西瓜甜瓜细菌性果斑病综合防控关键技术集成与示范

西瓜和甜瓜是两类重要的果蔬产品，深受人们的喜爱。我国西瓜、甜瓜的种植面积和产量都远远超过了其他国家和地区。在我国西瓜、甜瓜生产中，细菌性果斑病是非常重要的病害之一，它不仅造成西瓜和甜瓜的产量损失，还给制种业及嫁接苗产业造成巨大的经济损失，并影响到种子的出口贸易。为减轻果斑病对西、甜瓜产业的影响，在公益性行业（农业）科研专项的资助下，通过中国农业科学院植物保护研究所、内蒙古农业大学、中国农业科学院蔬菜花卉研究所、辽宁省农业科学院植物保护研究所、巴彦淖尔市植保植检站等单位共同攻关，分工协作，以“绿色植保”为理念，进行新技术研发、集成和配套，构建轻简化的综合防控新技术体系，通过在生产中开展西瓜甜瓜种传细菌性果斑病综合防控技术示范和推广，取得了显著的经济效益和社会效益，得到了有关部门领导和瓜农的普遍认可和高度评价。

一、细菌性果斑病的品种抗性监测

（一）规范病情分级标准

为规范田间病情调查，根据田间发病程度，制定了病情分级标准（表8－1）。

表8－1　病情分级标准

病级	分级标准	代表值
Ⅰ	叶片上无斑点	0
Ⅱ	叶缘有1～2个病斑，叶面中无病斑	1
Ⅲ	叶缘病斑增至4～5个，并沿叶脉向叶面发展	2
Ⅳ	叶缘病斑融合成大病斑，叶面中部病斑出现，但数量不多于2～3个	3
Ⅴ	整个叶面病斑较多，相互融合成大病斑，并有穿孔和脱落现象	4
Ⅵ	叶面布满病斑，叶脉也被侵染，穿孔和脱落现象严重	5

（二）栽培方式对病害发生的影响

起垄覆膜栽培有利于通风透光，降低田间湿度，不利于病害的传播蔓延，防病作用明显（表8－2）。

表 8-2 厚皮甜瓜不同栽培方式的发病情况

栽培方式	病株率（%）	病叶率（%）	病瓜率（%）	叶片病指
平地覆膜	86.12	64.33	13.21	43.46
起垄栽培	19.46	11.52	2.89	25.11

起垄覆膜栽培病株率降低 77.4%，病叶率降低 82.09%，病瓜率降低 78.12%，叶片病情指数降低 73.07%。起垄覆膜栽培有利于通风透光，降低田间湿度，不利于病害的传播蔓延，从而起到防病的作用。

(三) 病害发生动态及品种抗病性调查

在巴彦淖尔市，系统调查了解厚皮甜瓜果斑病发生动态，并对供试的 13 个品种的抗病性进行了田间比较（图 8-1 和表 8-3）。

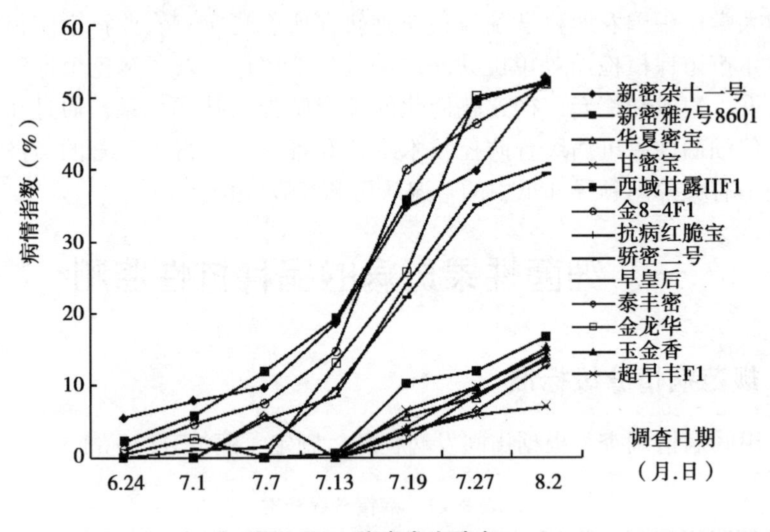

图 8-1 病害发生动态

表 8-3 供试品种在田间自然感病情况下的抗病程度

供试品种	病情指数	显著性差异（$F_{0.01}$）	相对抗性指数	抗性评价
新密杂十一号	52.80	A	0	S
新密雅 7 号 8601	52.20	A	0.01	S
华夏密宝	13.90	C	0.74	MR
甘密宝	14.70	C	0.72	MR
西域甘露 IIF1	16.80	C	0.68	MR
金 8-4F1	51.90	A	0.02	S
抗病红脆宝	13.70	C	0.74	MR
骄密二号	40.60	B	0.23	MS

（续表）

供试品种	病情指数	显著性差异（$F_{0.01}$）	相对抗性指数	抗性评价
早皇后	39.30	B	0.26	MS
泰丰密	12.80	C	0.76	MR
金龙华	41.80	B	0.24	MS
玉金香	15.30	C	0.71	MR
超早丰 F1	7.10	D	0.87	HR

13 个供试品种中感病（S）品种为新密杂十一号、新密雅 7 号 8601、金 8-4F1，相对抗性指数分别为 0、0.01、0.02；中感（MS）品种有骄密二号、早皇后、金龙华，相对抗性指数分别为 0.23、0.26、0.24；中抗（MR）品种有华夏密宝、甘密宝、西域甘露、抗病红脆宝、泰丰密、玉金香，相对抗性指数分别为 0.74、0.72、0.68、0.74、0.76、0.71；高抗（HR）品种为超早丰 F1，相对抗性指数为 0.87。

（四）设施甜瓜环境监测数据的采集

2011 年春季在设施甜瓜主产区河北省唐山市乐亭县的塑料大棚和温室内安装温湿度仪，监测设施内薄皮甜瓜生长期间的空气温度、湿度，土壤温度、湿度等环境因子变化，采集数据近万份（图 8－2 和图 8－3）。

图 8－2　大棚内环境监测系统

图 8－3　温室内环境监测系统

并调查当地设施甜瓜栽培管理技术，总结病虫害防控经验，为推广细菌性果斑病防控技术做准备。

从所记录的调查数据与田间病害分析，在无侵染源存在的条件下田间环境因素为非主要影响因素。在有侵染源条件下，设施内持续低温、寡照天气，将有助于果斑病的扩散。

二、环境友好型药剂筛选

从市场上收集了 19 种在使用说明中标注有能够防治细菌病害的药剂，采用纸碟法，经室内毒力测定，筛选出10种对Ac有抑制效果的药剂，其中30%硝基腐植酸铜可湿性粉剂抑制效果最好，当抑菌圈直径达7mm时，所需有效成分的浓度仅为2.12mg/L，新植霉素和多抗霉素的抑菌效果次之，硫酸链霉素、春雷霉素和菌毒双杀的抑菌效果也较好（表8-4）。

表8-4　供试药剂的室内毒力

供试药剂	毒力回归方程	相关系数 R^2	抑菌圈直径达7mm时的有效浓度（mg/L）
30%硝基腐植酸铜 WP	y = 5.0986x + 3.1617	0.7982	2.12
90%新植霉素 SP	y = 4.6306x - 3.9432	0.9826	10.63
72%硫酸链霉素 SP	y = 3.0559x - 5.7835	0.9922	65.6
1.5%多抗霉素 WP	y = 4.727x - 5.6087	0.9934	14.4
4%春雷霉素 WP	y = 2.642x - 2.1218	0.8132	31.58
88%阳光霉素 WP	y = 3.6915x - 13.497	0.9713	257.9
80%乙蒜素 EC	y = 5.308x - 23.279	0.9895	300.2
菌毒双杀（10%链霉素）WP	y = 2.6676x + 1.8003	0.993	27.1
30%琥胶肥酸铜 WP	y = 4.5256x - 16.522	0.9452	180.83
20%噻枯唑 WP	y = 1.2012x - 0.1172	0.9872	374.31

根据室内毒力测定的结果，选择有效的药剂进行种子处理效果试验。厚皮甜瓜（品种：大金蜜，甘肃省金塔县种子公司）种子在 2.1×10^8 CFU/ml 的 Ac 菌液中浸泡20min捞出阴干，再将其浸泡在各供试药液中30min后捞出晾干，置于铺有4层湿润滤纸的培养皿中发芽生长，观察出芽与发病情况。以清水为对照（表8-5）。

表8-5　供试药剂对带菌种子的处理效果

供试药剂	稀释倍数	发芽率（%）	4天芽长（mm）	4天发病率（%）	6天发病率（%）
	500	73.2	46.3	0	0
硝基腐植酸铜	1 000	78.4	42.6	0	0
	2 000	83.8	45.2	0	0
	500	93	41.1	0	0
新植霉素	1 000	91	39.3	0	0
	2 000	92	42.4	0	0
	500	91	51.0	0	0
硫酸链霉素	1 000	94	42.9	0	0
	2 000	100	46.9	0	0
	300	100	43.5	0	0
多抗霉素	500	97	46.1	0	4.1
	1 000	96	45.1	0	5.3

（续表）

供试药剂	稀释倍数	发芽率（%）	4天芽长（mm）	4天发病率（%）	6天发病率（%）
春雷霉素	300	94	44.3	0	0
	500	99	50.0	0	2.3
	1 000	100	46.2	1.9	6.7
阳光霉素	500	88	28.6	0	0
	1 000	88	36.9	0	29.3
	2 000	100	30.7	2.9	64.7
乙蒜素	500	97	20.6	0	0
	1 000	91	18.7	0	0
	2 000	94	24.9	0	0
菌毒双杀	500	88	20.1	0	5.9
	1 000	100	26.6	0	5.9
	2 000	97	27.1	0	11.9
清水		98	17.6	33.8	100

经药剂处理后对种子发芽率、芽长和发病率的综合分析认为，硫酸链霉素和新植霉素对厚皮甜瓜带菌种子的处理效果较好。

参照室内毒力测定和带菌种子药剂处理的结果，选择抑菌效果较好的药剂进行田间防效试验。硫酸链霉素、新植霉素和腐殖酸铜对果斑病具有好的防治效果，第二次用药后防效分别达到87.25%、96.35%、91.73%，显著高于其他药剂的防效。防效最差者为菌毒双杀。从第三次用药后10d的调查结果分析，硫酸链霉素的残效期比较长，且防效比较高，其他药剂残效期较短或防效不够理想。

综合分析试验结果认为，硫酸链霉素和新植霉素对带菌种子的处理效果和田间防效都比较理想，可以用于防治果斑病（表8－6）。

表8－6　供试杀菌剂田间防病效果

供试药剂		链霉素	新植霉素	腐植酸铜	DT	多抗霉素	春雷霉素	菌毒双杀	CK
第一次施施药前	病情指数	0.10	0.09	0.16	0.19	0.15	0.18	0.14	0.12
第二次施药前	病情指数	1.57	0.77	1.43	3.75	3.50	2.89	7.06	10.44
	防效（%）	85.76b	93.41a	87.69b	65.50d	67.53d	73.74c	32.95e	—
第三次施药前	病情指数	2.48	1.03	2.02	6.88	6.11	4.59	11.17	17.58
	防效（%）	87.25b	96.35a	91.73a	56.16e	63.45d	76.19c	42.43f	—
第三次施药后10d	病情指数	4.87	5.95	6.89	15.23	17.87	15.46	30.90	41.26
	防效（%）	89.46a	78.30b	78.52b	62.74c	48.14e	56.48d	13.01f	—

注：表中数字后字母表示 $P=0.05$ 水平下的差异显著性。

三、西瓜甜瓜细菌性果斑病防治新药剂——溴硝醇

筛选出50%溴硝醇拌种剂和80%、60%溴硝醇粉剂系列药剂，对种子杀菌与苗期防治果斑病有明显效果。

（一）活体组织法筛选防治甜瓜细菌性果斑病药剂

IVF2M、IVF1224W、溴硝醇保护性和治疗性效果要优于常用杀细菌剂3%中生菌素WP，其中效果最好的为IVF1224W，500倍液下保护性和治疗性分别达到47.30%和84.80%；其他两种药剂IVF2M和IVFXC对甜瓜细菌性果斑病的治疗效果也较好，均超过45%（表8－7）。

表8－7　甜瓜细菌性果斑病活体组织药剂筛选结果

处理	保护效果（%）		治疗效果（%）	
	2 000倍液	500倍液	2 000倍液	500倍液
IVFSN	41.70	38.90	19.50	19.50
IVFYT	9.30	0.00	2.80	5.50
IVFEXN	19.50	19.50	8.40	16.70
IVF2M	73.90	91.70	48.70	48.70
IVFXY	0.00	2.80	0.00	0.00
IVF1224W	36.20	47.30	58.40	84.80
IVFXC	16.70	19.50	41.70	45.50
IVFJF	5.50	2.80	0.00	2.80
IVFQZ	2.78	8.33	63.89	41.56
IVFSA	0.00	2.78	0.00	0.00
IVF1SG	0.00	0.00	0.56	0.00
IVFEN	2.78	5.56	27.78	41.67
IVFDQZ	11.11	16.67	62.50	55.56
IVFSL	11.11	5.56	13.89	11.11
99%二氧化氯	11.11	13.89	52.78	38.89
3%中生菌素WP	11.2	13.90	13.90	16.70
20%噻枯唑WP	0.00	2.80	0.00	0.00

（二）甜瓜细菌性果斑病活体盆栽药剂筛选

实验结果表明防治效果最理想的药剂为溴硝醇，800倍液和500倍液下保护效果分别为63.24%和87.45，治疗效果分别为45.87%和90.97%，明显优于3%中生菌素WP（保护性为37.30%和33.29%；治疗性为37.70%和46.64%）和20%噻枯唑WP

(保护性为32.01%和54.32%；治疗性为29.83%和35.84%)，是防治细菌性果斑病优秀的药剂，同时其他药剂IVFDQZ和IVF1224W也具有一定的防治效果（表8-8）。

表8-8　甜瓜细菌性果斑病活体盆栽药剂筛选结果

处理	防治效果（%）					
	保护性			治疗性		
	1 500倍液	800倍液	500倍液	1 500倍液	800倍液	500倍液
IVFSN	11.50	28.14	32.67	38.34	29.33	56.39
IVFEXN	25.03	51.51	22.29	15.79	6.77	57.40
IVF2M	43.03	23.46	71.30	0.76	12.29	55.39
IVF1224W	3.60	75.66	8.94	10.27	19.30	71.93
溴硝醇	71.80	63.24.	87.45	11.27	45.87	90.97
IVFQZ	53.41	47.04	38.93	67.30	53.08	60.07
IVFSA	84.93	60.70	58.58	80.06	56.20	23.68
IVF1SG	2.93	7.53	15.42	52.53	17.96	0.47
IVFEN	61.58	41.59	11.25	22.72	18.13	25.29
IVFDQZ	67.93	69.36	82.39	29.69	36.92	54.83
IVFSL	11.01	9.68	2.66	49.06	36.89	30.43
3%中生菌素WP	36.17	37.30	33.29	21.80	37.70	46.64
20%噻枯唑WP	50.48	32.01	54.32	21.80	29.83	35.84

(三) 溴硝醇80%可溶性粉剂对甜瓜细菌性果斑病的防治效果

为了防治成株期甜瓜果斑病的发生，研究加工出80%溴硝醇可溶性粉剂，对其效果及安全性评价发现，80%溴硝醇可溶性粉剂500mg/L和800mg/L处理对苗期果斑病防治效果分别为80.84%和76.95%，高于溴硝醇原药及细菌性病害常规化学药剂3%中生菌素可湿性粉剂（19.45%），20%叶枯唑可湿性粉剂（44.24%），是比较有前途的细菌性果斑病防治药剂（表8-9）。

表8-9　80%溴硝醇可溶性粉剂对甜瓜细菌性果斑病防治效果评价

药剂	处理后时间	稀释浓度（mg/L）	平均病指	平均防效±标准差	药害
80%溴硝醇可溶性粉剂	7d	500	12.31	80.84 ± 1.70^{a}	—
		800	14.81	76.95 ± 1.59^{b}	—
		1 000	39.07	39.20 ± 2.44^{bcd}	—
		1 500	61.57	4.18 ± 0.93^{b}	—
		2 000	62.04	3.46 ± 2.00^{ef}	—

（续表）

药剂	处理后时间	稀释浓度（mg/L）	平均病指	平均防效 ± 标准差	药害
99 % 2-溴-2-硝基-1，3-丙二醇（溴硝醇）	7d	500	28.61	55.48 ± 0.66[ab]	—
		800	54.35	15.42 ± 3.13[de]	—
		1 000	24.12	62.46 ± 1.10[ab]	—
		1 500	35.09	45.39 ± 1.62[b]	—
		2 000	35.83	44.24 ± 1.29[bc]	—
3 % 中生菌素 WP	7d	37.5	51.76	19.45 ± 0.73[cde]	—
20 % 叶枯唑 WP	7d	250	35.83	44.24 ± 3.3[f]	—
清水对照	7d	—	98.33	—	—
空白对照	7d	—	2.78	—	—

（四）60%溴硝醇可溶性粉剂对甜瓜细菌性果斑病的防治效果

在开发出80%溴硝醇可溶性粉剂的基础上，继续开发60%溴硝醇可溶性粉剂，试验其对细菌性果斑病的防治效果。

利用60%溴硝醇SP对甜瓜细菌性果斑病活体盆栽试验，各浓度防治甜瓜细菌性果斑病的效果均达到较高水平，其中浓度为2 000μg/ml和1 500μg/ml的处理防治效果优于其余浓度的处理，分别为90.56%和89.11%，且无显著差异。浓度为1 000μ/ml、800μg/ml和500μg/ml的处理防治效果也超过70%，均显著高于对照药剂3%中生菌素WP和20%叶枯唑WP的防治效果（分别为47.59%和51.50%），对甜瓜细菌性果斑病均有明显的防治效果（表8－10，图8－4）。

表8－10　60%溴硝醇可湿性粉剂不同用药剂量对甜瓜细菌性果斑病的防治效果

处理	制剂浓度（μg/ml）	病情指数	防治效果（%）
60%溴硝醇SP	2 000	8.28	90.56 ± 2.94a
	1 500	9.55	89.11 ± 2.38a
	1 000	17.98	79.50 ± 3.60b
	800	22.64	74.18 ± 2.85bc
	500	25.94	70.43 ± 3.86c
3%中生菌素WP	1 250	45.97	47.59 ± 4.10d
20%叶枯唑WP	2 000	42.54	51.50 ± 2.96d
对照	—	87.11	—

注：表中不同小写字母为 $P = 0.05$ 水平上的差异显著性比较。

清水对照　　60%溴硝醇SP 2 000μg/ml

60%溴硝醇SP 1 500μg/ml　　20%叶枯唑WP

图 8－4　60%溴硝醇可湿性粉剂不同用药剂量对甜瓜细菌性果斑病的防治效果

2014 年在河北青县、北京大兴、北京顺义、河北廊坊、甘肃酒泉等地进行了小区示范，效果显著，无明显病害发生（图 8－5）。

图 8－5　溴硝醇小区示范效果

（五）种子处理技术

通过 10 种药剂对带菌种子进行处理，按 2ml/g 种子确定处理药剂用量，混合振荡处理 20min，将种子在无菌条件下晾干，检测处理后的种子带菌情况。结果发现 1 000倍液下的溴硝醇和 IVF1224W 可以有效去除种子所携带的病原菌，同时对芽长具有一定的促进作用，这与传统的种子处理药剂过氧乙酸和盐酸效果相似，但其化学性质稳定，对细菌性果斑病种子处理具有很好的潜力。1 000倍液 IVFSA 可以消除种子携带的病原菌，但其对种子具有明显的药害现象，在使用浓度和使用方法上还需进一步探索（图 8 - 6 和表 8 - 11）。

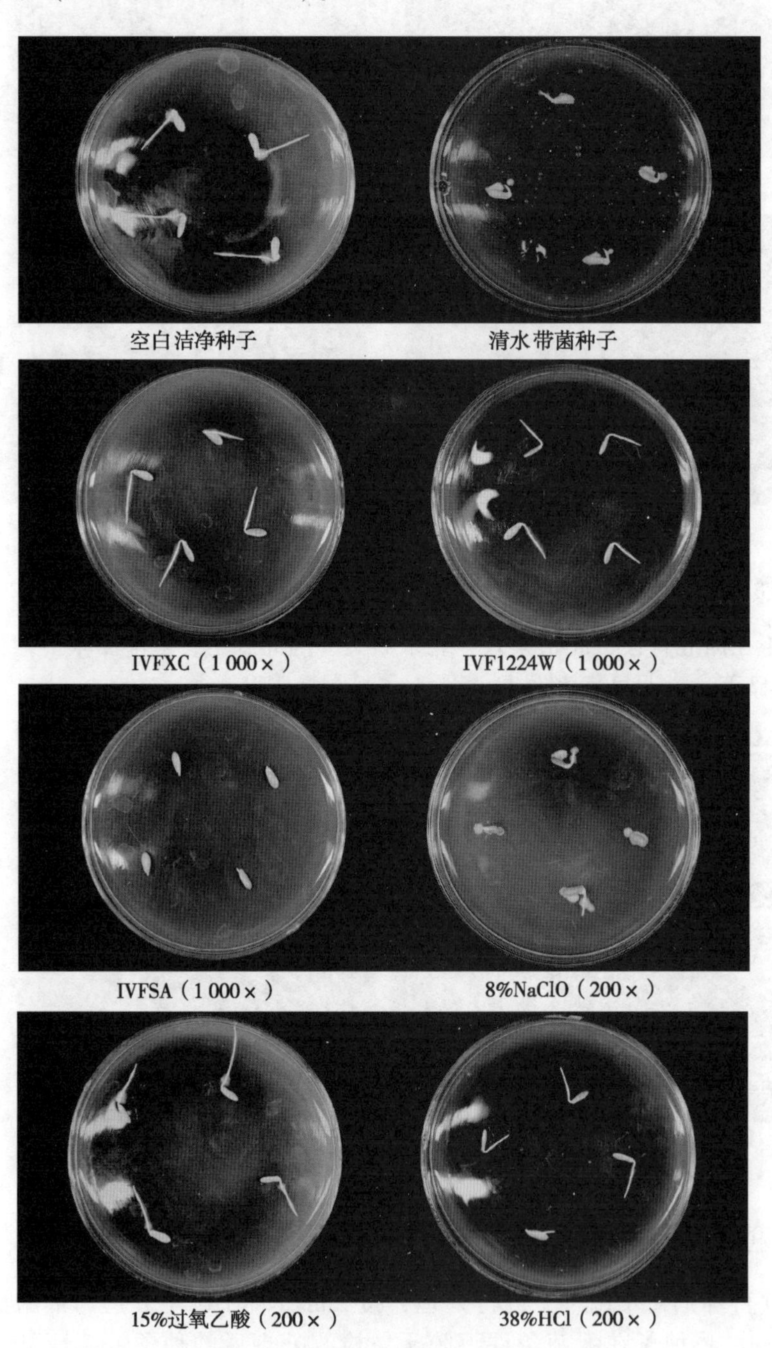

图 8 - 6　种子快速处理技术对种子处理效果

表 8－11　种子快速处理技术对种子生活力的影响

药剂	处理	芽长（cm）	菌落直径（cm）
溴硝醇	1 000 倍液	1.80	0.00
IVF1224W	1 000 倍液	1.36	0.00
IVF2M	1 000 倍液	1.00	0.32
IVFSA	1 000 倍液	0.11	0.00
IVFQZ	1 000 倍液	0.68	0.38
IVFDQZ	1 000 倍液	0.59	0.35
15% 过氧乙酸	200 倍液	0.91	0.00
30% H_2O_2	200 倍液	0.97	0.12
36% 盐酸	200 倍液	1.48	0.00
8% NaClO	200 倍液	1.01	0.35
清水	—	0.31	0.61
空白	—	0.94	

(六) 甜瓜细菌性果斑病种子处理剂开发

鉴于 2-溴-2 硝基-1，3-丙二醇（溴硝醇）具有较好根除种子所携带病原菌的能力，且对甜瓜种子安全，因此我们进行了甜瓜细菌性果斑病种子处理剂的开发工作。确定了 50% 溴硝醇湿拌种剂的最佳配方。经测定，50% 溴硝醇 WS 对甜瓜带菌种子具有较高的生物活性，防治甜瓜细菌性果斑病的最佳施药剂量为拌种比 1：200，对甜瓜种子安全（表 8－12）。

表 8－12　50% 溴硝醇拌种剂不同配方的防效比较

处理	出苗率（%）	发病率（%）	病情指数	防治效果（%）
50% 溴硝醇 WS 1：50 拌种	100.00	0.00d	0.00d	100.00
50% 溴硝醇 WS 1：100 拌种	100.00	0.00d	0.00d	100.00
50% 溴硝醇 WS 1：200 拌种	100.00	0.00d	0.00d	100.00
50% 溴硝醇 WS 1：300 拌种	100.00	1.67c	2.36c	94.80
50% 溴硝醇 WS 1：400 拌种	100.00	4.33b	3.47b	92.36
3% 中生菌素 WP 1：100 拌种	100.00	7.89	11.36c	74.97
对照	100.00	75.68a	45.39a	—

(七) 50% 溴硝醇湿拌种剂的示范推广

分别在河北清苑县、辽宁北镇市、内蒙古巴彦淖尔市、上海等地推广 50% 溴硝醇湿拌种剂 10 余亩。

2013 年春季在河北清苑县示范东吕乡南王庄村田建国春大棚内示范 1 亩，对照 1 亩。处理方式为播种前进行 50% 溴硝醇湿拌种剂药剂浸种，对照按照常规管理。示范结果：3 月 6 日，成苗期进行调查，药剂处理的苗子田间长势强，整齐一致，叶色浓绿，接穗没有发病，对照苗接穗发病率 5%。3 月 15 日定植，行距 1.4m，株距 0.65m，亩种植密度 750 株，双蔓整枝，6 月 15 日上市，亩产量 4000kg，比对照增产 200kg，亩产值 8000 元，比对照增收 400 元。

实验结果表明，50% 溴硝醇湿拌种剂防治果斑病效果较好，植株生长健壮，抗病性增强，产量提高 5%。

四、生防菌株的筛选

从采集的 97 个土样中共分离得到 2945 株细菌，经初筛 127 株细菌有抑菌效果，经过 5 次继代培养，19 株细菌有抑菌作用。其中 8 株细菌抑菌效果（抑菌带的宽度）稳定。

经离体叶片生测，抑菌效果稳定的 8 株细菌对甜瓜果斑病的防效差异很大，其中 BW-6、BYP-28、NG-29 生防效果较好，另外部分菌株对叶片组织表现明显的毒害作用。

BW-6、BYP-28、NG-29 菌株室内生物测定防治甜瓜果斑病结果表明，用 BW-6、BYP-28、NG-29 3 菌株处理对果斑病的防效分别为 80.3%、66.7%、72.9%。只接种病原菌 XJ-1 的处理在连续保湿 3d 后出现发病症状，BW-6、BYP-28 在连续保湿 5d 后轻微发病，与只接病原菌的对照相比，发病时间推迟了 2d；而 NG-29 在连续保湿一周时才出现轻微发病症状，与只接病原菌的对照相比，发病时间推迟了 4d。

经室外测定 BW-6 在甜瓜叶面上的定殖能力结果表明，在接种第 3 ~4 天时，BW-6 菌株在甜瓜叶片上的生长菌量达到最大，之后呈现下降趋势，直到第 14 天时叶面上的生长菌量已经非常小，降至 1.0×10^2CFU/ml（图 8 -7）。

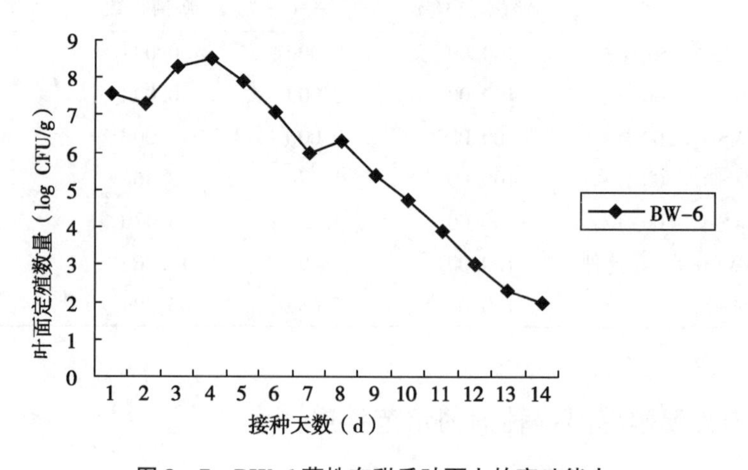

图 8 -7　BW-6 菌株在甜瓜叶面上的定殖能力

通过提取菌株 BW-6 基因组 DNA PCR 扩增和产物测序，与 Genbank 中的序列进行同源性比较，与枯草芽孢杆菌有较高的同源性，结合 BW-6 形态特征、培养性状、生理生化特性，将其鉴定为枯草芽孢杆菌（*Bacillus subtilis*）。

BW-6 菌株发酵原液和发酵滤液均对病原菌有拮抗效果，抑菌带均在 8 ~ 9mm，拮抗效果稳定，且发酵滤液在 4℃ 冰箱中保存 2d 后，仍对果斑病菌有抑制作用。

五、药剂浸种对果斑病发生的影响

6 月 26 日整枝打叉前调查结果表明，利用硫噻、溴硝醇、链霉素浸种均能够有效控制果斑病的发生，防效分别为 98.0%、97.8% 和 97.6%，7 月 8 日整枝打叉后，利用硫噻、溴硝醇、链霉素浸种的防效分别 44.0%、47.4% 和 42.3%。单一的药剂浸种对果斑病具有显著的防效（表 8－13）。

表 8－13　药剂浸种对果斑病发生的影响情况

处理	6 月 26 日整枝打叉前调查结果				7 月 8 日整枝打叉后调查结果				8 月 24 日调查病果率（%）
	病株率（%）	病叶率（%）	病情指数	防效（%）	病株率（%）	病叶率（%）	病情指数	防效（%）	
硫噻	3.8b	1.0b	0.0010c	98.0a	35.0c	19.8b	9.8b	44.0c	11.0
溴硝醇	3.5b	1.1b	0.0011c	97.8a	40.1bc	23.2b	9.2b	47.4c	11.3
硫酸链霉素	4.2b	1.3b	0.0012c	97.6a	38.0c	26.5b	10.1b	42.3c	13.9
对照	14.2a	5.3a	0.050a	—	76.0a	49.6a	17.5a	—	17.2

六、诱抗剂对果斑病防治试验

诱抗剂对果斑病防治试验的药剂种类、使用剂量及施药时间见表 8－14。

表 8－14　供试药剂试验设计

编号	处理	制剂用量 g（ml）/亩	施药时间			
			移栽后		谢花期	
			7 ~ 10d	隔 10d 后	谢花期	隔 10 ~ 15d 后
1	空白对照	—	—	—	—	—
2	BAYIND 77% WG	71	喷雾	喷雾	喷雾	喷雾
3	BAYIND 77% WG	95	喷雾	喷雾	喷雾	喷雾
4	BAYIND 77% WG	119	喷雾	喷雾	喷雾	喷雾
5	BAYIND 77% WG Kocide 41.6% WG	95 80	喷雾	喷雾	喷雾	喷雾

（续表）

编号	处理	制剂用量 g（ml）/亩	施药时间			
			移栽后		谢花期	
			7～10d	隔10d后	谢花期	隔10～15d后
6	BAYIND 200SC	33	喷雾	喷雾	喷雾	喷雾
7	FEA 80% WG	83	喷雾	喷雾	喷雾	喷雾
8	BAYIND 200SC FEA 80% WG	33 83	喷雾	喷雾	喷雾	喷雾
9	Serenade ASO 1.34% SC	267	喷雾	喷雾	喷雾	喷雾
10	Kocide 41.6% WG	80	喷雾	喷雾	喷雾	喷雾

试验结果表明，发病初期（第1次用药10d）各供试药剂对果斑病都具有防治效果，无差异；第2次用药后15d和第3次、第4次用药后10d的调查结果表明，处理3（BAYIND 77% WG95ml/亩喷雾）、处理4（BAYIND 77% WG119ml/亩喷雾）、处理5（BAYIND 77% WG95ml/亩 + Kocide 41.6% WG80g/亩喷雾）、处理8（BAYIND 200SC33ml/亩 + FEA 80% WG83g/亩）对甜瓜叶部果斑病的防治效果最好，防效在71.2%～82.6%，与其他处理相比差异显著，病瓜率也比较低。同时也可以说明，BAYIND 77% WG亩用量稍大些，防治效果较好；BAYIND 77% WG与Kocide 41.6% WG混用或BAYIND 200SC与FEA 80% WG混用可以提高防治效果。

其他处理对果斑病也有一定的防效，防效在28.4%～67.0%，与对照比差异显著（表8－15）。

表8－15　各供试药剂对甜瓜果斑病的防治效果

处理编号	7月7日			7月23日			8月13日			8月30日	
	病叶率（%）	病情指数	防效（%）	病叶率（%）	病情指数	防效（%）	病叶率（%）	病情指数	防效（%）	病瓜率（%）	防效（%）
1	4.00	1.370a	—	38.6	15.9a	—	35.4	14.3a	—	51.3	—
2	1.17	0.100b	95.5	22.9	8.60b	48.9	21.1	6.8cd	52.4	25.4	49.4
3	0.73	0.110b	94.9	19.2	4.53cde	72.6	17.7	4.1efg	71.2	22	56.6
4	0.00	0.000b	100.0	17.9	3.87de	76.6	17.2	3.2fg	77.2	15.7	69.3
5	0.00	0.000b	100.0	12.6	2.87e	82.6	12.1	4.1efg	71.7	20.1	60.1
6	0.30	0.030b	98.1	13.9	6.43c	61.2	12.0	5.9de	58.1	23.9	52.7
7	0.30	0.033b	98.2	27.4	9.83b	41.0	23.5	8.2c	42.5	32.8	35.5
8	0.00	0.000b	100.0	18.8	3.23e	80.3	14.4	3.0g	78.9	14.3	71.9
9	0.80	0.090b	95.4	21.1	5.50cd	67.0	18.8	6.0def	62.5	22.8	55.3
10	0.10	0.010b	99.4	19.8	9.97b	40.1	19.6	10.2b	28.4	35.5	29.8

七、果斑病菌抑菌化合物高通量筛选体系的构建

利用果斑病菌关键致病机制——III 型分泌系统作为靶标，构建报告基因，建立了抑制病原菌 III 型分泌系统功能的高通量筛选体系（图 8－8）。采用 96 孔细胞培养板作为该药剂筛选体系的载体，使用酶标仪分别在 600nm 和 500nm 波长对其吸光度进行检测，明确待筛选化合物是否对果斑病菌的生长或者Ⅲ型分泌系统功能的抑制效果。初步完成了 4 600个化合物的生物活性筛选研究，发现 20 个对果斑病菌有抑制效果的化合物，发现 4 个化合物仅能抑制果斑病菌Ⅲ型分泌系统，但是不能抑制其生长，初步分析这些化合物属于Ⅲ型分泌系统专化性抑制剂，其具体作用机理有待进一步研究。

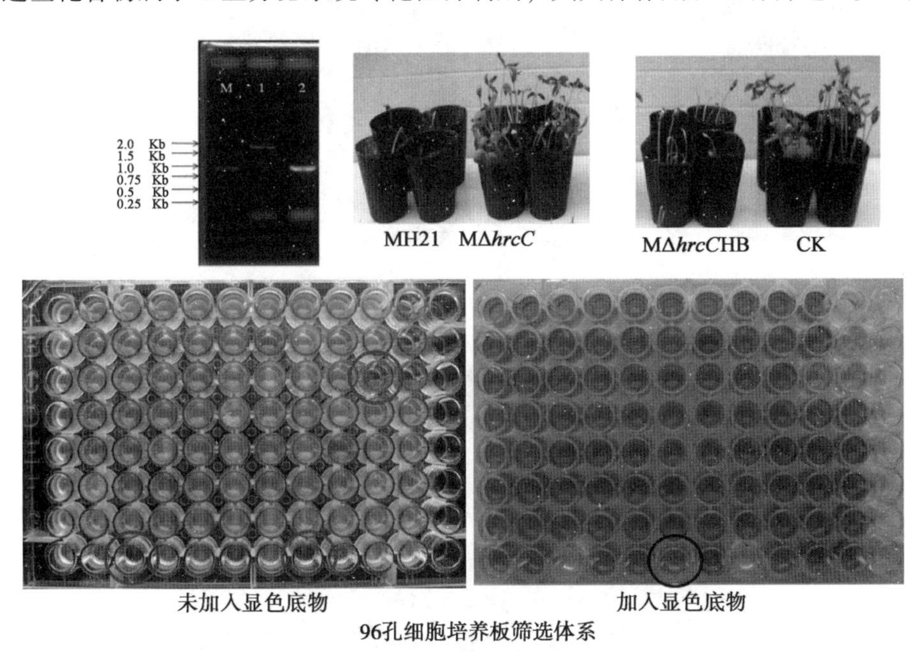

图 8－8　果斑病菌抑菌化合物高通量筛选体系

八、两种新型果斑病菌抑制剂

建立了交联壳聚糖和壳聚糖-纳米两种新型果斑病菌抑制剂，这两种抑制剂对瓜类细菌性果斑病均有较好防效。

建立了交联壳聚糖这一新型果斑病菌抑制剂，研究表明该抑制剂除对瓜类细菌性果斑病有较好防效，还对一些人体条件致病菌也有特效（图 8－9）。

建立了壳聚糖-纳米这一新型果斑病菌抑制剂，研究表明该抑制剂对瓜类细菌性果斑病有较好防效（图 8－10）。

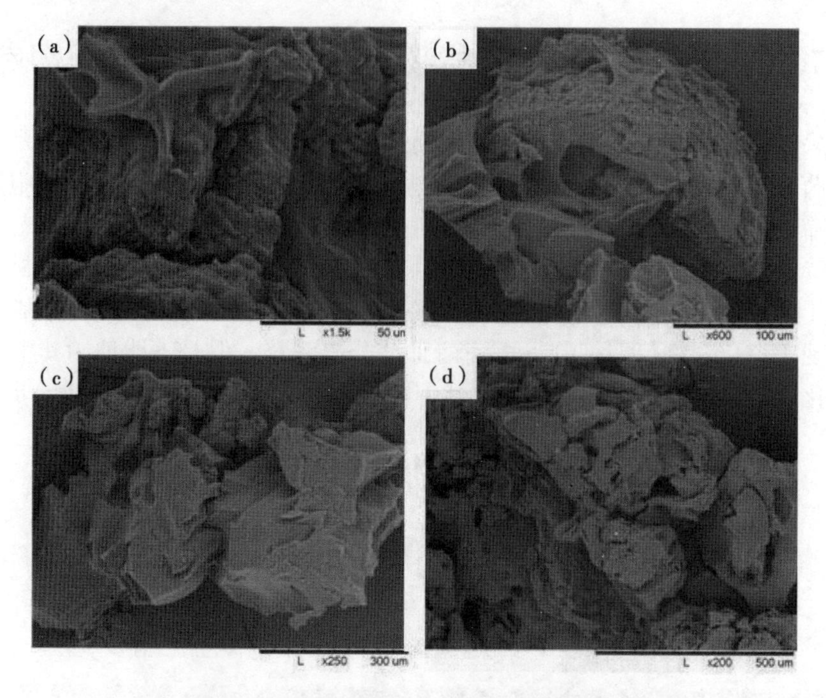

图 8-9　新型果斑病菌抑制剂杀菌电镜图

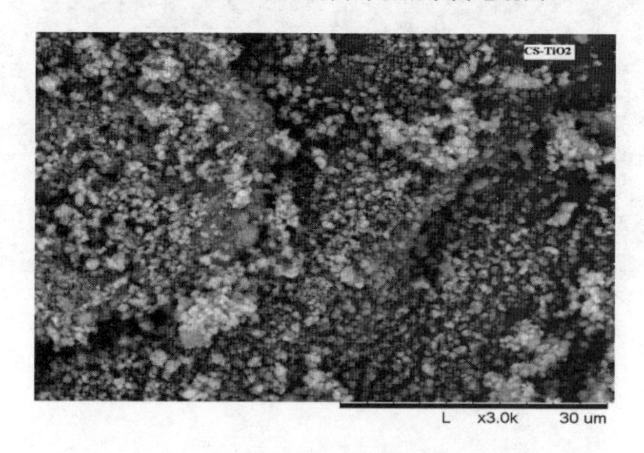

图 8-10　新型果斑病菌抑制剂杀菌电镜图

九、黑曲霉发酵液 Y-1 对 BFB 防效评估

（一）黑曲霉发酵液平板抑菌效果评估

48h 后观察黑曲霉发酵液在涂有细菌性果斑病菌的平板上抑菌效果，6d 的黑曲霉发酵液在 KBA 平板上可产生抑菌圈，抑菌圈大小约为 2.4cm。而 pH 为中性的发酵液及水处理无抑菌圈产生，试验证明黑曲霉 6d 发酵液可在 KBA 平板上抑制细菌性果斑病菌，且抑菌基质极有可能为发酵液中酸性成分产生（图 8-11）。

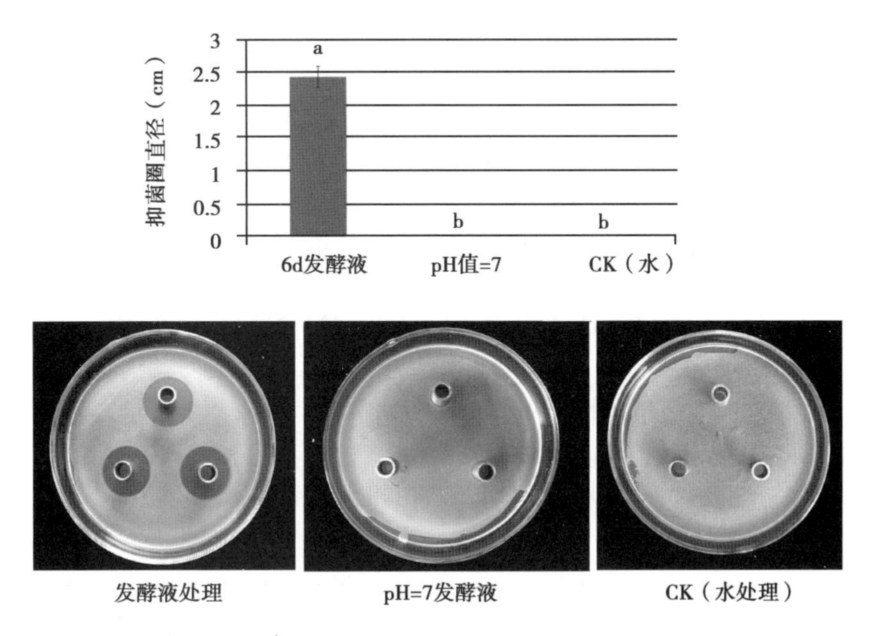

图 8－11　黑曲霉发酵液平板抑菌效果

（二）发酵液处理带菌葫芦种子不同时间后幼苗发病情况

黑曲霉 6d 发酵液处理带菌种子 5min，其幼苗发病率与病情指数与发病组对照无显著性差异，处理 30min、60min 带菌种子，其幼苗的发病率及病情指数与健康组对照无显著性差异。随着浸种时间的增加，其带菌幼苗的发病率与病情指数呈下降趋势（图 8－12）。

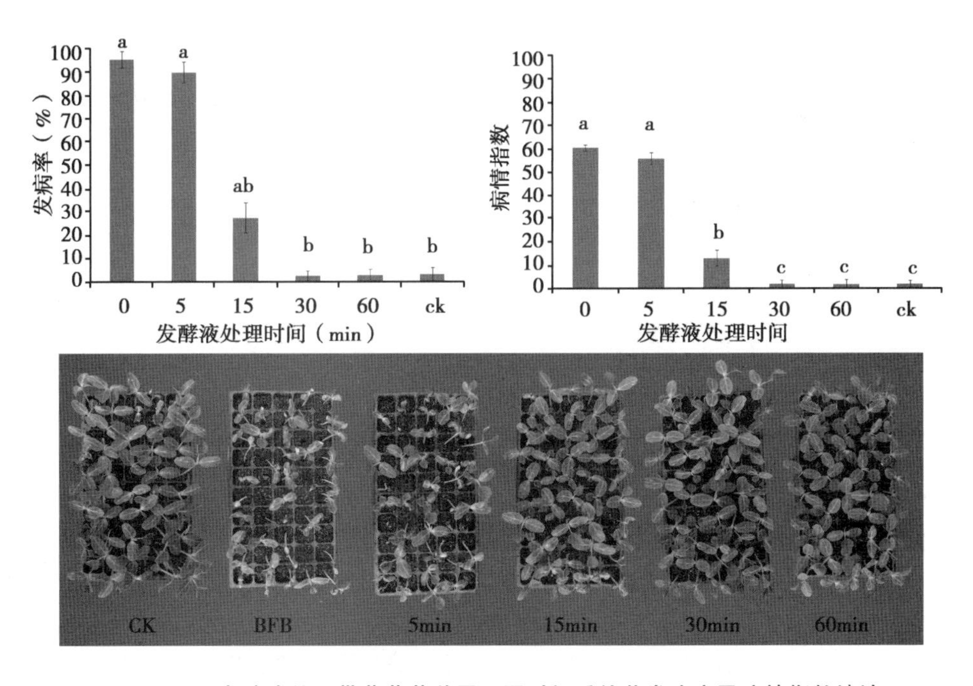

图 8－12　发酵液处理带菌葫芦种子不同时间后幼苗发病率及病情指数统计

（三）黑曲霉发酵液诱导抗性研究

通过测定诱导抗性相关酶（POD、PPO）活性，表明发酵液处理与 CK 处理相比，其 POD 活性在第 24h 时有明显升高，并且可持续至第 144h，到处理后第 216h 时，其 POD 活性与 CK 处理无显著性差异。而发酵液处理有 PPO 活性与 CK 相比无显著性差异。证明发酵液 10 倍稀释液处理西瓜幼苗对其有一定的诱导抗性作用。

十、标准化综合防控技术的防控效果

将近年来最新研究成果进行优化和集成，制定了一套行之有效的绿色综合防控技术体系（种子消毒技术、控水防病技术、整枝打叉前后喷药防传病技术、标准化喷药技术、环境友好型药剂防控技术等），并进行田间防控试验（表 8－16）。

表 8－16　标准化综合防控技术防控果斑病情况

病害调查时间	处理	调查结果				
		病株率（%）	病叶率（%）	病情指数	防效（%）	病果率（%）
6 月 26 日	标准化综合防控	3.9b	1.1c	0.0010c	98.3a	—
	传统防控	16.5a	6.3a	0.010b	83.3b	—
	对照（浇水、不防控）	12.5a	3.7b	0.060a	—	—
7 月 8 日	标准化综合防控	15.0d	9.0c	1.2d	93.7a	—
	传统防控	56.0c	25.0b	6.6c	65.1b	—
	对照（浇水、不防控）	81.5a	47.3a	18.9a	—	—
7 月 24 日	标准化综合防控	50.7c	10.1d	3.1d	89.2a	—
	传统防控	85.2b	32.1c	9.2c	67.9b	—
	对照（浇水、不防控）	100.0a	53.6a	28.7a	—	—
8 月 14 日	标准化综合防控	90.0b	9.2d	1.6d	92.1a	—
	传统防控	100.0a	21.2c	6.2c	69.5b	—
	对照（浇水、不防控）	100.0a	45.6a	20.3a	—	—
8 月 24 日	标准化综合防控	—	—	—	—	2.0
	传统防控	—	—	—	—	9.5
	对照（浇水、不防控）	—	—	—	—	18.1

注：每列数字后带有不同字母表示在 5% 水平上差异显著，下同。

由表 8－16 可知，7 月 24 日厚皮甜瓜叶片受果斑病病原菌的为害最严重，对照病株率、病叶率分别为 100% 和 53.6%；标准化综合防控、传统防控的病株率分别为 50.7% 和 85.2%，病叶率分别为 10.1% 和 32.1%，病情指数分别为 3.1 和 9.2，均具有显著性差异。6 月 26 日、7 月 8 日、7 月 24 日、8 月 14 日标准化综合防控的防效分别高达 98.3%、93.7%、89.2% 和 92.1%，均显著高于传统防治的防效。对照、传统防治的病果率分别高达 18.1% 和 9.5%，而标准化综合防控的病果率仅为 2%。

十一、综合防控技术的集成

经过研究和生产中应用，进一步完善，集成了一套果斑病的综合防控技术。

（1）品种选择。长势旺、丰产、抗性强、符合市场需求的品种。

（2）轮作倒茬。与小麦、玉米、向日葵、番茄、辣椒等非瓜类作物轮作倒茬3年。

（3）种子消毒处理。直播的西瓜、甜瓜种子或用于培育嫁接苗的砧木和接穗的种子都要在播种前进行严格的药剂消毒处理。用质量好的72%硫酸链霉素可溶性粉剂1 000倍液浸种30～60min后催芽播种；或用40%福尔马林100倍液浸种1h马上用清水充分冲洗3～4次后再催芽播种；或用溴硝醇原药配制成1 000倍液浸种1h后水洗4次，每次洗10min并不断搅拌，然后再催芽播种。药剂浓度和浸种时间一定要把握好。

（4）幼苗期防病。在出苗后，可用2%春雷霉素可湿性粉剂500倍液或2%春雷霉素可湿性粉剂500倍液+72%农用硫酸链霉素可溶性粉剂3 000倍液进行预防保护，每隔7～15d喷雾1次。苗床最好采用滴灌，少用或不用喷灌，发现病株及时清除并带到外面销毁。

（5）整枝打叉。整枝打叉前后，分别均匀喷施72%硫酸链霉素可溶性粉剂1 500倍液于植株上，预防打叉过程中操作人员的手传播病菌。

（6）田间喷药。在田间有零星果斑病病斑出现时，及时喷药控制。依次用72%农用硫酸链霉素可溶性粉剂1 500倍液、86.2%氧化亚铜可湿性粉剂800倍液、46.1%氢氧化铜水分散粒剂800倍液、86.2%氧化亚铜可湿性粉剂800倍液进行交替喷药，交替时间为7d；喷药过程中，将喷头翻转从叶背向上喷雾，使叶片正反面均匀着药。

（7）田间浇水。播种前田间浇足水，西瓜或甜瓜生长期间在能够满足其对水分要求的前提下尽量不浇水或少浇水。

（8）避免工具传病。禁止将发病田中用过的工具未经消毒拿到无病田中使用。工具消毒可用75%酒精、甲醛、来苏尔、次氯酸钠进行。

（9）清除残体。拉秧后把田间所有的植株残体清理干净，集中在一起烧毁或带到田外深埋。

十二、综合防控技术的示范推广和专家评价

2010—2014年分别在内蒙古、辽宁省、河北省、湖北省、海南省、新疆进行了示范。累计核心示范区面积12 998亩，示范辐射面积18.63万亩，带动辐射面积200万亩以上，平均防病效果在80%以上，获得了显著的经济效益和社会效益，得到了领导、专家和农民的认可（表8－17）。

表 8-17　示范点一览表

示范地点	示范面积（亩）	示范辐射面积（万亩）
内蒙古	5 669	15.1
辽宁	1 435	1.0
河北	3 250	1.1
湖北	1 562	0.82
海南	1 083	0.61

2011 年 8 月 2—4 日，由中国农业科学院植物保护研究所主办，内蒙古农业大学、内蒙古植保站、巴彦淖尔市植保站承办的哈密瓜细菌性果斑病综合防控技术示范现场观摩会在内蒙古巴彦淖尔市五原县召开。项目首席专家赵廷昌研究员、项目执行专家组成员和内蒙古植保站副站长刘家骧、防治科长黄俊霞、巴彦淖尔市植保站长刘双平、巴彦淖尔市各旗县农业技术推广中心主任、示范区农民朋友参加了现场观摩会。熊万库村村长高兴的说："你们采用的防病措施非常好，投入成本低，效果佳。过去我们是发病后采取措施，成本高，效果差，往年采瓜时大部分叶片已枯死，今年仍然绿油油的。你们给我们农民办了件实事，希望以后进一步扩大推广这项技术"。

2012 年 7 月 13—16 日，由中国农业科学院植物保护研究所主办，在内蒙古巴彦淖尔市成功召开了瓜类细菌性果斑病综合防控技术示范现场观摩会，农业部科教司产业技术处徐利群副处长评价该项目"定位准确，技术简单、成本低廉、效果显著、宣传到位，值得表扬"。其他专家对防控效果也给予了充分肯定。农民说："这种防病措施非常好，去年我实施了，今年你们又改进了，防病效果非常好，投入的成本又低，又省事。过去我们是发病后采取措施，往年采瓜时大部分叶片已枯死，今年仍然绿油油的。这项技术值得扩大推广"。

2013 年 7 月 14 日，由项目依托单位中国农业科学院植物保护研究所组织的专家验收组进行了示范区实地调查，调查结果显示，示范区病叶率 1.54%，病情指数 0.18；对照田（未采用综合防控技术措施的地块）病叶率 15.8%，病情指数 4.4；与对照田相比，示范田防治效果达 95.7%，防效显著。验收专家组一致认为，研究集成的防控瓜类细菌性果斑病技术简单易行、成本低廉、防治效果和经济效益显著，示范推广前景广阔，达到了项目的预定目标。

5 年分别在内蒙古巴彦淖尔市五原县、磴口县、临河区、乌拉特前旗、乌拉特中旗、阿拉善盟额济纳旗，辽宁省新民市和铁岭市昌图县、河北省清苑县、湖北省荆州市、海南省乐东县、甘肃酒泉、北京顺义等地通过现场会、办培训班、深入农户家中指导、田间培训、广播电视、发放技术手册和明白纸等形式进行病害防控技术培训、种子处理示范等形式对基层技术人员和瓜农进行了培训。累计培训约 12 万人次，发放技术资料 3 万余份。

十三、小结

经多年对瓜类细菌性果斑病发生规律和综合防控技术的研究，得出如下结论：

（1）西瓜和甜瓜起垄覆膜栽培方式有利于通风透光和降低田间湿度，不利于果斑病的传播蔓延；在有侵染源条件下，设施内持续低温、寡照天气，将有助于果斑病的扩散。

（2）不同品种对果斑病的抗性存在显著差异。生产中有高抗的品种，也有高感的品种。

（3）经室内毒力测定和田间防效试验及对种子安全性评价，筛选出溴硝醇、硫酸链霉素和硫噻为理想的种子消毒处理剂，同时对苗期病害也有很好的控制效果。硫酸链霉素、硝基腐植酸铜、氧化亚铜等田间防病效果较好。

（4）筛选出的枯草芽孢杆菌 BW-6 菌株对果斑病菌有稳定而较强的拮抗作用，生测效果达到 80.3%；交联壳聚糖和壳聚糖-纳米两种新型果斑病菌抑制剂对瓜类细菌性果斑病均有较好防效；黑曲霉 Y-1 6d 发酵液在 KBA 平板上能够较好抑制果斑病菌，对带菌种子和幼苗病害有较好的防控效果，且发酵液 10 倍稀释液处理西瓜幼苗对其有一定的诱导抗性作用。

（5）将近年来最新研究成果进行优化和集成，制定了以种子消毒处理为关键，结合农业防控和科学施用环境友好型药剂的标准化绿色综合防控技术体系，防病效果达到 92.1% ~98.3%。

（6）5 年来分别在内蒙古、辽宁省、河北省、湖北省、海南省、新疆进行了示范。累计核心示范区面积 12 998 亩，示范辐射面积 18.63 万亩，带动辐射面积 200 万亩以上，平均防病效果在 80% 以上，获得了显著的经济效益和社会效益，得到了领导、专家和农民的认可。

主要参考文献

别之龙. 2011. 我国西瓜甜瓜嫁接育苗产业发展现状和对策 [J]. 中国瓜菜, 24: 68 - 71.

别之龙. 2012. 西瓜甜瓜嫁接育苗安全生产技术规程中国瓜菜 [J]. 长江蔬菜, 25: 49 - 52.

陈豫梅, 王世杰, 韦明军. 2009. 三倍体西瓜种子发芽障碍及改善发芽状况的研究进展 [J]. 种子, 28 (1): 51 - 54.

丁建军, 周黎, 陈先荣, 等. 2005. 不同药剂对细菌性果腐病的抑菌效果测试初报 [J]. 中国西瓜甜瓜 (2): 17 - 18.

董明明, 张甜甜, 魏梅生, 等. 2011. 利用 GICA - PCR 快速检测瓜类细菌性果斑病菌 [J]. 植物检疫, 25 (1): 36 - 38.

范咏梅, 马俊义. 2004. 哈密瓜生长期果实腐烂病病原菌的分离、回接与鉴定 [J]. 新疆农业科学, 41 (5): 293 - 295.

冯建军, 陈坤杰, 金志娟, 等. 2007. 种子引发处理对无籽西瓜幼苗生长的影响和对细菌性果斑病菌消毒的效果 [J]. 植物病理学报, 37 (5): 528 - 534.

冯建军, 许勇, 李健强, 等. 2006. 免疫凝聚试纸条和 TaqMan 探针实时荧光 PCR 检测西瓜细菌性果斑病菌比较研究 [J]. 植物病理学报, 36 (2): 102 - 108.

高天一, 潘宏, 别之龙, 等. 2014. 葫芦种子带菌对幼苗细菌性果斑病发生和侵染途径的影响 [J]. 华中农业大学学报, 33 (5): 36 - 39.

高天一, 杨丹, 杨龙, 等. 2014. 黑曲霉 Y - 1 发酵液对西瓜甜瓜细菌性果斑病的防治效果及机制研究中国植物病理学会 2011 年学术论文集 [C] //北京: 中国农业科学技术出版社: 639.

高天一, 杨龙, 张静, 等. 2011. 湖北省西瓜细菌性果斑病病原鉴定 [C] //中国植物病理学会 2011 年学术论文集. 北京: 中国农业科学技术出版社: 233.

古勤生, 徐永阳, 彭斌, 等. 2004. 河南西瓜甜瓜发生细菌性果腐病 [C] //中国植物病理学会 2004 年学术年会论文集: 172.

谷思辰. 2014. II 型分泌系统对西瓜嗜酸菌定殖能力的影响 [D]. 北京: 中国农业大学.

顾桂兰, 张显, 梁倩倩. 2009. 引发对三倍体西瓜种子萌发的影响 [J]. 种子, 28 (8): 82 - 84.

洪日新, 何毅, 李文信, 等. 2006. 种子酸化处理防治西瓜嫁接育苗细菌性果斑病研究 [J]. 中国瓜菜 (5): 4 - 8.

胡晋. 1998. 种子引发及效应 [J]. 种子 (2): 33 - 35.
胡俊, 刘双平, 黄俊霞, 等. 2006. 几种药剂对哈密瓜细菌性果斑病菌的室内毒力比较 [C] //中国植物病理学会 2006 年学术会论文集: 555 - 559.
胡俊, 刘双平, 黄俊霞, 等. 2006. 越冬病残体中哈密瓜细菌性果斑病菌存活力的研究 [C] //中国植物病理学会 2006 年学术年会论文集: 125.
黄娅蓝. 2013. 西瓜嗜酸菌在甜瓜植株体内的定殖和扩展 [D]. 北京: 中国农业大学.
黄月英. 2008. 西瓜细菌性果斑病得检测与防治 [J]. 福建农业科技 (2): 62 - 64.
回文广, 赵廷昌, Schaad N W, 等. 2007. 哈密瓜细菌性果斑病菌快速检测方法的建立 [J]. 中国农业科学, 40 (11): 2495 - 2501.
金潜, 徐兴国. 1991. 黄瓜和甜瓜细菌性角斑病病原菌鉴定及药敏测定 [J]. 新疆农业科学 (2): 68 - 70.
金岩, 张俊杰, 吴燕华, 等. 2004. 西瓜细菌性果斑病的发生与病原菌鉴定 [J]. 吉林农业大学学报, 26 (3): 263 - 266.
李明, 姚东伟, 陈利明. 2004. 园艺种子引发技术 [J]. 种子, 23 (9): 59 - 63.
牛庆伟, 蒋薇, 孔秋生, 等. 2014. HACCP 体系在西瓜嫁接苗 BFB 综合防控中的应用研究 [J]. 中国瓜菜, 27 (1): 1 - 4.
牛庆伟, 蒋薇, 孔秋生, 等. 2013. 带菌砧木种子和灌溉方式对西瓜嫁接苗细菌性果斑病 (BFB) 发生的影响 [J]. 长江蔬菜 (14): 30 - 34.
牛庆伟, 孔秋生, 黄远, 等. 2012. 不同药剂处理对西瓜细菌性果斑病带菌种子的影响 [J]. 长江蔬菜 (22): 68 - 71.
牛庆伟, 孔秋生, 黄远, 等. 2012. 带菌嫁接工具对西瓜嫁接苗发生的影响及防治方法 [J]. 中国瓜菜, 25 (6): 1 - 4.
牛庆伟, 孔秋生, 黄远, 等. 2012. 带菌育苗基质对西瓜细菌性果斑病发生的影响和药剂筛选研究 [J]. 中国瓜菜, 25 (6): 5 - 8.
任争光, 等. 2009. 甜瓜细菌性果斑病菌致病性突变体筛选与 *hacR* 基因的克隆 [J]. 植物病理学报, 39 (5): 501 - 506.
宋顺华, 吴萍, 郑晓鹰, 等. 2011. 干热处理对蔬菜种子质量的影响及其杀菌效果研究 [J]. 河南农业科学, 40 (4): 117 - 119.
宋顺华, 郑晓鹰, 李丽. 2007. 西瓜果腐病种子带菌的 PCR 检测 [J]. 种子, 26 (12): 24 - 26.
田艳丽, 胥婧, 赵玉强, 等. 2010. 利用 PCR 技术专化性检测瓜类细菌性果斑病菌 [J]. 江苏农业学报, 26 (3): 512 - 516.
王琳. 2011. 果斑病菌侵染对西瓜子叶蛋白表达的影响 [D]. 北京: 中国农业大学.
王雪, 高洁, 张静, 等. 2014. 63 种杀菌剂对西瓜、甜瓜细菌性果斑病菌的室内毒力测定 [J]. 吉林农业大学学报, 34 (6): 612 - 617.
王叶筠. 2003. 西瓜甜瓜危险性病害——细菌性果斑病 [J]. 中国西瓜甜瓜 (5): 32 - 34.

吴萍，宋顺华，丁海凤，等.2010.引发技术在种子产业上的应用［J］.中国农学通报（增）：232－237.
吴萍，宋顺华，郑晓鹰，等.2012.无籽西瓜种子引发技术的研究［J］.中国瓜菜，25（5）：8－12.
席在星.2000.三倍体西瓜种子催芽技术新探［J］.常德师范学院学报（自然科学版），12（2）：78－83.
许勇，张兴平，宫国义，等.2003.细菌性果腐病与瓜类作物健康种子生产及检测技术（上）［J］.中国西瓜甜瓜（6）：36－37.
许勇，张兴平，宫国义，等.2004.细菌性果腐病与瓜类作物健康种子生产及检测技术（下）［J］.中国西瓜甜瓜（1）：33－35.
阎莎莎，王铁霖，赵廷昌.2011.瓜类细菌性果斑病研究进展［J］.植物检疫，25（3）：71－76.
翟艳霞，胡俊，黄俊霞，等.2006.哈密瓜叶片结构与细菌性果斑病抗性研究［J］.内蒙古农业大学学报，27（1）：47－50.
张荣意，谭志琼，文衍堂.1998.西瓜细菌性果斑病症状描述和病原菌鉴定［J］.热带农业学报，19（1）：70－75.
张学军，朱文军，王登明，等.2011.一种新种子处理剂对瓜类细菌性果斑病的防治效果［J］.中国瓜菜，24（4）：14－17.
张悦丽，李长松，张博，等.2013.山东莘县甜瓜细菌性软腐病病原研究［J］.山东农业科学，267（11）：100－102.
张悦丽，齐军山，张博，等.2014.山东省西瓜细菌性果斑病的病原菌鉴定［J］.山东农业科学，46（3）：83－85.
赵丽涵，王笑，谢关林，等.2006.免疫捕捉 PCR 法检测西瓜细菌性果斑病［J］.农业生物技术学报，14（6）：945－951.
赵仁君，周志成，王叶筠，等.2008.瓜类细菌性果腐病的防治与健康种子的生产［J］.中国瓜菜，21（1）：38－39.
赵廷昌，孙福在，王兵万，等.2001.哈密瓜细菌性果斑病病原菌鉴定［J］.植物病理学报，31（4）：257－364.
赵廷昌，孙福在，王兵万，等.2003.药剂处理种子防治哈密瓜细菌性果斑病［J］.植物保护，29（4）：58－61.
赵廷昌，孙福在，王兵万.2001.西瓜细菌性果斑病国内外研究进展［J］.植保技术与推广（3）：37－38.
郑晓鹰，李秀清，许勇.2005.三倍体西瓜种子萌发障碍及吸水促萌技术研究［J］.中国农业科学，38（6）：1238－1243.
郑晓鹰，吴萍，李秀清，等.2009.固体基质引发西瓜种子的效果及其对β－半乳甘露聚糖酶活性和DNA 复制的影响［J］.中国农业科学，42（3）：951－959.
Bahar，O.，G. Kritzman and S. 2009. Burdman，Bacterial fruit blotch of melon：screens for disease tolerance and role of seed transmission in pathogenicity［J］. Euro-

pean Journal of Plant Pathology, 123 (1): 71 -83.

Bahar, O. , T. Goffer and S. 2009. Burdman, Type IV Pili Are Required for Virulence, Twitching Motility, and Biofilm Formation of *Acidovorax avenae* subsp. *citrulli* [J]. MPMI, 22 (8): 909 -920.

Bradford J J. 1986. Manipulation of seed water relations via osmotic priming to improve germination under stress conditions [J]. Hort. Science, 21: 1105 -1112.

Bray C M. 1995. Biochemical processed during osmopriming of seeds. In Seed Development and Germination, (eds Kigel J and Galili G), Marcel Dekker, Inc. , New York: 767 -789.

BURDMAN, S. and R. 2012. WALCOTT, Acidovorax citrulli: generating basic and applied knowledge to tackle a global threat to the cucurbit industry [J]. Molecular Plant Pathology, 13 (8): 805 -815.

Corbineau F, Come D. 2006. Priming: a technique for improving seed quality [J]. Seed Testing International, 132: 38 -40.

Dell'Aquila A A. 2009. Development of novel techniques in conditioning, testing and sorting physiological quality [J]. Seed Science and Technology, 37: 608 -624.

Dutta B, Avci U, Hahn M G, et al. 2012. Location of Acidovorax citrulli in infested watermelon seeds is influenced by pathway of bacterial invasion [J]. Phytopathology, 102 (5): 461 -468.

Dutta, B. , et al. 2014. Long - term survival of Acidovorax citrulli in citron melon (*Citrullus lanatus* var. *citroides*) seeds [J]. Plant Pathology, 63 (5): 1130 -1137.

Duval J R, NeSmith D S. 2008. Treatment with hydrogen peroxide and seedcoat removal or clipping improve germination of 'Genesis' triploid watermelon [J]. Hortscience, 35 (1): 85 -86.

Feng, J. , et al. 2009. Multilocus Sequence Typing Reveals Two Evolutionary Lineages of *Acidovorax avenae* subsp. *citrulli* [J]. Phytopathology, 99 (8): 913 -920.

Ha Y, Fessehaie A, Ling KS, et al. 2009. Simultaneous detection of *Acidovorax avenae* subsp. *citrulli* and Didymellabryoniae in cucurbit seedlots using magnetic capture hybridization and real - time polymerase chain reaction [J]. Phytopathology, 99: 666 - 678.

Halmer P. 2000. Enhancing seed performance. In Seed Technology and its Biological Basis (eds. M. Black and J. D. Bewley), Sheffield Academic Press, Sheffield: 257 -286.

Halmer P. 2008. Seed technology and seed enhancement [J]. Acta Hort, 771: 17 -26.

Hopkins D L, Cucuzza J D, Watterson J C. 1996. Wet seed treatments for the control of bacterial fruit blotch of watermelon [J]. Plant disease, 80 (5): 529 -532.

Hopkins D L, Lovic B, Hilgren J, et al. 2003. Wet seed treatment with peroxyacetic acid for the control of bacterial fruit blotch and other seedborne disease of watermelon [J]. Plant disease, 87: 1495 -1499.

Johnson K L, et al. 2011. Efficacy of a Nonpathogenic Acidovorax citrulli Strain as a Biocontrol Seed Treatment for Bacterial Fruit Blotch of Cucurbits [J]. Plant Disease, 95: 697 - 704.

Kong Q S, Yuan J X, Gao L Y, et al. , 2014. Identification of suitable reference genes for gene expression normalization in qRT - PCR analysis in watermelon. PLoS ONE, 9 (2): e90612. doi: 10.1371/journal. pone. 0090612

Kong Q S, Yuan J X, Niu P H, et al. , 2014. Screening suitable reference genes for normalization in reverse transcription quantitative real - Time PCR analysis in melon. PLoS ONE, 9 (1): e87197. doi: 10.1371/journal. pone. 0087197

Lee B J, Jun N S, Choi J R, et al. 2001. Effects of seed treatment of PGPR isolates on the barley growth in Rice - Barley double cropping system. International Conference on Plant Disease Forecast.

Lee S M, Shen S S, Park C S. 2001. Effects of bio - priming with bacterial strains and solid matrix priming on the germination of pepper seeds and their seedling growth. International Conference on Plant Disease Forecast.

McDonald M B and Kwong F Y. 2000. Flower seeds: Biology and technology. CAB Publishing, UK.

McDonald M B. 2004. Seed priming. In Seed Technology and its Biological Basis, (eds M. Black and J. D. Bewley), Sheffield Academic Press Ltd, Sheffield: 287 - 325.

Mereddy R, Wu L, Wu Y, et al. 2000. Solid matrix priming improves seedling vigor of okra seeds. Proceedings of the Oklahaoma Academy of Science, 80: 33 - 37.

O. Bahar, M. Efrat, E. Hadar et al. 2008. New subspecies - specific polymerase chain reaction - based assay for the detection of *Acidovorax avenae* subsp. *citrulli* [J]. Plant Pathology, 57: 754 - 763

Oya H, Nakagawa H, Saito N, et al. 2008. Detection of *Acidovorax avenae* subsp. *citrulli* from seed using LAMP method [J]. Japanese Journal of Plant Pathology, 74: 304 - 310.

Rane K K, Latin R X. 1992. Bacterial fruit blotch of watermelon: Association of the pathogen with seed [J]. Plant disease, 76: 509 - 512.

Rowse H R. 1996. Drum - priming - A non - osmotic meithod of priming seed [J]. Seed Science and Technology, 24: 281 - 294.

Schaad N W, Postnikova E, Sechler A, et al. 2008. Reclassification of Subspecies of *Acidovorax avenae* as *A. avenae* (Manns 1905) emend. , A. cattleyae (Pavrino, 1911) comb. Nov. , *A. citrulli* (Schaad et al. , 1978) comb. Nov. , and proposal of A. oryzaesp. Nov [J]. Systematic and applied microbiology, 31: 434 - 446.

Schaad, N. W. , Song, W. Y. , and Hatziloukas, E. 2000. PCR primers for detection of plant pathogenic species and species of *Acidovorax* [J]. United States patent number, 6: 146, 834.

Shirakawa T, Kikuchi S, Kato T, et al. 2000. Occurrence of watermelon (*Citrullus lanatus*) bacterial fruit blotch in Japan [J]. Annals of the phytopathological society of Japan, 66 (3): 223 -231.

Somodi G C, Jones J B, Hopkins D L, et al. 1991. Occurrence of a bacterial watermelon fruit blotch in Florida [J]. Plant Disease, 75: 1053 - 1056.

Taylor A G, Allen P S, Bennett M A, et al. 1998. Seed enhancements [J]. Seed Science Research, 8: 245 -256.

Taylor A G, Francis A C. 2004. Seed - bio - priming with *Pseudomonas fluorescens* isolates enhances growth of pearl millet plants and induces resistance against downy mildew [J]. International Jorunal of Pest Management, 50 (1): 41 -48.

Taylor A G, Harman G E. 1990. Concepts and technologies of selected seed treatments [J]. Annual Review of Phytopathology, 28: 321 -339.

Tian, Y. , et al. 2015. The type VI protein secretion system contributes to biofilm formation and seed - to - seedling transmission of *Acidovorax citrulli* on melon [J]. Molecular Plant Pathology, 16 (1): 38 -47.

Walcott RR, Gitaitis RD, Castro AC. 2003. Role of blossoms in watermelon seed infestations by *Acidovorax avenae* subsp. *citrulli* [J]. Phytopathology, 93: 528 -534.

Walcott RR, Langston DB, Sanders FH, et al. 2000. Investigating intraspecific variation of *Acidovorax avenae* subsp *citrulli* using DNA fingerprinting and whole cell fatty acid analysis [J]. Phytopathology, 90: 191 -196.

Webb R E, Got h R W. 1965. A seedborne bacterium isolated form watermelon [J]. Plant Disease, 49: 812 -818.

Yan, S. , et al. 2013. Genetic diversity analysis of *Acidovorax citrulli* in China [J]. European Journal of Plant Pathology, 136 (1): 171 -181.

Zhao T, Feng J, Sechler A, et al. 2009. An improved assay for detection of *Acidovorax citrulli* in watermelon and melon seed [J]. Seed Science & Technology, 37: 337 -349.